科技意识形态竞争
——未来世界格局与人类发展新的认识框架

The Competition of International Scientific and Technological Ideology:
A New Framework for Understanding the
Future World Pattern and Human Social Development

任丽梅　著

中国社会科学出版社

图书在版编目(CIP)数据

科技意识形态竞争：未来世界格局与人类发展新的认识框架／任丽梅著．—北京：中国社会科学出版社，2023.12
ISBN 978 – 7 – 5227 – 2895 – 7

Ⅰ.①科⋯ Ⅱ.①任⋯ Ⅲ.①科学技术—意识形态—研究 Ⅳ.①G301

中国国家版本馆 CIP 数据核字(2023)第 246118 号

出 版 人	赵剑英
责任编辑	田 文
责任校对	刘 坤
责任印制	王 超

出　　版	中国社会科学出版社
社　　址	北京鼓楼西大街甲 158 号
邮　　编	100720
网　　址	http://www.csspw.cn
发 行 部	010 – 84083685
门 市 部	010 – 84029450
经　　销	新华书店及其他书店
印　　刷	北京君升印刷有限公司
装　　订	廊坊市广阳区广增装订厂
版　　次	2023 年 12 月第 1 版
印　　次	2023 年 12 月第 1 次印刷
开　　本	710×1000　1/16
印　　张	15.5
字　　数	285 千字
定　　价	86.00 元

凡购买中国社会科学出版社图书，如有质量问题请与本社营销中心联系调换
电话：010 – 84083683
版权所有　侵权必究

国家社科基金后期资助项目
出版说明

后期资助项目是国家社科基金设立的一类重要项目，旨在鼓励广大社科研究者潜心治学，支持基础研究多出优秀成果。它是经过严格评审，从接近完成的科研成果中遴选立项的。为扩大后期资助项目的影响，更好地推动学术发展，促进成果转化，全国哲学社会科学工作办公室按照"统一设计、统一标识、统一版式、形成系列"的总体要求，组织出版国家社科基金后期资助项目成果。

全国哲学社会科学工作办公室

竞争与合作是人类社会交往的基本方式。适度的竞争是维持经济与社会发展的必要张力。当今世界，所有的国际竞争，真正的底气主要来自科技实力。而科技实力又源于国家科技意识形态的核心推动力。而这就意味着，各国需要构建一个更先进更科学的科技意识形态来为经济与社会发展铺设创新的轨道，让科技意识形态充分发挥其作为上层建筑对生产力的能动作用，促进科技进步、经济发展与文明兴盛。此即先有思想制胜、后有制度制胜，然后才是实力制胜的内在逻辑。科技意识形态古已有之，它的历史和科技史一样漫长。但是，人们认识科技意识形态的价值却是在工业社会崛起之后，而且多是基于批判的视角。深入研究科技意识形态的历史成因、主要内容、作用机制和发展趋势，还科技意识形态本身以正确的理性和理念，是我们实施科技强国战略、建设国家科技创新体系的基本前提和必要准备。如果说，曾经的冷战是两种政治意识形态较量的话，那么，现代社会建设现代化强国的竞赛，可以看作是当今世界各国为显化其科技意识形态的先进性而展开的一场旷日持久的竞争与合作。我们需要为之做好全面的思想与理论准备。

序 科技意识形态竞争
——一个认识人类社会发展的新框架

本书的研究不仅限于科技哲学与科技政策的领域，而是以世界的眼光、站在马克思主义立场、在政治经济文化等各领域的结合区域找到了科技意识形态这个纵可以探人类发展大趋势、横可以观世界变化大格局的全新视角，来关注人类社会发展与前途命运，寻找解决国际竞争与合作、现代化发展矛盾与冲突的新路径。

一 认识人类社会发展的视角转换

回顾自大航海以来人类近五百年的历史，国际社会一直通过地缘政治斗争和地缘经济竞争来建构国际秩序。地缘是人类社会发展初级阶段的一个标志。地缘政治时代国际政治更多地体现为地理空间利益关系，这种利益关系在军事上表现为安全关系，在政治上表现为主权关系，在经济上表现为财富关系。一切从国家利益出发，把具体国家的安全和发展战略放到全球性的竞争与合作的大背景中，以地缘政治意识形态为阵营"远交近攻"，是各国在全球地理空间格局中最基础的思维方式。虽历经荷兰、西班牙、葡萄牙、英国、美国等多次霸权更迭，但是，以西方为中心的近现代世界体系格局从未被打破。及至20世纪苏联的建立，世界出现了东西两个阵营，两种制度及两种意识形态的激烈竞争将世界政治与人类发展分野为两条道路。为了扩大自身对世界的影响力和领导力，西方阵营加强宣传，将自己的意识形态扩大化，鼓吹"普世价值"，打击打压异己，导致世界范围内局部战争与纷争不断。世界需要一个契机走出地缘政治的交往模式，而这个转变必将是基于意识形态的转型之上的。

冷战结束之后，国际社会两种政治意识形态的对立减弱，世界需要新的理论和认识框架来解释国际政治经济秩序下各国彼此之间新的对抗与协作关系。美国著名学者塞缪尔·亨廷顿的文明冲突理论应时而出。他在其《文明的冲突与世界秩序的重建》中认定，冷战后世界冲突的基本根源已经不再是政治意识形态，而更多地表现为文化方面的差异及其所带来的矛盾，未来主宰全球政治的是"文明的冲突"。亨廷顿"温和"的文明冲突理论让世界刮起了"文化"风，同时也给了人们一个认识世界的新视角。该理论虽然依旧强调西方现代文明的先进和不可超越，但"它也提出了一个全世界许多人们认为似乎可能和合意的论点，即：在未来的岁月里，世界上将不会出现一个单一的普世文化，而是将有许多不同的文化和文明相互并存"①，该理论是对资本主义体系内部自己承认未来世界文化多元化和世界多极化发展趋势所作的重量级判定。总体来讲，文明冲突理论放下政治意识形态的对立，试着从多元文化和多极发展的角度来认识世界的新变化，体现了其理论面向现实的现代价值。

但是，对从文明的视角来认识世界并渴望改变现实的人们而言，亨廷顿的文明冲突论的价值与意义都很有限。因为，文明的最主要因素是历史，学史可以鉴今，但它对现实的观照也仅限于解释历史成因，从中寻不到改变世界的新思想和新方法；而且如果过多从来时的路中寻找成因，就很容易纠结于过去，看不到未来的方向。更何况，"亨廷顿的论述仍然落脚在非西方文明对西方文明的挑战上，认为西方文明与其他文明之间的关系最终仍难逃'文明冲突'的结局。他的文明观基于浓厚的'西方中心论'，对于非西方文明仍有明显的、根深蒂固的成见乃至偏见"②。这既不符合时代向多元发展的历史潮流，也不符合世界各国人民对未来的自由与平等的预期。所以，文明冲突理论因"9·11"事件在世界范围内得到了一段时间的流行之后，对世界的影响也渐趋寂静，如今只有西方某些强权国家仍将之奉为圭臬。

21世纪，在经历了西方资本主义体系内英美等主要国家轮流坐庄的四百多年的统治之后，在经历了社会主义国家上百年的求索奋斗与意识形态的抗争之后，在经历全球化浪潮中数次的资本主义经济危机的全球性浩劫之后，人类将迈入第四次工业革命，进入到一个科技更加发达、社会空前文明的大科技时代。从历史维度看，"人类正处在一个大发展大变革大调

---

① 〔美〕塞缪尔·亨廷顿：《文明的冲突与世界秩序的重建》，周琪等译，新华出版社2010年版，中文版序言第1页。
② 许勤华、李坤泽：《"文明之问"的反思与重构》，《中国民族报》2019年6月7日，转引自第一智库（http：//www.1think.com.cn/ViewArticle/html/Article_ 4FFA4A807C07BCF4B4EF9BFBD2A90C8B_ 46209.html），2019年6月18日。

整时期。"① "全球科技创新进入空前密集活跃的时期，新一轮科技革命和产业变革正在重构全球创新版图、重塑全球经济结构。"② 大科技推动国际力量此消彼长，历史的车轮不可逆转地由单极向多极、单边主义向多边主义的位移，全球治理体系、治理规则及国际秩序也同时面临着"东升西降"和"社升资降"的重置阶段，世界进入"百年未有之大变局"③。在这个关键的历史转折点上，影响国际格局趋势与全球稳定的除了两种基本道路、两种基本制度的大战略、大布局、大规划之外，就是科学技术，甚至科学技术是其他所有谋划和布局的基本支撑。洞察这段变动不居的历史时期，若想在纷繁复杂的世界格局中实现动态平衡和找准航向，我们需要一个全新的认识框架，它必然是一个关系到当今世界经济与社会发展以及国际格局走向的关键要素。这个要素就是关于科技的思想上层建筑，即科技意识形态。

漫长的人类历史其实就是一部科技促进社会发展的历史。"科学是一种在历史上起推动作用的、革命的力量。"④ 在社会发展中，科学技术起到构筑整个社会的基本形态和基本架构的作用。发展至今，无论是所谓西方民主国家，还是君主立宪国家，抑或是宗教色彩浓厚的国家，"科技都无所不在地构造着我们的生产方式、生活方式、思维方式，成为一种新的控制力量"⑤。而与大科技相匹配并且可以把握这个新的控制力量的正是科技意识形态。谁的科技意识形态越先进和科学，越深入人心，谁就更有能力把握科技的力量，构筑现代化国家的基础性、战略性支撑。当今这个百年未有之大变局，既是科技大发展的自然结果，也是各国科技意识形态促成的长期的科技创新以及自身的现代化建设博弈的局面。遵循人类社会发展规律、顺应历史发展潮流、适合世情国情人情的科技意识形态，可以指导我们创造一个有利于多元文化共同发展的人类文明共同体，共同建设一个各国平等相待、公平竞争、合作共赢的人类命运共同体；反之，就会延续以西方为中心的、凸显发达国家优越性的、最终引发国际社会无序竞争甚至战火延绵的过往世界。

科学技术推动着人类从野蛮的原始社会一路向前，历经农业社会、工

---

① 习近平：《共同构建人类命运共同体》，《求是》2021年第1期。
② 习近平：《努力成为世界主要科学中心和创新高地》，《求是》2021年第6期。
③ 习近平：《携手共命运同心促发展——在2018年中非合作论坛北京峰会开幕式上的主旨讲话》，人民出版社2018年版，第4页。
④ 《马克思恩格斯全集》第19卷，人民出版社1963年版，第375页。
⑤ 刘英杰：《作为意识形态的科学技术》，商务印书馆2011年版，第188页。

业社会直到如今的知识社会（也有称为发达工业社会、现代信息社会），以及即将到来的智能数字化社会，人类社会每一次进步都离不开科技的基本支撑，所以，科技是当今任何国家和民族所不可缺失的硬实力。尤其是在当所有的人口红利、资源红利、地缘优势等几乎用完用尽或本身即较弱的情况下，社会的发展就只能向科技创新要发展红利。就像第二次世界大战后资源贫乏的日本，通过科技创新，用短短的二十年就快速恢复了国民经济，进入现代化，成功跻身发达国家行列，这与它战前所积累的在战争中并没有被破坏殆尽的科技成果、科技资源和工业基础分不开。而能让其有这个积累并在战后依托这个积累迅速重建其工业体系的，正是其相对先进的科技意识形态。从科技意识形态的视角去认识人类社会发展的历史，面对时代挑战和历史机遇作出相应的战略部署和调整，既符合科技的工具理性，又满足意识形态的价值理性。现代科技意识形态的科学合理性将扬弃传统的政治意识形态的强制性，成为整合各方力量的新手段，也因而成为认识世界格局与人类发展的新框架。

二　科技意识形态的研与判

从科技意识形态的视角去认识世界和改造世界，并非本研究的首创。马克思主义经典作家恩格斯多次强调："一个民族要想站在科学的最高峰，就一刻也不能没有理论思维。"①《自然辩证法》基于其"理论思维"批判形而上学的自然观，并树立了自己的辩证唯物主义自然观和历史唯物主义科学观。相关的思想和理论构成现代科技意识形态的基础。在20世纪20年代，那位自称马克思主义者的经济学家熊彼特在提出创新理论时，也构造了一种规范性话语体系，表达其科技思想。他认同资本主义将会被社会主义取代，但前提条件就是"必要的工业发展阶段已经达到"和"过渡问题能够成功地解决"。② 熊彼特的这个论断，是马克思的"无论哪一个社会形态，在它所能容纳的全部生产力发挥出来以前，是决不会灭亡的；而新的更高的生产关系，在它的物质存在条件在旧社会的胎胞里成熟以前，是决不会出现的"③ 这句至理名言在创新话语体系的翻版。他自己也将马克

---

① 《马克思恩格斯选集》第3卷，人民出版社2012年版，第9页。
② 〔美〕约瑟夫·熊彼特：《资本主义、社会主义与民主》，吴良健译，商务印书馆2017年版，第257页。
③ 《马克思恩格斯选集》第2卷，人民出版社2012年版，第3页。

思奉为是那个使创新话语进入历史叙事的"第一个一流经济学家"①。

科技意识形态的历史与科技的历史一样长，只是在工业社会以前，科技意识形态因科技变革的速度和对经济社会发展的促进作用都相对缓慢而不显，所以并没有引起学界的认识。直到20世纪30年代，法兰克福学派的学者因为在工业社会中发现了科技的意识形态作用和功能，所以判定"科技即意识形态"，并将科技意识形态看作是巩固资产阶级统治的国家机器。之后，及至知识社会为人们所接受，科技意识形态才引起了学界的广泛关注，并得到不同视角的再阐发。

科技能否成为意识形态？这是一个前提性的命题。对于这个命题，目前学界至少有三种观点，第一种观点认为意识形态与科学是绝对对立的，代表人物包括意大利社会学家维弗雷多·帕累托和英国哲学家波普尔等；第二种观点也是占大多数的现代研究者的观点，他们认为科学与意识形态有一定的联系，科技中有一部分是意识形态的，但更多的内容应被归纳到知识范畴；第三种观点认为科学技术是意识形态，即法兰克福学派大部分学者的观点。②在笔者看来，科技意识形态源于科技，却又超脱于科技，并不是器物层的科技本身。如果说，科学是关于自然、社会和思维活动及其规律的知识体系，用以认识世界；技术是人类在实践活动中根据实践经验或科学原理所创造发明的各种手段经验和方式方法的总和，用以改造世界。如果说，意识形态是指社会意识诸形式中构成思想上层建筑的部分，是观念、观点、概念、思想、价值观等要素的总和。那么，综合起来，科技意识形态即是指那些有关如何发展运用科学来认识世界和发展运用科技来改造世界的思想上层建筑，它包括上述意识形态的所有要素。

科技意识形态是与科技同时性的存在，并不完全是在某个特定社会发展阶段如发达工业社会才出现的。然而，人们对科技意识形态的认识却相对落后于对科技本身的认识。这与科技意识形态的隐匿性特征是分不开的。但这并不影响科技意识形态在现代化建设和构建新发展格局中所起到的战略性和决定性的作用。我们在研究科技发展与应用、科技合作与竞争的历史过程中，就会发现这个隐身于科技发展理念、科技发展战略与现代化思想中的起着引导、控制与激励科技创新的最终将影响人类社会发展速

---

① 〔美〕约瑟夫·熊彼特：《资本主义、社会主义与民主》，吴良健译，商务印书馆2017年版，第97页。

② 夏银平等：《当代意识形态论》，人民出版社2017年版，第7页。

度与质量的观念性力量。它成因于过去的科技与文化积累、指导现在的科技实践,驱动着人类向未来理想社会的发展方向。抓住它,就抓住了历史发展的脉络和主线,明晰世界格局的变迁与人类社会发展的内在创新动力、引领力以及世界中心转移沉浮的深层次的原因;研究它,将有助于完善其不足、发挥出它的引领创新驱动社会的作用,为人们提供一个从科技意识形态竞争的角度来认识世界格局与人类进步的全新视角。而这也正是本书的研究使命和最大的创新之处。

　　从科技的角度来认识人类社会形态的飞跃,可分析得出科技变革引发当今世界的全球化进程、世界经济格局、国际权力格局、全球治理体系及治理规则等各方面的变迁。但是,科技也只是促进经济与社会发展的物质基础,而真正促进经济与社会发展、为促进人类文明进程提供源源不断的思想的认识力、精神的原动力以及政策的执行力的是科技意识形态。人类自觉地形成、传承并应用着自己的科技思想观念,驾驭着科技这个先进的生产力,从而改变着人类文明的进程。当前理论界对于科技意识形态的认识还不够——很少去研究自己科技思想本身的形成环境、特色、正误之处、发展走向、历史作用等,甚至存在着诸多未明之处。再加上当今时代,新技术、新产业革命方兴未艾,新兴国家不断崭露头角,"科学技术从来没有像今天这样深刻影响着国家前途命运,从来没有像今天这样深刻影响着人民生活福祉"①。伴随中国特色社会主义的不断发展完善和一些转轨国家在制度上的不断探索,世界范围的思想、观念、制度、模式也呈现出日益多元的格局。我们无法忽视科技这个物质力量,更不能忽视把握这个物质力量的观念力量。

　　基于这样的认识和使命感,笔者致力于分析科技意识形态的实质,力求用最通俗的语言揭开科技意识形态神秘的外衣,对科技意识形态的内涵、特征与性质等展开分析,描述现代工业社会及之后的知识社会中科技合理性意识的发展过程,剖析科技意识形态与科技的意识形态功能之间的关系,纠正长期以来人们对科技意识形态的误解和误用,重新认识科技在当代意识形态建设中的双重作用,为当今世界的"时代之变"找到了科技意识形态的认识与回应的视角,为树立和完善正确的科技意识形态提供马克思主义的立场、依据和基本方略。

　　在具体研究中,一方面,笔者在纵向上分析了科技意识形态的成因与

---

① 习近平:《努力成为世界主要科学中心和创新高地》,《求是》2021年第6期。

形成路径，从中国传统科技意识形态到现代科技意识形态的历史的角度回答了中国科技发展史中的"李约瑟之谜"，指出当前所有的科技竞争、贸易冲突等国际竞争实质上是科技意识形态竞争，并进一步指出科技意识形态对重构全球科技创新的版图、重塑全球的经济结构的深层次的影响力。从而阐明科技意识形态的竞争在很大程度上是科技实力基础之上参与或构建世界新格局的能力与影响力的比拼。另一方面，在横向上分析了当今世界不同文化、政治背景和发展状态的典型国家所对应的科技意识形态的本质差别及其未来走向，指出新发展理念指导下的中国社会主义科技意识形态的先进性，从而引出了在社会主义国家如何建设科技意识形态的时代任务。本书理论联系实际，为社会主义中国如何发展和运用自身的科技意识形态优势，引导中国科技创新全面拓展，作出有益的思考，具有极高的理论价值和实践指导意义。

三 以科技意识形态拓展人类发展新局面

科技的水平决定了人类文明的高度与程度，而牵动科技自身发展以及发挥科技促进人类进步作用的，却是我们的科技观念，即科技意识形态。意识形态是有关人类生存状况的函数，其性质以社会存在的性质为转移。[①]马克思从观照人类生存状况的视角研究意识形态，通过揭示和批判资本主义社会中意识形态的虚假性，来寻求改变人类的生存状况的革命道路和方向。科技意识形态是站在科技的视角寻求对人类生存状况的观照，揭示社会历史的本质和规律，回答社会发展的主客体关系；探索社会历史发展的内在动力及其矛盾运动，为社会历史的主体人指明生存的意义和理想方向。

纵观人类历史发展，任何重大的社会进步与世界格局的变迁都是在科技划时代发展的支撑下形成的。航海大发现以后，西方发达国家引领的三次科技革命相继引发了三次大的工业革命，推动人类社会相继进入"蒸汽时代""电气时代"和"信息时代"。这三次工业革命成功打破地理与空间界限，连接各国生产与贸易体系，促成资本、人才、技术在全球范围的流动，使得人类进入全球化时代。在全球化进程中，科技发达的西方崛起成为世界舞台的主角，形成了以西方为中心的"中心—边缘"的现代世界体系和世界格局，马克思所说的由资本主义大工业开启

---

① 刘英杰：《意识形态转型：从政治意识形态到科技意识形态》，《理论探讨》2007年第5期。

的"世界历史"由此出现。世界出现了自封建社会以来的"千年未有之大变局"。

进入21世纪，以数字化、智能化为代表的新一代科学技术蓬勃发展，以应用数字化技术和智能化技术为基础的第四次工业革命即将来临。新一代的科学技术仿若一匹野马在进行着破坏性创新，冲击着既有的社会组织形式，也重构着新型的生产关系，推动着国际力量此消彼长。"国际格局和国际体系正在发生深刻调整，全球治理体系正在发生深刻变革，国际力量对比正在发生近代以来最具革命性的变化。"① "人类正处在一个大发展大变革大调整时期。"② 世界也因此逐步进入百年未有之大变局，各国的利益、权力、财富和观念格局都在发生富有历史意义的大变化。"大变局"带来了挑战，我们将面临国家间的长期竞争、科技的大突破、国际秩序的不断重构、后民族国家时代的降临等新挑战。但"大变局"带来的更是机遇。不同于以往几轮的工业革命都是由西方国家唱独角戏的局面，新兴经济体在这一轮的科技和产业革命中的作用日益突出。历史的车轮不可逆转地推动着世界由单极向多极、单边主义向多边主义的方向前行，全球治理体系、治理规则及国际秩序也同时面临着"东升西降"和"社升资降"的重构阶段。在此大变局中，各国都不能只是一般的应对变化，而应深入思考如何"破局"和"立局"，以实现国家治理现代化向全球治理现代化过渡。

当前，国际竞争已经超越了传统的地缘政治领域进入科技竞争领域。谁的科技意识形态更先进更科学，谁就牵住了科技的牛鼻子，就能提高国家经济社会发展的质量，把握国家经济社会发展的方向，就有可能在新的百年未有之大变局中取得优势地位，少走弯路，闯出新路。作为发展中国家、东方文明和社会主义制度的主要代表——中国在世界体系中占据着重要的一席之地，科技水平已经处于前沿。未来中国要更多地参与到国际社会的治理和国际秩序的重建中去，与西方发达国家在科技领域的竞争在所难免。我们必须思考如何才能让自己的科技意识形态更加先进和科学，用以指导我国的科技创新，并不断提升自身治国理政和参与国际社会治理的能力和水平。

现代科技意识形态兼具科学性和价值性，其在知识维度和价值维度

---

① 何成：《全面认识和理解"百年未有之大变局"》，《光明日报》2020年1月3日第7版。
② 习近平：《共同构建人类命运共同体》，《求是》2021年第1期。

的共同发展与完善代表了人类文明的方向。知识维度的建设决定了意识形态的科学性。意识形态科学与否，以是否符合历史发展规律或者是否可重复实验认证为判断依据。落后的科技意识形态必然阻碍社会向前发展。价值维度的建设决定了意识形态的先进性。正如我们看待马克思主义哲学，不能仅仅看到其理论中科学中心的一面，更要关注其人文、哲学的一面。意识形态先进与否，或者说是否具有真正的价值，关键在于："它是统治人、支配人以达到为少数统治阶级所役使的观念性的力量，还是解放人、促进人的自由和全面发展的精神性的力量。"[①] 百年未有之大变局，成因在科技进步，破局在科技意识形态竞争。也只能是那些拥有先进科技意识形态让科技真正造福于民并因此焕发出巨大竞争力的国家或区域，最终才能走出这个大变局成为赢家。为此，不断完善自身的科技意识形态，使之既具有科学性，又保持先进性，是我们全面建设社会主义现代化强国的应有之义。

新时代，中国正在持续优化完善中国特色科技意识形态来推动中国式现代化强国建设。党的二十大报告将教育、科技、人才提升到全面建设社会主义现代化国家的基础性、战略性支撑地位，"坚持创新在我国现代化建设全局中的核心地位"[②]。大力推进科技创新，完善科技创新体系，加快实施创新驱动战略，并提出"开辟发展新领域新赛道，不断塑造发展新动能新优势"的发展新路，在数字化方面先行一步，譬如以普及数字货币为试点，在数字化转型与创新的过程中走在世界前列。新时代中国的科技意识形态与中国国情相适应，与时代相匹配，与中国式社会主义现代化强国的理想相一致，与共同富裕的目标相向而行，符合未来科技意识形态发展的知识性和价值性的双重发展要求，是马克思主义中国化的最新理论成果，开辟了中国特色社会主义理论的新发展和新境界。相信它必将在完善党中央对科技工作统一领导的体制和健全新型举国体制的过程中释放出更强的国家战略科技力量：一方面，抓住科技创新这个"牛鼻子"，提升解放自身的力量；另一方面，对社会各因素进行正向整合作用，对社会成员进行积极价值引导，提升经济发展质量，改善人们的生活水平，促进社会

---

① 俞吾金：《从科学技术的双重功能看历史唯物主义叙述方式的改变》，《中国社会科学》2004年第1期。
② 习近平：《高举中国特色社会主义伟大旗帜，为全面建设社会主义现代化国家而团结奋斗——在中国共产党第二十次全国代表大会上的报告》，《人民日报》2022年10月26日第1版。

全面进步，以中国式现代化促进人类文明新形态，更好地实现中华民族伟大复兴。

历史，从未在何处终结。在这数百年未有之大变局时期，人类将何去何从？曾经主导世界思潮的西方思想界并不能给出有效的回答。那些高亢的说教，再也难以唤起世界各国人民的反响。只有面向星辰大海，脚踏实地地进行科技创新与制度发展，以创造人类新文明为己任，聚合全世界的力量，共建人类命运共同体，方可唤醒人类社会的意识创新，开辟人类发展的新局面！

目　　录

第一章　历史唯物主义视角下的科技意识形态 ……………………（1）
第一节　从科技自身结构中认识科技意识形态 ……………………（1）
　　一　从科技结构中析出科技意识形态概念及其各部分
　　　　之间的关系 ……………………………………………………（2）
　　二　科技意识形态的各组成部分及其辩证关系 ………………（3）
第二节　从历史生成视角看科技意识形态的形成基础、
　　　　　架构之基与力量之源 ………………………………………（5）
　　一　自然科学理论的创造和发展：科技意识形态形成的
　　　　基础 ……………………………………………………………（6）
　　二　实践理性：科技意识形态的架构之基 ……………………（7）
　　三　知识权力和科技能力思维：科技意识形态的力量
　　　　之源 ……………………………………………………………（9）
第三节　科技意识形态的作用及其性质 …………………………（10）
　　一　科技意识形态的作用 ………………………………………（11）
　　二　科技意识形态作用的双重性与历史性 ……………………（11）

第二章　科技意识形态的历史性发展与变迁 ……………………（13）
第一节　历史上的科技意识形态 …………………………………（13）
　　一　中国的"天人合一"与西方的"征服自然" ……………（13）
　　二　中国格物致知的科技从业精神的内在人文价值
　　　　取向 ……………………………………………………………（16）
第二节　人类意识形态的两次转型升级 …………………………（20）
　　一　从农业社会向工业社会升级而引致的传统政治意识形态
　　　　向现代政治意识形态升级 …………………………………（21）
　　二　从工业社会向知识社会升级而引致的现代政治意识形态
　　　　向现代科技意识形态升级 …………………………………（22）

第三节　现代科技意识形态的质与变………………………（23）
　　一　现代科技意识形态的实质突破……………………（24）
　　二　现代科技意识形态的特征…………………………（26）
　　三　知识社会中科技意识形态的异化现象及其历史性
　　　　分析……………………………………………………（28）
第四节　判定科技意识形态价值与作用的多重视角………（30）
　　一　科技意识形态的生存论视角………………………（31）
　　二　科技意识形态的知识论视角………………………（31）

第三章　科技意识形态与国家科技创新体系的辩证关系……（33）
第一节　国家科技创新体系是科技意识形态的主要物质
　　　　载体……………………………………………………（33）
　　一　国家科技创新体系的构成与功能…………………（34）
　　二　国家科技创新体系承载着科技意识形态的核心内容…（35）
第二节　科技意识形态引领国家科技创新体系发展………（39）
　　一　科技意识形态是影响整个社会科技创新活动的
　　　　观念力量………………………………………………（39）
　　二　先进的科技意识形态能够协调现代科技创新的主要矛盾
　　　　和解决关键问题………………………………………（40）
　　三　科技意识形态是国家整合全社会力量投入科技创新
　　　　系统性工程的黏合剂…………………………………（41）
第三节　各国国家科技创新体系建设与科技意识形态的
　　　　凝炼……………………………………………………（42）
　　一　世界各国国家科技创新体系的建构过程同时也是科技
　　　　意识形态凝炼的过程…………………………………（43）
　　二　世界各国不同科技意识形态影响下的科技创新举国
　　　　体制模式比较…………………………………………（47）

第四章　全球主要国家科技意识形态类型…………………（51）
第一节　盎—撒科技意识形态类型……………………………（51）
　　一　英国……………………………………………………（51）
　　二　美国……………………………………………………（52）
第二节　欧陆科技意识形态类型………………………………（56）
　　一　法国……………………………………………………（57）

二　德国 …………………………………………………………(58)
　第三节　俄印科技意识形态类型……………………………………(61)
　　一　俄罗斯………………………………………………………(61)
　　二　印度…………………………………………………………(65)
　第四节　过渡变化类型………………………………………………(68)
　第五节　区域特色类型………………………………………………(71)
　总结　科技意识形态是科技促进经济社会发展的核心动力………(74)

第五章　自主创新：中国特色科技意识形态的核心话语 ………(76)
　第一节　自主创新意识的历史生成…………………………………(76)
　　一　中国国家科技创新体系奠基起步阶段 …………………(77)
　　二　中国国家科技创新体系建设发展成长阶段 ………………(79)
　　三　中国国家科技创新体系初步建成阶段 ……………………(80)
　　四　"大众创业、万众创新"是中国国家科技创新体系发展
　　　　成长期的具体话语………………………………………(82)
　第二节　自主创新意识的历史作用…………………………………(84)
　　一　自主创新的核心是推动科技创新引领经济社会发展 ……(85)
　　二　自主创新树立了中国科技意识形态的文化自信 …………(88)
　　三　在中国自主创新的历史生成过程中形成自己的科技
　　　　意识形态的价值体系……………………………………(91)

第六章　全球科技意识形态的竞争与冲突 ……………………(94)
　第一节　科技意识形态竞争及其作用域……………………………(94)
　　一　体现在国家科技创新体系效能层面的科技
　　　　意识形态竞争……………………………………………(94)
　　二　体现在各国科技创新制度设计层面的国际科技
　　　　意识形态竞争……………………………………………(98)
　　三　体现在观念层面的国际科技意识形态竞争 ……………(102)
　第二节　全球科技意识形态竞争的冲突风险 ……………………(108)
　　一　不同的科技意识形态之间存在由竞争走向冲突的
　　　　风险………………………………………………………(108)
　　二　科技意识形态由竞争走向冲突的实例 …………………(111)
　第三节　科技意识形态竞争的经济本质与直接标的 ……………(118)
　　一　科技创新收益的分配：科技意识形态竞争的根源与
　　　　本质………………………………………………………(118)

二 话语权：科技意识形态竞争的直接标的 …………………… (122)
三 国际互联网络空间：当前国际科技意识形态竞争
最直接的场域 ………………………………………………… (127)

第七章 中美科技暨科技意识形态竞争分析 ………………………… (131)
第一节 中美基于科技价值认同差异的科技意识形态
竞争态势 ……………………………………………………… (131)
一 中美两国社会科技价值认同的差异 …………………………… (132)
二 中美科技意识形态传播推广行为准则差异 …………………… (136)
三 国际科技意识形态竞争视阈中的中美抗击
新冠疫情对比 ………………………………………………… (138)
四 科技发展的价值观差异导致网络意识形态话语的悖论、
科技创新着力领域以及发展速度的不同 ………………… (141)
第二节 脱钩的动力与反作用力：科技意识形态竞争的
策略与方法 …………………………………………………… (144)
一 "脱钩"对于当今世界各国来说都是一个超高成本的
政策选择 ……………………………………………………… (144)
二 "脱钩"的应对：科技意识形态竞争的作用力与
反作用力 ……………………………………………………… (146)
第三节 中美科技意识形态竞争的中国策略 ……………………… (150)
一 正视中美科技竞争中的态势与"卡脖子"问题的
根源 …………………………………………………………… (150)
二 标本兼治以新型举国体制沉着应对科技竞争 ……………… (152)
第四节 可能的未来：科技的发展为中美科技意识形态全面
竞争提供了可协调的空间 ………………………………… (154)
一 从政治意识形态斗争转换到科技意识形态竞争是
一种改进选择 ………………………………………………… (154)
二 中美科技意识形态竞争即使导致全面"脱钩"也
并不是灾难 …………………………………………………… (155)
三 科技发展为科技意识形态的总体竞争提供了协调的
新空间 ………………………………………………………… (156)

**第八章 当前科技意识形态建设与竞争面临的新挑战与
新机遇** ……………………………………………………………… (159)
第一节 当前科技意识形态建设面临的新挑战 ………………… (159)

一　基于大数据与人工智能的科学研究成为科研的
　　　　新范式 …………………………………………………（160）
　　二　文化技术与智能制造构建新的生存与生产方式 ……（161）
　　三　区块链等新科技改善生产关系与社会治理 …………（162）
　　四　互联网开源软件等新科技生成新思想与新模式 ……（163）
　第二节　未来科技意识形态竞争的新热点 …………………（164）
　　一　数字空间：科技和科技意识形态竞争的下一个重点
　　　　领域 ……………………………………………………（165）
　　二　标准必要专利：科技意识形态竞争下一个新焦点 …（168）
　第三节　国际科技意识形态竞争的新趋势与新机遇 ………（170）
　　一　碳达峰与碳中和是当前国际社会对科技发展方式与
　　　　方向的共识 ……………………………………………（170）
　　二　未来需要且可能达成共识的领域：人类关于人工
　　　　智能——人工智能的发展政策 ………………………（173）

第九章　走向国际科技意识形态竞争的新时代 ……………（176）
　第一节　当今国际科技暨科技意识形态竞争的新态势 ……（176）
　　一　世界科技暨科技意识形态竞争格局中的新
　　　　"三个梯队" …………………………………………（176）
　　二　"两强多极分区域竞争态势"：国际科技暨科技意识
　　　　形态竞争的新格局 ……………………………………（178）
　第二节　迎接全球科技意识形态竞争新时代的中国战略 …（180）
　　一　以高度的自信迎接新的竞争 …………………………（181）
　　二　主动塑造国家发展战略机遇期 ………………………（182）
　　三　持续强化中国特色科技意识形态竞争优势 …………（184）
　第三节　中国推进现代科技意识形态发展及其竞争的
　　　　　基本方式、原则与新任务 …………………………（185）
　　一　推进现代科技意识形态发展的基本方式 ……………（185）
　　二　倡导国际科技意识形态有益竞争原则 ………………（189）
　　三　新阶段中国科技意识形态促进经济与社会发展的
　　　　新任务 …………………………………………………（191）
　第四节　建构新时代中国特色科技意识形态话语体系及
　　　　　提升话语权 …………………………………………（200）

6 科技意识形态竞争

  一 解构西方"现代化"理论，创建科技意识形态竞争
    话语环境 ……………………………………………（200）
  二 构建中国特色科技意识形态话语体系及提升话语权 ………（204）
  三 坚持科技创新的人民属性，强化中国特色科技意识
    形态话语的竞争力 …………………………………（208）
  四 深度参与全球科技治理，在推进人类命运共同体建设的
    过程中提升话语权 …………………………………（210）

参考文献 ………………………………………………………（213）

后　记 …………………………………………………………（225）

第一章 历史唯物主义视角下的科技意识形态

在当代社会，科技渗入了社会生活的方方面面，并在人们的心目中形成广泛的社会共识。这些共识就是科技意识形态。人们将所有有关科技的思想上层建筑统称为科技意识形态，并将之作为社会意识形态的最新发展成果进行梳理研究，指导新的社会实践。科技意识形态与政治意识形态一样，是回答社会发展的主客体关系、探索推动经济与社会发展的观念性力量。人们对科技意识形态的认识相对落后于对科技的认识。这与科技意识形态的隐匿性是分不开的。但这并不影响科技意识形态在现代化建设和构建新发展格局中的战略性和决定性作用。因此，我们有必要深入分析科技意识形态的内涵、特征和形成基础，深入认识科技在当代社会主流意识形态建设中的双重作用，还科技本身以正确的理性和理念，并以此作为我们认识这个概念的起点，为构建正确的科技意识形态提供马克思主义的立场、依据和基本方略。

第一节 从科技自身结构中认识科技意识形态

在一些学者看来，当今的科技不仅是生产力，还同时兼具意识形态的功能。因此，传统概念中的科技与意识形态之间的鸿沟消失不见，科技超越了生产力范畴而演变为意识形态本身。此"科技即意识形态"的观点曾引起了广泛的共鸣。然而，人类社会的意识与科技生产力毕竟是不同领域的两种概念。从科技结构中我们可以析出，科技只有观念部分才具有意识形态属性；从历史唯物史观的角度我们可以得出，科技意识形态是与科技生产力相匹配的思想上层建筑，涵盖意识形态的所有要素。我们需要跳出此前学者对科技意识形态的既定认定框架，从理论存在的目的是要解决社会发展现象与问题这一突破口入手，从科技的结构中溯源科技意识形态的概念，从历史唯物史观的视域厘清科技生产力与科技意识形态之间的关系，以认识其全貌。

一 从科技结构中析出科技意识形态概念及其各部分之间的关系

科技与意识形态相互依存，但不是完全对等。从科技自身的结构中可以析出科技意识形态所在的层面及其内在的组成部分，并在此之上总结各种科技意识形态之间的关系，进而辨析科技意识形态与科技意识形态功能。

从大的范围来看，科技是人类所创造的物质文化与精神文化的一部分。与一般意义上的文化一样，科学技术也具有器物、制度和观念三个结构层次。① 其一即表层的器物层，是由工具、机器、手段组成的"物化科学技术"，是支撑经济与社会发展的"第一生产力"；其二即中层的制度层，是以"技能、技艺、知识、概念、方法、原理、设计、规则"等为内容，体现出一个民族的知识水准和科技关系；其三，则是科学技术的核心层面——观念层，是发展科技和应用科技的核心动力来源。

之所以会出现前述"科技即意识形态"的认识，是因为科技的这三层结构都与意识形态有关。所不同的是，器物层面的科技负责生产与传递意识形态，表现为科技的意识形态功能，属于生产力范畴。即使在高度发达的现代信息社会，以互联网技术为基础的新媒体技术具有强大的意识形态生产与传递功能，以算法为基础的大数据技术则为不同受众提供个性化的信息服务，同时管控着人们所接收的信息内容。但是，新媒体技术并不产生内容（不是数据）本身，而是对内容进行表达和呈现。正如算法除了是一种繁复的方法之外，其技术代码通过运用一定规则将技术要素组合，体现了专家或设计者的价值选择，而其中的价值取向通过技术代码传递给使用者，进而对使用者的价值理念进行同化。观念层面的科技其实就是科技意识形态本身。包括科教兴国战略、科技强国战略等关系国家未来发展路径和方式的全局筹划等，它是有关科技的工具理性和价值理性的统一。哪怕是持科技中立思想，其实也代表着一种价值取向。而制度层面的科技则是指那些表达科技与发展科技功能的准则和规范。它是发展科技意识形态和科技的意识形态功能、提升科技意识形态竞争力的重要战略部署和行动指南。

对照科技的结构，可以认定，观念层面的科技思想观念具有意识形态

---

① 张明国：《"技术—文化"论——一种对技术与文化关系的新阐释》，《自然辩证法研究》1999年第6期。

的特征，它饱含着人文精神、工具理性和价值追求，是真正的科技意识形态；而生产力层面和制度层面的科技具有意识形态的功能，是意识形态的机器、工具或载体。但从严格的意义上讲，它们并不是意识形态本身。其中的区别是我们展开后续研究的基础。

二 科技意识形态的各组成部分及其辩证关系

意识形态是复杂的价值观念系统或价值观念群。它是由多种相互联系、相互作用的单独价值观念在社会机制的作用下构成的价值观念系统的整体形式。科技意识形态是与当代科技生产力相匹配的思想上层建筑，涵盖意识形态的所有要素。

（一）科技意识形态的各组成部分

马克思认为，任何社会形态都有与其历史发展状况相适应的特定结构。社会意识形态是一定时间内在一定社会群体中，为了维护该社会群体利益而产生的一种思想意识形态，它是人们在自我意识、文化和意识等领域表达自己观点和意见的一种方式。而所有的意识形态都具有类似的组成部分。譬如有的专家比照库恩的"科学的范式"理论，提出意识形态是由知识要素、价值要素、实施要素构成。[1] 而何怀远教授把意识形态的内部要素分为"认知—解释层面""价值—信仰层面""目标—策略层面"。[2] 也有提出意识形态亦包含三层基本结构：认知—解释层、信仰—价值层、策略—筹措层。[3] 随着科技的发展，社会结构的转变，围绕科技发展和科技创新的意识形态成为人类活动普遍形式下的共同意识，以使得所有相关科技的认知集合起来的具有规律性的成果变成科学的统一体系，即科技意识形态。

从科技结构中析出的科技意识形态，根据这样的三层结构分析，可以看作是主要包含着科技从业精神、科技发展理念、科技合理性意识在内的科技观念的总和。之所以有这样的一个结构，主要基于：

其一，作为主要群体意识和道德规范的科技从业精神与规范。

在论述黑格尔的辩证法时，马克思曾对意识形态的结构作过精彩描述和分析："两个彼此矛盾的思想的融合，就形成一个新的思想，即它们的合题。这个新的思想又分为两个彼此矛盾的思想，而这两个思想又融合成

---

[1] 张九海：《意识形态的内在结构探析——从库恩的"范式"理论谈起》，《上饶师范学院学报》2005年第2期。
[2] 何怀远：《意识形态的内在结构浅论》，《江苏行政学院学报》2001年第2期。
[3] 卢永欣：《对意识形态的结构功能主义分析》，《思想战线》2012年第4期。

新的合题。从这种生育过程中产生出思想群。同简单的范畴一样，思想群也遵循这个辩证运动，它也有一个矛盾的群作为反题。从这两个思想群中产生出新的思想群，即它们的合题。"又进一步指出："正如从简单范畴的辩证运动中产生出群一样，从群的辩证运动中产生出系列，从系列的辩证运动中又产生出整个体系。"①

科技意识形态是源于科技本身研究与生产的意识，是以科技工作者为核心的社会成员所尊崇和遵循的信念和认知，包括科学精神、工匠精神、创新精神和科学共同体规范等，是规范和激励科学家、科技从业者（包括科技企业家）和科学技术研究机构（包括科技企业）等主体的群体意识和道德规范。如：中国传统的"格物致知"的思想，又如：现代社会普遍认可的"真理至上"理念、"证伪精神"等。科技从业精神直接影响着科技自身生产的路径与方向，影响着科技发展的速度。古代中国正是由于有着以"格物、致知"为核心的系统的科学精神，才成就了其在科技领域领先世界的实力和竞争力。这些源自部分社会群体的精神和思想规范成为社会整体公认的意识和规范即成为社会主流意识形态。

其二，作为主体认同体系的科技发展理念。

意识形态只有在它不仅具有文本形式，同时还被社会"主体认同"，才能说这是一种社会意识形态，并且已经获得了社会的承认——合法性。作为严密的价值观念及行为规范系统的意识形态，其首要的是建构意识形态"主体认同"体系。

科技意识形态中的科技发展理念，主要是社会关于认识、利用和发展科技的观念意识，包括科技理性、科技战略、科学道德与科技伦理等。其中，科技理性既包括工具理性，也包括价值理性。科技发展理念并不一定独立出现，它源自于社会部分群体的认识，但最终它也有可能体现在国家、社会整体发展理念中，体现了统治阶级对科学技术的认知程度、发展定位和战略决策，对科技发展具有导向作用。而科技意识形态也正是在这一刻不仅仅作为观念上的存在，影响人的思维活动，还渗透到了社会存在的根基之中，以社会生产、管理和实践的方式，使得科技意识形态化作了现实的力量。

其三，作为参与国家和社会治理的科技合理性意识。

自进入工业社会以来，科学技术作为第一生产力，广泛而深入地渗透到人类社会实践系统的各个层面，人们利用科技手段管理和治理国家与社

---

① 《马克思恩格斯选集》第1卷，人民出版社2012年版，第221页。

会，使生产方式、生活方式、交往方式与思维方式等都发生了翻天覆地的变化。而在人们的思想观念中对于科技参与管理与治理的广泛认同，即是科技意识形态中的科技合理性意识。

哈贝马斯在《作为"意识形态"的技术与科学》中剖析了科技合理性意识产生的问题。哈贝马斯认为科技理性自身所制定的规则随着科技的进步不断占领各个领域，人们对科技日益增强的认可、信任和依赖赋予科技更多地参与国家与社会治理的话语权力，从而在人们的思想观念中形成发展和应用科技参与国家与社会治理的合理性意识。当这种合理化意识成为了社会行动的主导力量，并使当时的社会机构获得了法律等之外的权威性保障，科技即进一步成为统治阶级的统治基础。

(二) 科技意识形态的各组成部分及其辩证关系

事实上，涵盖了科技从业精神、科技发展理念以及科技合理性意识这三个方面意识内容的科技意识形态是一种意识形态观念体系，它的这三方面的意识内容彼此之间相互作用，相互影响，却又相辅相成，辩证统一。譬如，科技意识形态中的科技从业精神的可证伪性精神和可重复性的原则，直接为科技合理性提供了"科学"的依据和话语权，也为经济和社会发展政策以及战略措施等的制订提供了规则和要求。而科技意识形态中的科技发展理念则为科技合理性提供了战略性和基础性支撑。反之，科技合理性意识又深层次地影响着科技从业精神和科技发展理念的发展方向和具体内容，直接影响着科技发展的速度、质量与方向，最终影响人类文明的进程。

当然，与所有的意识形态一样，科技意识形态一旦成为社会主流意识形态，往往会通过其制度化来形成既定的秩序以有效地整合社会资源，从而达到整合国家和社会的目的。作为科技意识形态核心的科技合理性意识，它上达国家治理的权力与政治，下通科技发展理念和科技从业精神，具体落实到制度层面和决策层面的科技战略、技术规范以及技术路径等。

现实中，自改革开放以来，"科学技术是第一生产力"的思想逐步成为我国的主流意识形态，直接影响了人们的政治和经济思考方式和行为，对我国经济社会发展的直接推动作用是显然易见的。

第二节　从历史生成视角看科技意识形态的形成基础、架构之基与力量之源

每个时代的社会历史条件和社会生产方式都对应有其独特的思想观念

和意识形态,这是由经济基础决定的。如果说科学是关于自然、社会和思维活动及其规律的知识体系,用以认识世界;那么,技术则是人类在实践活动中根据实践经验或科学原理所创造发明的各种手段经验和方式方法的总和,用以改造世界。如果说意识形态是指社会意识诸形式中构成思想上层建筑的部分,是观念、观点、概念、思想、价值观等要素的总和;那么,科技意识形态即是那些有关如何发展运用科学来认识世界和运用科技来改造世界的思想上层建筑,它包括上述意识形态中的所有要素。科技意识形态的形成是一个伴随科学理论创造和发展的过程。科学理论的创造和发展为科技意识形态的形成奠定了基础,其中,不断进步的工具理性使科技意识形态的架构日益坚固完善,不断发展的价值理性则为科技意识形态提供力量的源泉。

一 自然科学理论的创造和发展:科技意识形态形成的基础

自然科学理论是促进社会发展的革命性力量,而相应的自然科学理论思想则为人类建构核心价值观念提供客观判断依据。每一个时代都有其占主导地位的自然科学理论思想,譬如16世纪的太阳中心学说、17—18世纪的机械宇宙观、19世纪的进化论以及20世纪初的相对论,等等,这些新的具有划时代意义的自然科学理论的诞生亦即意味着一种新的世界观和方法论的形成,把人们的认识能力和水平提高到新的层次。[①] 特别是当这个理论成为当时主流的科学理论体系或范式的时候,就会对社会的核心价值观念产生重大的影响。19世纪自然科学的三大发现即细胞学说、能量守恒和转化定律、达尔文生物进化论,使人们发现了一个隐藏在新的现象世界中的奥秘,为马克思主义哲学彻底克服唯心主义思想和形而上学的自然观,认识自然界唯物辩证的性质并提出唯物辩证法,提供了自然科学理论的知识基础。

科学理论的创造和发展,不仅为人们提供了新的世界观和方法论,而且还为整个社会发展搭建了一种文化环境,科学本身即是一个成长于该文化体系之中的文化成果。科学研究总是与一定的价值观念、发展目标和理想信念联系在一起,因而一定文化环境中的科学理论研究的过程表现出一种共同的价值精神,例如中国传统文化中以追求人的内在修养为价值目标的"格物致知"理念,又如新时代中国特色社会主义中的科

[①] 司马云杰:《文化价值论——关于文化建构价值意识的学说》,陕西人民出版社2003年版,第232—233页。

技强国精神。哪怕是坚持科技中立的思想,其实也是一种科技意识。科学家们从其生活的整个社会文化环境中吸取理想信念以及建立科学发展目标,在将其作为自己的科学研究范式和科学理论的主题的同时,还以类似的方式去影响社会中的人们,使这种理想信念和目标成为一个社会的科技意识形态,推动科技的发展、促进社会的全面进步。西方文明大幕就是在科学研究从宗教束缚中解脱出来之后,科学理论主题在转向强调追求客观规律性、强调在追求客观真理的同时实现人们的尊严和价值的过程中被拉开的。[①] 21 世纪以来,量子理论为人类社会提供了新的科学理论思想,并日益转化为新的世界观和价值观,成为人们认识世界和改造世界的核心意识形态内容。

二 实践理性:科技意识形态的架构之基

当自然科学理论转化为技术科学体系时,就会转化为推动社会发展的物质力量。每一项技术科学体系都内含着工具理性,并在实践中帮助人们建构价值观。每一次科技革命在推动技术体系转换、在给人们提供新知识、新方式和新路径的同时,也更新着人们的价值意识,促进科技意识形态的新发展。

首先,科技更新人们的知识体系和帮助人们建构相应的价值观。面对新的技术体系,人们需有一个学习与适应的过程,然后才能应用该技术体系享受现代技术的便利和效益。譬如一个人买了一台 PC 机和相关的软件,进入数字化办公,那么就需要学习相关的使用知识、管理知识,熟悉新技术规范;数字化办公同时也会带动人们对数据的管理与社会规范变化。所以,学习、适应与应用新技术的过程,即是一个树立新技术规范,了解新技术的价值,产生新价值观念的过程。学习适应新技术体系并接受相应的价值观,将是社会发展进步的常态。在此过程中引起相应的科技价值观念的变迁和社会文化结构的变革,与之相匹配的意识形态自然也就会发生改变。

其次,科技体系的转换必然带来经济生活、财产制度甚至政治制度和社会规范的变化,推动以新技术体系转换为基础的社会形态的跃迁。正如阿尔文·托夫勒在《第三次浪潮》中指出的:第二次浪潮(即大机器工业社会)与农业社会的价值观念、神话传说、道德标准在各方面都发生了冲突,对上帝、正义、爱情、权力和美都重新赋予了新的定义,取代了古老的关于时

---

① 杨金洲:《高新科技与价值观念的变革》,《社科与经济信息》2001 年第 10 期。

间、空间、物质、因果的观念。① 实际上，近代西方整个社会的理论、价值观念、社会规范等都是和大机器的生产和技术联系在一起的。大机器不仅创造了大工业生产，创造了铁路、公路、火车、汽车、远洋轮船，而且制造了国会、行会、联盟，创造了机械论宇宙观、启蒙哲学、宪章运动、美国宪法以及《共产党宣言》。② 马克思在谈到机器和大工业生产时指出："科学、巨大的自然力、社会的群众性劳动都体现在机器体系中"③；恩格斯说："没有机器生产就不会有宪章运动。"④ 十七八世纪的自然科学理论与哲学相结合，产生了唯物主义和启蒙思想。

到了当代社会，科技的工具理性已变成社会的组织原则，意识形态开始体现工具理性的要求，用理性的方式设置社会结构和社会生活。"理性本身，变成了包罗万象的经济结构的单纯的协助手段"，人类社会的政治、经济、文化等一切领域，甚至人的时间分配都被纳为可计算的对象。就深度而言，它达到"本能管理"，并内化到人的意识和无意识之中。⑤ "对社会主义的人来说，整个所谓世界历史不外是人通过人的劳动而诞生的过程，是自然界对人来说的生成过程，所以关于他通过自身而诞生、关于他的形成过程，他有直观的、无可辩驳的证明。"⑥ 也就是说，一种价值目标的实现需要通过人的物质生产活动不断改变环境，被改造了的环境进而影响人，促进人的发展。科技意识形态也正是因为工具理性，才能真正起到代替以及强化传统意识形态部分功能的作用，上升为社会发展和人类文明的重要准则，成为社会主流意识形态。

随着现代科学技术知识体系的不断积累，作为对科学技术发展变化最高理论概括的科技意识形态对现代科学技术的能动作用日益凸显，但这也不可避免地造就了异化、物化或单面的社会和单面的思维方式及思想文化，这是我们需要排除的负面因素。从马克斯·韦伯的合理性和工具合理性的理论出发，卢卡奇和法兰克福学派认为，由技术和（合）理性结合而成的工具（合）理性或技术（合）理性是理性观念演变的最新产物，即科

---

① 〔美〕阿尔温·托夫勒：《第三次浪潮》，朱志焱、潘琪、张焱译，生活·读书·新知三联书店1983年版，第150页。
② 司马云杰：《文化价值论——关于文化建构价值意识的学说》，陕西人民出版社2003年版，第241页。
③ 《马克思恩格斯选集》第2卷，人民出版社2012年版，第227页。
④ 《马克思恩格斯选集》第1卷，人民出版社2012年版，第315页。
⑤ 崔永杰：《"科学技术即意识形态"——从霍克海默到马尔库塞再到哈贝马斯》，《山东师范大学学报》（人文社会科学版）2007年第6期。
⑥ 《马克思恩格斯全集》第3卷，人民出版社2002年版，第310页。

技意识形态，也能实现"人通过人的劳动诞生"即人的异化的消除、类本质的复归，从而将价值理性和工具理性结合在一起，推动人类走向更高文明的社会形态。而基于工具理性与价值理性统一目标的实践理性，则是此时此刻科技意识形态的架构之基。

三 知识权力和科技能力思维：科技意识形态的力量之源

科技意识形态之所以成为社会主流意识形态，是因为科学技术知识开始为社会绝大多数的人所掌握并成为人们改造社会发展生产力基础之上的权力，即知识权力。托夫勒在《权力的转移》一书中就曾提出：随着知识经济的发展，权力正在悄悄地发生转移，"知识本身不仅仅是高质权力之源，而且是暴力和财富的最重要组成部分"[1]。也就是说，在以往的农业社会和工业社会早期，权力往往来自暴力和财富。其中，暴力强制可以控制人们的意志和行为，但是这种强制性的权力往往容易招致反抗；而金钱和财富虽可以收买人心，是影响人们的意志和行为的直接手段，但是这种通过收买而获得的权力成本较高，并且缺乏忠诚。到了现代知识经济社会，"知识力量斗争的规律与利用暴力或金钱实现其意志目标的人所信奉的规律有天壤之别"[2]，这是社会发展的又一里程碑式的进步，因为它可以最大程度地避免矛盾冲突，促进社会和谐。而这个知识权力和运用这个权力的科技能力思维，是科技意识形态的力量之源。

科技意识形态成为社会主流意识形态，是进入知识经济时代的必然结果。知识经济的到来，科学知识与意识形态相结合，不仅给意识形态披上了科学的外衣和赋予了话语的权力，更为社会生产力的发展机制找到了意识形态基础。以科技意识形态为推动力，科学技术作为第一生产力，创造了巨大的物质财富，人们的物质生活条件因此得到了改善，对科技的信任、信赖和信念也在加深。科技在物质生产和经济基础上的"非凡成就"让科技参与到社会生产与生活的更多领域，此时，技术形式及其控制就不仅是当代社会分工的手段，而且它真正体现了这个社会的统治理性，成为控制的逻辑[3]，从而实现了知识的权力。科技的方法和理念亦即成为整个

---

[1] 〔美〕阿尔温·托夫勒：《权力的转移》，刘江等译，中共中央党校出版社1991年版，第25页。

[2] 〔美〕阿尔温·托夫勒：《权力的转移》，刘江等译，中共中央党校出版社1991年版，第27页。

[3] 崔永杰：《"科学技术即意识形态"——从霍克海默到马尔库塞再到哈贝马斯》，《山东师范大学学报》（人文社会科学版）2007年第6期。

社会控制和调节系统效能的主要社会评价标准和最高原则。无论从政治决策，还是政治管理来看，体现科技知识权力的专业主义、技术理性、科层制都成为当代政治生活的主要组成部分，意识形态被从政治上吸收到生产过程本身中①，变成了使行政机关的暴力合法化的意识形态的新形式。

一旦科技合理性意识普遍为社会所接受，技术合理性即变成了政治合理性，技术体系就变成了政治体系，知识获得了权力，科学技术也就成了现存社会制度"合法化"的力量来源。② 正如马尔库塞所说："如今，统治不仅通过技术而且作为技术来自我巩固和扩大，而作为技术就为扩展统治权力提供了足够的合法性，这一合法性同化了所有文化层次。"③ 马尔库塞是这样总结科技及其合理性参与统治作用的："不仅技术理性的应用，而且技术本身，就是（对自然和人的）统治，就是方法的、科学的、筹划好了的和正在筹划着的统治。统治的既定目的和利益，不是'后来追加的'和从技术之外强加上的；它们早已包含在技术设备的结构中。"④ 政治合理性因技术合理性而得以增强。通过价值导向功能执行了意识形态控制、操纵、辩护的功能。与此同时，科技知识通过提高对物质生产的能力启动"补偿程序"即物质财富及福利政策来换取公众的忠诚，从而取得合法性地位⑤，由此，也构建起了科技意识形态的实际力量来源。

第三节　科技意识形态的作用及其性质

社会生产力的发展决定了人们的意识形态。社会生产力的不断发展，促进了社会制度、生活方式和文化的变革，推动了人们的思想观念和意识形态的更新。科技作为第一生产力，它促进了科技意识形态的形成与发展；而科技意识形态作为思想上层建筑反过来作用于人类的科技生产力及其经济社会的整体发展。只是，这种作用与传统政治意识形态相比，具有

---

① 刘英杰：《作为意识形态的科学技术》，商务印书馆2011年版，第22页。
② 崔永杰：《"科学技术即意识形态"——从霍克海默到马尔库塞再到哈贝马斯》，《山东师范大学学报》（人文社会科学版）2007年第6期。
③〔美〕赫伯特·马尔库塞：《单向度的人——发达工业社会意识形态研究》，刘继译，上海译文出版社1989年版，第142页。
④ 转引自〔德〕尤尔根·哈贝马斯《作为"意识形态"的技术与科学》，李黎、郭官义译，学林出版社1999年版，第39—40页。
⑤ 刘英杰：《技术霸权时代意识形态出场方式的变化》，《社会科学研究》2007年第6期。

亲和性、隐匿性和非政治渗透性，与政治意识形态相比，突出体现了人类文明的进步性。

一 科技意识形态的作用

科技意识形态与科技是具有共时性和共生性的存在，其在主流意识形态中的地位和作用随着科技在现代社会中的地位和作用的增强而日渐增强，对人类的生存状况进行整体观照。科技也因为科技意识形态成为社会主流意识形态而得到更快速发展、更深融入和服务于人类社会发展。

科技意识形态的作用首先体现在科技领域，促进科技创新性发展；然后因科技的作用力量而扩展至经济、政治、文化、社会、生态等各个领域；最终以国家实施的创新驱动战略、科技强国战略等为抓手，解决和弥补经济社会发展、民生改善、国防建设等实践中的短板和弱项，解决人类面临的共同挑战和承担时代的责任。如果说科技是硬实力的基础，那么科技意识形态就是软实力的源泉。科技意识形态不仅是科技这个硬实力的促进力量，还是其他"软实力"的"核心"，它通过提升政治制度的吸引力、文化价值的感召力等为自身争取发展的道义和正当性，提升国家形象，提升发展道路和制度模式的吸引力，以及对国际规范、国际标准和国际机制的导向、制定和控制能力等。① 今天，经济全球化不断加深，在全球市场经济体制下，多样性的经济主体在常态发展中，通过形成独具国家和民族特色的科技意识形态，建设不同模式的国家科技创新体系，将科技思想、精神和发展理念渗透到经济社会管理的方方面面，推动科技成为国家和社会发展的主要支撑力量。

科技意识形态与其他意识形态的不同之处或者说更有影响力的优势所在是，它主要通过"技术绩效"为不断扩大的政治权利提供合法性。知识社会，科技合理性意识逐渐取代了以往的政治、艺术、哲学、宗教、伦理等传统意识形态占据主要地位，作用于人们的现实生活，生成社会发展的新思想与新模式、形成新关系。

二 科技意识形态作用的双重性与历史性

必须指出的是，科技意识形态的作用在不同的历史阶段，在不同的现实情况下所起到的作用和效果可能是不同的。历史上，元明以前的中国科技取得了令世界瞩目的辉煌成就，但到了清朝，统治集团为了保持满人的

---

① 孙德超、曹志立：《从文化和意识形态看中国软实力》，《内蒙古社会科学》2014 年第 4 期。

"骑射"优势,不重视、不扶持,甚至打击当时最重要的"火器"科技的发展,最终致使中国不仅在整体科技水平上日渐落后,更在关键的军事技术领域上停步不前。反倒是西方因为连年的征战与大航海争霸,适应当时军事对科技进步的需求,加之文艺复兴时期从思想上解除宗教对科学发展的束缚和障碍的要求,社会上广泛兴起了崇尚科学技术的风气,推动着科技大踏步向前,使得西方各国先后迈入了蒸汽时代,进入工业化阶段。

此外,从发展的眼光来看,科技意识形态可能根据自身社会和国际大环境的发展变化而变化。这种发展具有双重性。通常,在一种制度建立之初,其科技意识形态都是相对先进的,具有进步意义。但是到了制度的后期,其先进性就会逐渐消失,科技意识形态反而变成维护统治阶级固有利益的工具。如资本主义社会初期的科技意识形态代表着开放、分工合作,与其所推崇的开放社会和全球化是一致的,代表人类文明的正确方向,对本国和世界的经济与社会的发展和人的发展都起着促进作用。但是到了资本主义社会后期,科技越来越成为仅为资本获利的工具,曾经引导人类进入工业文明的近代科技理性在发达资本主义社会中逐渐成为压抑价值理性的工具。而且,少数资本主义发达国家的科技意识形态越发地表现出技术民族主义倾向,走向自我封闭或争夺霸权的不归路,这并不利于这些国家在未来大科技时代的科技发展,更阻碍了人类社会的整体进步和人类文明的进程。现代社会,科技的力量越强大,科技意识形态越要开放,越要发挥人类社会的总体力量,不能走向封闭和以自我为中心的歧路。这不仅对未来科技发展提出了新要求,更对科技意识形态的建设提出新要求。

第二章 科技意识形态的历史性发展与变迁

科技意识形态与科技是共时性的存在，并不完全是在某个特定社会发展阶段才出现的。以现代科技革命和工业化为分野，人类的科技意识形态分为传统科技意识形态和现代科技意识形态。传统与现代最大的区别在于科技合理性意识。在科技合理性意识产生之前，传统科技意识形态表现的主要是科技从业精神和科技发展理念，是几千年来古代文明的思想基础和内在驱动力。

第一节 历史上的科技意识形态

人类历史上，自古存在着多种不同的文明形态，其中东西或"中西"的分野与对比，是最常见到的两种文明。这两种文明虽然并没有泾渭分明的分界线，但确实能够大致勾勒出两种不同的文化与意识形态较清晰的差别，也因此具有两种不同的传统科技思想和观念体系，具体表现为中国的"天人合一"与西方的"征服自然"的对立与统一。

一 中国的"天人合一"与西方的"征服自然"

中西文化的根本性差异首先体现在对于人与自然关系的理解上。西方文化在传统中强调人要发展科技来征服自然和改造自然，并通过对自然的征服与改造换取自身的生存和发展条件的改善，而中国传统文化基因中则表达着人与自然和谐统一的思想，发展科技是为了让人与自然达到更加和谐的状态，并在和谐的关系中获得生产与生活的基本资源。

中国传统文化中的"天人合一"思想萌芽于先秦时期。但是最初的"天"并不代表"自然"，而是代表一种遵从于"规律"的"自然之道"，这种"道"与具有人格意义的神具有同一性。如《尚书·洪范》中说："惟天阴骘下民……天乃锡禹洪范九畴，彝伦攸叙。"① 意思就是，上天庇护下民……天赐给禹九种治国的大法，人伦才因此得以有序。春秋时期，郑国大夫子产在"天道"理论之上，又增加了"礼"这个中介。他说："夫礼，天之经也，地之义也，民之行也。天地之经，而民实则之。"② 子产认为，"礼"就是天之经、地之义、百姓行动的依据。"礼"代表自然法则，不能改变，也不容怀疑。该思想既是儒家"礼法"思想的基础，是封建礼法制度合理性的意识形态根源，更是封建道德伦理的前提性基础。《易传·文言传·乾文言》中就曾提出过"与天地合其德"的伦理思想。书中认为遵从天道、追求"天人合一"的境界是一种高尚的品德："夫'大人'者，与天地合其德，与日月合其明，与四时合其序，与鬼神合其吉凶。先天而天弗逆，后天而奉天时。"③ 强调人要与自然界相适应，与自然规律相协调，从"天"而动的人都是品德高尚的圣人。《易传·系辞上》是这样界定圣人的，即"与天地相似，故不违；知周乎万物，而道济天下，故不过；旁行而不流，乐天知命，故不忧；安土敦乎仁，故能爱。范围天地之化而不过，曲成万物而不遗，通乎昼夜之道而知，故神无方而《易》无体"④。意思是，自然规律不能违背。圣人强调天人协调，尊重客观规律，又能够发挥人的主观能动性，以实现天道与人道的完美统一。⑤ 汉代的董仲舒则援引道家的阴阳五行说创立以天人感应为核心的天人合一论，他认为："天亦有喜怒之气，哀乐之心，与人相副。以类合之，天人一也"⑥，此观点对后世影响深远。

道家也同样认为，人是自然的一部分，天与人是统一的。但是，与儒家不同，以老子、庄子为代表的道家则认为，人类社会所建立的宗教礼法制度破坏了自然的本性，成为天人合一的障碍。他们反对人为，强调恢复"人法地，地法天，天法道，道法自然"⑦ 的状态。回归自然，追求那种"天地与我并生，而万物与我为一"⑧ 的精神境界，这种境界即达到了那种天人合一的状态。

---

① （宋）胡士行：《尚书详解》卷7，清文渊阁四库全书本。
② （清）洪亮吉：《春秋左传诂》诂18，清光绪四年授经堂刻本。
③ （清）李塨：《周易传注》卷1上经，清文渊阁四库全书本。
④ 韩立平：《周易译注》，上海三联书店2014年版，第244页。
⑤ 郝建平：《从中华民族价值观念看中华文明》，《天府新论》2004年第6期。
⑥ （汉）董仲舒、（清）苏舆撰：《春秋繁露义证》，中华书局1992年版，第357页。
⑦ （清）徐大椿：《道德经注》卷上上经，清文渊阁四库全书本。
⑧ （周）庄周撰、（晋）郭象注：《南华真经》卷第1，四部专刊景明世德堂刊本。

虽然儒家与道家的天人合一思想在具体实现路径上南辕北辙，但是在强调遵从客观规律、"道法自然"的方面却是一致的。而且，这种分歧恰恰体现了天人合一思想的包容性和广泛性。到了北宋，张载致力于集成儒道两家"天人合一"思想，使之体系化发展。张载继承了道家关于世界本原是太虚之气的观点，他说："若阴阳之气，则循环迭至，聚散相荡，升降相求，纲缊相揉，盖相兼相制，欲一之而不能。"① 他认为人和自然都受阴阳二气的作用，阴阳二气既对立又统一。此外，张载还认为"性"（道德）与"天"（自然规律）相通，具有一致性。道德原则上应遵从于自然规律。张载以儒家积极入世思想为原点，力求穷理尽性，把修身养性、追求"天人合一"的境界看作是人生最高的理想追求。张载认为儒者"因明致诚，因诚致明，故天人合一，致学而可以成圣，得天而未始遗人"②，其中，那些以"为天地立心，为生民立命，为往圣继绝学，为万世开太平"③为使命的人即是圣人，圣人的理想就是在满足天道的同时完成人道，最高理想和路径都指向天道与人道的统一。

两宋时期，天人合一的思想被广泛认可和接受，成为社会主流思潮，不同学派的思想家都以此理论为基础和思想原点发展自己的思想理论体系，这也因此使得"天人合一"思想的内涵变得丰富而复杂。归结而言，中国传统文化中的"天"既包括大自然，也有人类为其所赋予的神格，还指自然规律即天道，人们需要通过体悟以在精神上达到人道与天道的统一。其中既有朴素的辩证法，也有错误的唯心主义出发点。我们在弘扬传统文化精神的时候需要对其加以辩证地分析。但是，该思想强调整体动态平衡，内涵人类社会与自然界的协调发展追求，又与现代唯物辩证法的思想不谋而合，具有极高的现代价值。

关于人与自然的关系，恩格斯从辩证唯物主义的视角在《自然辩证法》中进行了全新的阐释。他说："人们愈会重新地不仅感觉到，而且也认识到自身和自然界的一致，而那种把精神和物质、人类和自然、灵魂和肉体对立起来的荒谬的、反自然的观点，也就愈不可能存在了。"④ "我们的主观的思维和客观的世界服从于同样的规律……这个事实绝对地统治着我们的整个理论思维。"⑤ 恩格斯的这些论述，与中国传统文化中追求天道

---

① 张载：《张载集》（正蒙·参两），中华书局1983年版，第10页。
② 张载：《张载集》（正蒙·乾称），中华书局1983年版，第65页。
③ 张载：《张载集》（张子语录·语录中），中华书局1983年版，第376页。
④ 〔德〕恩格斯：《自然辩证法》，人民出版社1971年版，第159页。
⑤ 〔德〕恩格斯：《自然辩证法》，人民出版社1971年版，第243页。

与人道相统一的"天人合一"思想具有内在的一致性。中国传统文化中的"天人合一"思想对于解决在市场经济条件下,工业化生产无限制地开发和利用自然资源、粗放型经济增长方式所带来的环境污染、生态破坏等问题的解决,具有重要的启示意义。中国如今正在进行着的新时代中国特色社会主义现代化建设,要学会吸收"天人合一"思想的合理内核,协调人与自然的关系。但是,我们更须明辨"天"与"天道"的合理内涵在于"宇宙"与"自然规律",不能将"天"神化,否则就是倒退,返回到唯心主义的立场和思维方式。

与中国传统文化中"天人合一"思想不同,自希腊文明以来的西方文化以追求客观真理的科学精神或理性精神为特征。在古希腊人的心目中,理性、知识和智慧与中国传统文化中的"天"一样,具有至高无上的地位和能力。安那克萨哥拉说:"在理性兴起的当时,一切事物都处于一片混乱之中。理性规定了次序和条理。"[1] 这样的理性实际上是神圣的立法者,是具有神格的存在。所以,在西方的文化传统里,只有追求理性、服从理性,以理性为根据生活,才能使人走出自然界,成其为人,并带来快乐。因此,追求理性是人的崇高使命,是人生的价值与意义所在。古希腊的这种理性精神影响了欧洲此后2000多年来的哲学、宗教与科学的内容与发展方向。文艺复兴之后,西方社会的科学精神更加凸显,在接受理性思维的人看来,科学是累积的,是不断进步和无止境发展的,人的创造力因此而无穷无尽,这个世界简直没有什么不能被认识的,也没有什么自然力不能被驾驭的。知识的积累、技术的改进与观念的更新,快速推动了经济的发展,推动着人们不断探索自然之奥秘,勘天役物,做自然之主人。这种征服自然的科学精神深入西方社会人心,一直延续至今。

二 中国格物致知的科技从业精神的内在人文价值取向

中国古代的科学技术"在3到13世纪之间保持一个西方所望尘莫及的科学知识水平"[2],如我国是最早采用十进制计数的国家,最早拥有观测天琴座流星雨和哈雷彗星记录的国家,战国的《甘石星经》是世界公认最古老的星表之一,先秦的"古六历"是当时世界上最精密的历法之一。汉代天文学家张衡发明了浑天仪、地动仪,北魏郦道元著有《水经注》,宋

---

[1] 转引自〔美〕伊迪丝·汉密尔顿《希腊方式:通向西方文明的源流》,徐齐平译,浙江人民出版社1988年版,第20页。
[2] 〔英〕李约瑟:《中国科学技术史》第1卷《导论》第一章《序言》,科学出版社、上海古籍出版社1990年版,第1页。

代科学家沈括著有笔记体科学名著《梦溪笔谈》，元代农学家王祯的农学名著《王祯农书》，这些科学和发明证实了中国古代科技的水平和曾经的辉煌。除了科学，中国还在水利交通、土木建筑、园林设计、金属冶炼、船舶制造、陶瓷制作、纺织印染等许多领域的技术领先于世界。中国科学技术这种蓬勃发展的盛况一直保持到 16 世纪，方才被文艺复兴时期的欧洲赶超。对于中国在 16 世纪后为什么没有诞生现代科学这样的问题即"李约瑟问题"，学者们曾经从封建专制的官僚制度、小农的经济形式、国家政策导向等诸多方面作出有益的探索，但根本原因其实是受中国传统文化中的"格物致知"科技观之深刻影响。

"格物致知"是影响中国至今的重要的认知理论和求知精神。但"格物致知"思想在根源上，其实不能算作一种科技观，因为它产生于道德修养和人生价值实现的需要，是依附于道德伦理的"由知进德"的一种人生理想的精神性存在。而这个立足于道德基础的科学精神，既成就了中国古代科技的辉煌和国家的富强，也成为封建社会后期国家衰落的思想根源。

格物与致知是认识事物的两个阶段，同时又是实现人生理想的认识基础。《礼记·大学》中说："致知在格物。物格而后知至，知至而后意诚，意诚而后心正，心正而后身修，身修而后家齐，家齐而后国治，国治而后天下平。"[①] 所谓认识是行动的基础，古人早已经懂得。但是，《大学》中"格物"与"致知"中的"物"和"知"实际上并不指代客观事物和客观真理，它所指代的是义理，即"道义"和"天理"，当然，这"义理"要符合客观事物的客观规律，但在这个客观规律之上的"义理"必须符合人生的道义，"由知进德"既是人生方向，也是人生理想的实现路径。所以"追求真理"的目标并不在于追求客观真理，而是在于追求客观真理基础之上达到儒者所需要的理想人格，如讲良心、维护正义等。所谓"士志于道""朝闻道，夕死可矣"，正是中国古代以士阶层为主的知识分子的美好品德。所以，我们可以看到，中国古代的科技发展主要是由一些具有这种历史文化使命感、道义感和责任感、具有较高理性精神的士阶层在悟"道"的精神推动下的结果。这种高尚道德情怀是动力，推动了中国古代的士阶层对科学真理和技术理性的追求。到战国时期，士因为各自不同的学术主张而分成儒、道、墨、法、名、阴阳、农、医、兵等许多学派，与同时期的古希腊的科技文明并蒂争艳。其中先秦诸子中对自然科学研究最广泛、最深入、技艺最精的是墨家。但我们也知道墨家发展科技，也是以

---

① （宋）朱熹：《四书章句集注》，中华书局 1983 年版，第 3—4 页。

其深沉的"兼爱"和"非攻"的人文关怀和社会理想为动因的。所以,传统的以"格物致知"为代表的科技观从来不具有独立地位,在科学发展到一定阶段之后,当这种生产关系落后于科技水平的时候,它甚至会成为科技继续发展的束缚。由此,我们从传统科技观中也找到了"李约瑟难题"的部分答案。

通过比较中国传统的科技观与西方的科技理论,我们可以更清楚地反思"李约瑟难题"所具有的历史文化和科技观成因。中西方科技观侧重不同,中国重道德心性,西方重变化制造;中国重向内修身,西方重对外发展。在西方人的思维模式下,究物求理是纯粹的追求客观真理的事情,尽可与人无关。所以,西方科学家治学"不言修身";而中国古代学者认为,自然知识与人文学科是不可分割的,知识从德性中来,最终还是为了完成其德性修养。[①] 所以,做学问首先要"求通于心","格物致知"首先要做到"诚意""正心"。学者治学以成德为主、道问学为辅。可见,中国古代的自然科学因为没有摆脱人文精神的束缚,因此也就很难达到客观真理的标准,而且囿于人的主观认识的能力、水平与高度,知识的客观真理性及其本身的应用价值也很容易被忽视。

所以,古代中国的科技之所以没能取得突破性的发展,就是因为缺少一个成为社会主流意识的具有独立探索精神的科技观。中国传统人文精神并不能适应社会的发展要求,必须建立科学与人文相统一的新意识形态。事实上,我们在古代中国还是看到了这种变化的苗头。这种变化苗头是以人们对"格物致知"理念的变化为主线展开的一个不断接近西方科学理性和科学精神的过程。其标志是程朱理学在格物致知理论基础之上发展的"格致论"。格致论认为"人心之灵莫不有知"和"天下之物莫不有理"[②],他们依此思想将追求人伦之理的道德修养和追求自然之理的客观的理性精神区分开,并将认知过程概括为"即物穷其理也",由此发出了科学要独立于人文的先声。葛荣晋评价:"程朱学派的格物说所蕴含的科学理性精神,不但是宋明古典科学发展的理论基础,而且也是明清古典科学与西方近代科学的衔接点,是中国古典科学走向近代化的重要突破口。"[③] 程朱理学的格致之学具有了一定的独立的实证主义的科学精神,开始摆脱人文主义的束缚而独立探求客观事物的规律,从而推动了当时的科学技术的大发展,

---

[①] 王绪琴:《格物致知论的源流及其近代转型》,《自然辩证法通讯》2012年第1期。
[②] (宋)朱熹:《四书章句集注》之《大学章句》,中华书局2010年版,第4—5页。
[③] 葛荣晋:《程朱的"格物说"与明清的实测之学》,《孔子研究》1998年第3期。

中国自然科学迎来了"黄金时代"。正如李约瑟所评价的："伴随而来的是纯粹科学和应用科学本身的各种活动的史无前例的繁盛。"① 印刷术、火药和指南针等发明改变了世界。宋代科学技术之超前以及影响之深远，"与程朱发挥格物致知的思想有很大关系"②。

到了明清时期，由方以智和王夫之主导，格物致知论继续向实证化方向发展，学术研究开始展现了"经世致用""力行致知"的新学风。方以智批判前人在"物理时制"方面的研究缺少客观基础和独立性，他说："汉儒解经，类多臆说；宋儒惟守宰理，至于考索物理时制，不达其实，半依前人。"③ 然而，物理时制方面的研究却是非常重要的，其具有基础性作用。正如方以智所说："舍物则理亦无所得矣，又何格哉！"④ 他在此观点的基础之上对格致之学进行了重构，把知识分为"质测""宰理""通几"三类。他把"质测之学"归为旨在探究外在"物理"世界的学问，相当于现代实证自然科学。相比传统的格物致知思想，其格致论更加具有了近代意义上的科学特征。⑤ 王夫之也将实证精神引入格致论。他说："夫知之方有二，二者相济也，而抑各有所从。博取之象数，远征之古今，以求尽乎理，所谓格物也。虚以生其明，思以穷其隐，所谓致知也。"⑥ 也就是说，获得知识的方式有两种：第一种方式是"格物"，"格物"通过实证认识事物的内在规律；第二种方式是"致知"，"致知"则是通过思维活动揭示事物的本质。其中，格物和致知是认识的两个层次、两个阶段，相当于现代科学方法论中的感性认识与理性认识。感性认识通过感性思维对资料进行整理与加工，进行经验性的总结；而理性认识则通过分析、推理、判断等抽象的思维方式对事物进行规律的提炼。二者既相辅相成又各有特点。⑦ 这充分说明：在方以智和王夫之的推动下，此时的格致说在认识方法论上已经与西方并肩。在方以智和王夫之之后，清代的科学家和思想家又进一步打开思路，格致论倾向于"经世致用"的"实学"，强调"行"的重要性。如黄宗羲就批评"束书不观，游谈无根"的致知方式，

---

① 〔英〕李约瑟：《中国科学技术史》第2卷，科学出版社、上海古籍出版社1990年版，第527页。
② 姚爱娟、冷天吉：《格物致知在明清的意义转换》，《合肥学院学报》（社会科学版）2006年第2期。
③ （清）方以智：《方以智全书》第1册，上海古籍出版社1988年版，第3页。
④ （清）方以智：《浮山集》物理总论，清康熙此藏轩刻本。
⑤ 王绪琴：《格物致知论的源流及其近代转型》，《自然辩证法通讯》2012年第1期。
⑥ （明）王夫之：《船山全书》第2册，岳麓书社1988年版，第312页。
⑦ 王绪琴：《格物致知论的源流及其近代转型》，《自然辩证法通讯》2012年第1期。

他强调"致"的实践作用,认为"致字即行字,以救空空穷理"①。颜元则强调"格"的实践作用,认为"手格杀之格"②和"习行"(动手实践)③都是致知的必要条件。此时的格致说在思想上更加实证化,更加接近西方的科学理论,从而为中国在文化上理解并接受西方的科学技术理论作出了学理上的铺垫。

明清时期,中国与世界在展开经贸往来的同时,也同步进行着文化的交流。西学东渐,格致论也在演化,无论在思想上还是在话语体系上继续对接西方科学,接近西方科学的理论和实证的特质。以利玛窦为代表的西方科学思想家最先拿"格致论"来对接西方的科学技术理论,他在《几何原本》序中说道:"夫儒者之学,亟致其知,致其知当由明达物理耳……吾西陬国虽褊小,而其庠校所业,格物穷理之法,视诸列邦为独备焉。"④在此基础之上,《几何原本》的译者徐光启、《天演论》的作者严复等一些学者,直接以"格致"指称西方的自然科学,直接拿"格致学"来指称西方的科学技术理论,把自然科学家称为"格致家",同时把发展科学技术上升到"非明西学格致必不可"⑤的救亡图强之道。在这一思潮的深远影响下,社会开始普遍接受了西方的科学思想,并以"格致学"对接概念称谓。如洋务派把在上海、广州等地开设的教授西方科学知识的学校称为"格致书院"。⑥当"格致学"与西方的"科学"概念实现对接时,"格致"概念终于摆脱了人文价值理性的"纠缠",脱去了此前儒家格致说"厚重"的德性束缚,"其中的道德形上学意义最终被消解"⑦,发展成为一种独立的科技观,真正能够促进科学的发展、技术的进步,文明由此才开始走上了复兴的道路。

第二节　人类意识形态的两次转型升级

科学技术这个知识形式的生产力在进入工业社会以来,其在社会生产

---

① (清)黄宗羲:《明儒学案》(修订本),中华书局1985年版,第178页。
② (清)颜元:《颜元集》,中华书局1987年版,第491页。
③ (清)戴震:《孟子字义疏证》,中华书局1961年版,第1页。
④ 〔意大利〕利玛窦、(明)徐光启译:《几何原本》卷首,同治四年金陵刻本。
⑤ (清)严复:《严复集》,中华书局1986年版,第48页。
⑥ 王绪琴:《格物致知论的源流及其近代转型》,《自然辩证法通讯》2012年第1期。
⑦ 冷天吉:《知识与道德——对儒家格物致知思想的考察》,中国社会科学出版社2009年版,第193页。

力中所占的比例和所起到的生产力的作用日益扩大，尤其是在人类进入知识经济时代，社会生产活动伴随着科技创新发生着日新月异的变化，使得主流意识形态中的科技意识形态的比重和作用也日益增加。人类的意识形态按照科技水平的不同进行划分的社会形态变迁大致经历了以下两个进阶阶段，也代表了意识形态的两次重大转型升级。第一次，是从农业社会向工业社会升级而引致的传统政治意识形态向现代政治意识形态升级。第二次，是从工业社会向知识社会升级而引致的现代政治意识形态向现代科技意识形态升级。现代科技意识形态是进入知识社会暨所谓的后工业社会（或者"发达工业社会"）以后，以科技合理性为依据的关于科技的思想上层建筑，是传统意识形态的新发展，标志着人类社会主流意识形态进入新阶段。

一 从农业社会向工业社会升级而引致的传统政治意识形态向现代政治意识形态升级

第一次和第二次工业革命的成功，引导着人类社会全面从农业社会走向工业社会。发达国家与不发达国家的区别就是农业国家与工业国家的区别。这一阶段一直从工业革命兴起持续到20世纪六七十年代。人类社会主流社会意识形态，也从传统政治意识形态全面走入现代政治意识形态升级的新阶段。在工业社会以前的农业社会时期，传统意识形态的先导性不强，传统意识形态的功能主要是对现存制度的辩护和巩固。转型升级始于第一次工业革命和早期资产阶级登上历史舞台，以几乎同时出现的美国的《独立宣言》和英国的《国富论》为标志，人类开始进入"观念引导社会变革"的现代意识形态时代。在现代西方理论界中，"意识形态"被定义为："具有符号意义的信仰和观点的表达形式，它以表现、理解和评价现实世界的方法来形成、动员、指导、组织和证明一定的行为模式或方式，并否定其他一些行为模式或方式。"① 其实，这里隐含着以下三方面的变化：其一，从传统意识形态向现代意识形态转型，意味着暴力统治的结束，代之以更加美好的社会理想。即所有现代意识形态均源于建构一个可以付诸实践的更加美好社会的理想，这种可以付诸实践的理想（接近于黑格尔的"观念"）构成了现代意识形态的核心。基于现代意识形态所描述的理想，人们展开相应的权力运作和权力结构调整。各个国家在这一时期

---

① ［美］戴维·米勒、［英］韦农·波格丹诺：《布莱克维尔政治学百科全书》，邓正来译，中国政法大学出版社2002年版，第368页。

的建设，无不将"成为一个工业国"作为其国家建设的基本目标。其二，即现代意识形态具有排他性或者说是竞争性。它通过对现实罪恶的无情批判，"通过对未来美好社会基本原则的确立激发人们的理想热情，开启人民革命的政治动员"①，排除旧社会意识形态的影响，否定别的社会意识形态的先进性。这种排他性与竞争性，无论是在资本主义政治意识形态与传统封建主义意识形态的争夺之中，还是在二战后的美式资本主义政治意识形态与苏式社会主义意识形态的阵营对抗之中，都有深刻体现。其三，"现代意识形态不仅是立国的先导，而且是立国之本。从权力运作的规范、制度建构和调整的可能到国家形象的塑造，意识形态都是基本依据。正因为如此，现代意识形态在国家的权力体系中不再处于外围和边缘，而是成为基础和核心，成为决定一个国家制度生命力的内在依据。这种状况不仅使意识形态在夺取政权中的作用空前重要，而且使其在巩固政权中的作用显著增强"②。可以说，当一个与现存政权相关的意识形态深入到人们的思想及情感之中时，它就具有了强大生命力，使用暴力推翻它就会变得较为困难。也只有当有一个更先进的意识形态产生并深入到人们的思想及情感之中时，旧秩序的合法性才会失去思想的优势，被新的可付诸实践的理想所代替。

二 从工业社会向知识社会升级而引致的现代政治意识形态向现代科技意识形态升级

自20世纪七八十年代的第三次工业革命即信息化革命以来，人类社会从工业社会逐渐发展走向知识社会。科技以及主要由形式化的科技构成的知识成为最主要最高质量的社会权力基础。人类社会的主流意识形态，也从现代政治意识形态逐渐步入向现代科技意识形态升级的新阶段。从现代政治意识形态向现代科技意识形态升级是意识形态的最新发展，也是人类文明的必然进阶。它始于第三次工业革命，并有可能在第四次工业革命之际进入高潮。因为它使"人类理想"具有了"科学"的理性和方法，以及第四次数智化工业革命提供的极为强大的物质基础和条件。如果说政治意识形态是占统治地位的阶级的意识形态，是一套相互关联的、关于社会的合理秩序及其达成方式的态度和价值观系统，为我们建构了一个美好未来的理想，揭示未来的政治、经济和社会构架；那么科技意识形态就是旨

---

① 赵欢春：《社会转型期我国意识形态安全风险预警研究》，人民出版社2022年版，第49页。
② 侯惠勤：《意识形态的历史转型及其当代挑战》，《马克思主义研究》2013年第12期。

在为这个美好未来的理想付诸实践提供技术可能性和具体科技生成方式的思想上层建筑。工业社会后，随着科技的发展，科技在人们心目中的地位日渐增强，基于科技创新的发展成为人们共识的真正发展，科技意识形态在主流意识形态中的分量和地位也日渐增加，"知识已从金钱力量和肌肉力量的附属物变成了它们的精髓"①。科学技术进而成为现存社会制度"合法化"的力量来源，进而出现内容性政治意识形态提出对科技意识形态的功能性支持的新要求。进入知识社会、构建知识经济发展成为"创新型国家"，成为了许多国家建设规划的主体名词。这是主流意识形态从传统向现代的又一次重大转型和升级，作为"可以付诸实践的理想"的现代科技意识形态是权力运作和权力结构调整的合法性依据，人类开始形成一个"利用技术而不是利用恐怖"来有效统治国家、社会和组织的新的社会组织与治理模式。"第一位的生产力——国家掌管着的科技进步本身——已经成了〔统治的〕合法性的基础。〔而统治的〕这种新的合法性形式，显然已经丧失了意识形态的旧形态。"② 此时，科技意识形态在一定程度上代替传统的意识形态的部分功能，社会主流意识形态因此从内容型意识形态主导转向功能型意识形态主导。

综上，随着人类社会的两次重大跃迁，人类社会主流意识形态也实现了两次重大的飞跃，极大地推进了人类文明的进程。而且，每一次飞跃都使得意识形态变得更加科学，更加先进，其作用更强。如果说，现代政治意识形态使思想上层建筑变成具有科学性的观念，那么现代科技意识形态则使政治意识形态变得更加合理可行。

第三节 现代科技意识形态的质与变

阿尔都塞说："人生来就是意识形态的动物。"③ 人类因为有了意识形态，才具有了文明的样式。人类的发展总是以意识形态的突破为阶梯。看人类的文明样式和品质，除了看其外在的物质基础和生产与创新等能力

---

① 〔美〕阿尔温·托夫勒：《权力的转移》，刘江等译，中共中央党校出版社1991年版，第25页。
② 〔德〕尤尔根·哈贝马斯：《作为"意识形态"的技术与科学》，李黎、郭官义译，学林出版社1999年版，第69页。
③ 〔法〕路易·阿尔都塞：《哲学与政治：阿尔都塞读本》，陈越编，吉林人民出版社2003年版，第362页。

外，还要看其内在的意识形态即制度化的思想体系。沿着人类意识形态的阶梯，我们看到了人类文明进步的远景。

一 现代科技意识形态的实质突破

作为社会意识的一部分，意识形态是对社会存在的反映，集中体现为人类精神特质和人类文明中的核心文化内容。意识形态包括认知（知识论）、判断（实践论）与价值观念体系（价值论）等，旨在为人们适应复杂的社会生活提供一种导向和意义。因为有了意识形态，人类才构筑起相应的制度、国家与社会，然后按照自己的选择、判断来组织自己的生产与生活，获取资源和分配财富。作为"制度化的思想体系"即"思想的上层建筑"，意识形态是组成各种社会纲领的一整套主张、理论与目标，它作为价值系统发挥作用并使人们认同现存的社会制度。① 所以，传统的政治意识形态主要用来凝练统治阶级的价值观和核心价值体系，体现其制度的优越性和意义。作为国家权力的组成要素，意识形态是执行控制、操纵与辩护功能的夺取政权和巩固政权的国家机器。为了维护自己的统治地位，统治阶级就是要想方设法地影响社会意识形态使之与国家主流意识形态保持高度一致。"就是说，任何一个政权的建立，总要先造舆论，取得道义上的广泛认同；而一个政权的巩固，则总要把统治阶级的意志上升为统治思想，成为社会的普遍共识。"②

现代科技意识形态在主流意识形态中的地位和作用随着科技在现代社会中的地位和作用的日渐增强而增强。但是，直到进入工业社会，当它开始代行部分政治意识形态的功能融入国家发展战略、经济与社会发展实践，支撑着国家未来发展方向时，人们才真正认识到它，以及看到它相对传统政治意识形态的实质性突破：使意识形态变得更科学。

而使意识形态变得更科学，是从意识形态概念创始人特拉西到马克思等现代社会中那些专门研究意识形态的思想家的理想。特拉西的"意识形态"概念提出于法国启蒙时期和法国大革命时期，并把它作为"观念的科学"与当时以繁琐论证为特征的传统的经院哲学和中世纪神学思想观念相对立。③ 特拉西试图通过其意识形态理论，以科学的方式重建整个知识体系。正如麦克齐所指出的那样："对于特拉西来说，意识形态的目的是'给出我们

---

① 侯惠勤：《〈德意志意识形态〉的理论贡献及其当代价值》，《高校理论战线》2006 年第 3 期。
② 侯惠勤：《意识形态的历史转型及其当代挑战》，《马克思主义研究》2013 年第 12 期。
③ 特拉西在其 1801 年到 1815 年所著的五卷本《意识形态原理》一书中详尽地阐发了自己的这个观点。

理智能力一个完全的知识,再从这一知识中推演出其他所有知识分支的第一原则'。"①但是,他却忽略了这个观念科学的物质经济基础,而没有经济基础的思想上层建筑只能是空中楼阁。现代科技意识形态的实质性突破即在于除了观念层面的内容,它的器物层使意识形态具有了更科学、合理的物质经济基础。

我们说,作为统治阶级"制度化的思想体系"的意识形态可以被"塞进头脑"并执行控制、操纵与辩护的功能。那么首先我们要问:人们是"怎样把这些幻想'塞进自己头脑'的?"马克思从根本上回答了这一问题。他指出:"统治阶级的思想在每一时代都是占统治地位的思想。"②之所以如此,就因为"支配着物质生产资料的阶级,同时也支配着精神生产资料,因此,那些没有精神生产资料的人的思想,一般地是隶属于这个阶级的"③。现在,问题又来了:什么是"精神生产资料"呢?为什么它会为统治阶级所专有呢?顾名思义,精神生产资料就是借以生产思想的客观手段,包括知识的占有和相应的资金支持,对这些资源的占有和分配当然是统治阶级的专利;加上体力劳动和脑力劳动的分离,统治阶级不仅垄断了脑力劳动,而且精神生产也被统治阶级所垄断。④马克思和恩格斯揭示了意识形态是被占有知识和资金的统治阶级应用科技生产出来的这一事实。也即是说,"观念"是可以被生产出来并进而成为统治阶级维护自己统治的合法性与巩固统治地位的工具。现代科技特别是随着各种媒体技术的发展印证了这一判断:科技意识形态改变了传统的政治权力运作方式,通过发展和应用科来有效地管理国家、社会和组织,给政治意识形态提供合理性意识、合法性基础。由于有了科技的强力支持,科技意识形态变得更加科学可信、合理可行、广泛强大。科技意识形态将我们带入一个"科技影响观念、用观念创造现实的时代"。

现代科技意识形态是人类社会意识形态发展的新阶段。人类进入知识社会后,在国家主流意识形态中,现代科技意识形态相对政治意识形态的比重增加和作用力增强,代行政治意识形态的部分职能。但是,纵然如此,科技意识形态却并不能取代政治意识形态;相反,作为社会意识形态的一个重要组成部分,"科技意识形态是为政治合理性做辩护的,是政治

---

① S. Malesevic and I. Mac Kenzie, *Ideology After Post-structuralism*, London: Pluto Press, 2002, p. 1.
② 《马克思恩格斯选集》第 1 卷,人民出版社 2012 年版,第 178 页。
③ 《马克思恩格斯选集》第 1 卷,人民出版社 2012 年版,第 178 页。
④ 侯惠勤:《意识形态话语权建设方法论研究》,《中共贵州省委党校学报》2016 年第 2 期。

意识形态的'补偿程序'"①。它表达甚至是强化着后者的政治诉求，是后者"维持、改造或摧毁"某个社会而"采取行动的依据"②、"科学的"方法和具体手段。这一点是我们需要明确的。

二　现代科技意识形态的特征

科技意识形态源于科技，却又超脱于科技。现代科技意识形态具有鲜明的文明特征，无论与传统政治意识形态相比，还是与现代政治意识形态相比，均呈现出极大的历史进步性。

首先，与传统政治意识形态相比，现代科技意识形态的进步之处或者说优势所在是：科技意识形态是生产力相匹配的思想上层建筑，它既是观念层面的意识形态，又高度地与器物层面的科技生产力紧密相连，与人们的科技创新及其经济社会活动紧密相关。所以，科技意识形态不仅拥有意识形态的观念力量，还手握科技的物质力量，这两方面力量总体生成为自身意识形态的影响力和竞争力。这种力量既时刻影响我们的决策、战略部署和路径选择，也深层次地作用于人们的现实生活，生成社会发展的新思想与新模式、形成新关系，影响着政治表达和社会治理模式。

科技意识形态通过"技术绩效"为不断扩大的同化所有文化领域的政治权利提供了合理性意识和合法性基础。科技合理性意识逐渐取代了以往的政治、艺术、哲学、宗教、伦理等传统政治意识形态的主要地位，作用于人们的现实生活中，成为社会发展的新思想与新模式。③ 随着科技意识形态日益取得主流意识形态重要地位，现代社会系统就日益变成一个以科学技术为核心的自动调节系统。人类开始走上一个"利用技术而不是利用恐怖"来有效统治国家、社会和组织的新的社会组织与治理模式。相关思想具体地表现在科技创新的价值定位、战略选择、实现主体、实现路径和价值目标等各个方面，形成"科技强国"战略、"科教兴国"战略、"科技立国"战略等政治、经济与社会发展指导思想，影响着社会的科技创新能力和科技应用的水平，决定科技发展的方向，主导国家经济社会发展的水平和质量。

其次，与现代政治意识形态相比，现代科技意识形态的进步之处在

---

① 刘英杰：《意识形态转型：从政治意识形态到科技意识形态》，《理论探索》2007年第5期。
② 〔法〕莫里斯·迪韦尔热：《政治社会学——政治学要素》，杨祖功、王大东译，华夏出版社1987年版，第9页。
③ 陈定家：《论科技意识形态及其对艺术生产的意义》，《广西师范大学学报》（哲学社会科学版）2000年第2期。

于：它是一种更具有亲和力、非政治化形式的隐形意识形态。科技意识形态之所以能够对传统政治意识形态形成超越，是因为它具有一般现代政治意识形态所不具有的新特性。

第一，亲和性。知识社会，人们的生产、生活与交往都被技术所支撑。因为科技所具有的高度明晰性、可展示性和逻辑的严密性特点，人们更愿意接受貌似公平、公正的科学技术的规范，接受科技意识形态的统治，而排斥强权的传统政治意识形态统治。科技意识形态让科学技术成功地将实践问题重新被界定为技术问题，从而形成透过技术经济机制进而渗透政治机制变成强大的无形的统治力量。

第二，隐匿性。"技术统治的意识形态的意识同以往的一切意识形态相比，'意识形态性较少'。"① 作为科技意识形态内核的科技思想和社会治理纲领广泛深入政治、经济、文化、生态等各个领域。它无处不在却又隐而不显，它时时发号施令，将科技意识形态的威力发挥到了空前的水平，却总能成功地掩盖其意识形态的本来面目。② 人们不仅感觉不到技术的"统治"压力，甚至还信任并乐意接受技术的"服务"。所以，意识形态不会"终结"，它只是在以隐匿的形式发挥着无形的影响力和作用力。

第三，非政治化渗透性。传统的政治意识形态，用宗教或者类似的信仰来教化，用文艺来渲染，用制度来固化，及至现代政治意识形态，更强调用国家机器采取自上而下的政治性强力宣传与思想控制。而进入工业社会以后，以科技为偶像的新型科技意识形态更多地借助科技产品与文化消费渗透到现实日常之中，及至知识社会，意识形态的内容被技术化、非政治化地"渗透进生产过程的每一个环节以及社会交往的每一个角落"③，内化到人们的生活世界，以非政治力量的科学技术、借助科技合理性意识、利用经济规律和市场手段执行意识形态职能。这样，政治被科学技术所界定、构造和规划。从政治意识形态独尊到政治的科技化、价值的定量化④，这是意识形态的一次重大转型升级。

由于科技意识形态具有亲和性、隐匿性和非政治化渗透性，更容易被

---

① 〔德〕尤尔根·哈贝马斯：《作为"意识形态"的技术与科学》，李黎、郭官义译，学林出版社1999年版，第69页。
② 陈定家：《论科技意识形态及其对艺术生产的意义》，《社会科学研究》2001年第1期。
③ 周善和：《技术意识形态化的局限和扬弃路径选择》，硕士学位论文，中共广东省委党校，2012年。
④ 刘英杰：《意识形态转型：从政治意识形态到科技意识形态》，《理论探讨》2007年第5期。

受众接受，因而它在现代社会日益展现出其强大的政治引领、经济引导和文化导向作用，并对传统的政治意识形态形成了全面的转型和超越，成为"比传统意识形态手段更高明，影响更大，波及范围更广"①，更容易形成认同基础之上的强大凝聚力、广泛参与性和实践生成性。

三 知识社会中科技意识形态的异化现象及其历史性分析

科技意识形态成为影响世界格局的重要社会意识形态，并在一些工业化程度较深或者整体社会科技意识水平较高的国家也就是通常的知识社会中成为社会的主流意识形态，这是人类社会的一大进步。但是，科技意识形态与政治意识形态一样，同样具有正负双重效应。越是在科技意识形态的作用与价值得到极大伸张之时，就越需要我们对之加以历史性、辩证性分析和有效批判，如此才能真正地全面把握运用。

科技在加速了知识社会的发展的同时，也不可避免地使后者产生意识形态异化现象。在以科技为偶像的知识社会，科技成为人作为整体的外在力量根源，增强了人类征服与改造自然和自身的能力和水平；但作为个体的"人"在这个过程中，也有可能被科技的力量所限制、约束甚至反制。当"科学技术的历史成就已经使价值准则转化为技术任务成为可能，亦即使价值的物化成为可能"②，马克思、恩格斯认为，在不以人的意志为转移的生产方式内，"总有某些异己的、不仅不以分散的个人而且也不以他们的总和为转移的实际力量统治着人们"③，这种现象是存在的。这个"实际力量"是由科技力量支撑的，归根结底由科技意识形态所实际支配。马尔库塞据此认为，技术越进步，工业越发达，个人越可能被禁锢在"技术中心"的单向思维轨道和"科技理性"的牢笼之中，社会越可能受这种单向思维的局限和控制。具体表现为：在思想文化上，人们的生产受客观的科学技术所安排，人们的生活世界被文化技术所包装，思维方式和消费观念被文化技术所导引，个人自由意识的空间越来越小，追求越发地向物质化"单向度"发展，从而忽略了对意义世界的建构。在劳动方面，生产者不仅不能"自由地"掌管和支配生产手段以及生产劳动产品，反而被他自己创造的生产劳动产品所奴役和控制，即出现所谓"技术的解放力量——使

---

① 周善和：《科技意识形态的历史局限与积极扬弃》，《湖北行政学院学报》2010年第6期。
② 〔德〕赫伯特·马尔库塞：《单向度的人——发达工业社会意识形态研究》，刘继译，上海译文出版社1989年版，第208页。
③ 《马克思恩格斯全集》第3卷，人民出版社1960年版，第273—274页。

事物工具化——转而成为解放的桎梏，即使人也工具化"①的现象。有学者认为，科技越进步，劳动者受异己力量的控制也就越明显，越容易阻断人们走向自由与全面发展的路径。因而，科技意识形态有可能是"社会危机"②的真正原因。当然，在现代社会，尤其是在以公有制为主体的社会主义社会，这种"异化"现象并不是普遍的现象或必然的规律，但也印证了科技意识形态作用的双重性，需要我们在构建自身社会的科技意识形态的过程中加以研判和改进，不断提升其内在的人文价值，保证其内容的科学性和先进性。

诚然，以科学技术来考察和定位经济、社会、文化和历史，很容易形成"技术中心主义"思维逻辑，造成实用主义和功利主义更符合逻辑地成为现代价值观念的主导，效益、功能和规律等成为现代的一种规范。③ 如此，科学技术除了认识自然和改造自然，同时也是认识人类自身社会发展规律以及优化人类社会的一个手段。但是，这里的危险在于：在这样的思考范式下，人与人的关系很容易变成单纯的人与自然的关系。把人与人之间的关系问题转化为单纯的人与自然的关系问题，由此成功地使人民大众成为强大国家机器下的一个个符号。这就是科技意识形态产生异化的逻辑起点。当然，在这一过程中，被影响、灌输和操纵的人们也时常会产生自我觉醒和质疑、批判，因此控制与反控制、统治与反统治的斗争在意识形态领域中也就从来不会停止。

作为为一定社会群体定向的意义系统和价值体系，政治意识形态以政治需要为出发点，往往带有强烈的宣传性和一定的强制性；而科技意识形态中比较突出强调的工具理性，也往往忽视科技发展以人为本的诉求，不能解决科技发展的应当和价值问题。这是两种存在片面性弊病的意识形态类型，它们不是从人的本真生存和全面发展的需要来考虑问题，而是从对人的控制和操纵出发来考虑问题，这样的意识形态对于人类社会的发展而言，也只能是虚假的、片面的，所以，科技不是万能的。正如指出"科技是第一生产力"的邓小平同志所说的："现在世界上有人说，什么都是技术决定，不要完全迷信这个。"④

唯物史观强调两个维度即认识维度和价值维度的辩证发展。现代科技

---

① 〔美〕赫伯特·马尔库塞：《单向度的人——发达工业社会意识形态研究》，刘继译，上海译文出版社1989年版，第143页。
② 〔德〕麦克斯·霍克海默：《批判理论》，李小兵等译，重庆出版社1990年版，第5页。
③ 王海山、盛世豪：《技术论研究的文化视角》，《自然辩证法研究》1990年第5期。
④ 《邓小平文选》第2卷，人民出版社1983年版，第77页。

意识形态"首先揭示了社会历史的本质和规律，同时还应该为社会历史的主体人指明生存的意义和发展的理想"①。异化源于两种极端情况并产生两种后果：只强调了认识维度而忽视价值维度，必然导致社会发展不可持续；只强调价值维度和认识维度，见人不见物，必然导致社会迟滞。人是有意识的动物，人们总是在追问更加合理、更有意义的生存。所以我们不仅要从知识论视角考察意识形态的科学性之同时，还要从生存论视角考察意识形态的价值性。反之，只有从知识论层面获得真理性的认识，才能发挥意识形态的社会功能和时代价值。二者相辅相成，辩证统一。

当中华传统的科技观终于冲破旧时代道德伦理的束缚开始独立发展的时候，我们也逐渐看到了科技的双重作用和影响。工业社会中，科技作为第一生产力促进了社会的发展，给人类创造了极大的物质财富，但是，摆脱了人文道德束缚的科学技术也给人类带来了生态破坏、劳动异化等诸多的科技伦理与道德问题。所以，人们开始反思工业化和工业社会的后果，认为给科技这把双刃剑捆绑上道德的前提和条件，其实也是基于社会发展的需要，符合未来人类社会健康、可持续发展方向。用现代的话语体系来说，科技的工具理性需要与人文价值理性相结合，科技的发展同时需要科技伦理的导向。现代科技知识社会，科技的迅猛发展使人类日渐迷失在科技为自己所构筑的异化世界中，此时，我们需要推行"科技返魅"，赋予科技手段以更多的人文关怀，弥补西方现代科技中所缺少的形而上的道德意义。传统的格致学说在"物"与"理"之间丰富而精致的思辨成果，可以为现代科技的人文发展提供有价值的参考或支撑。而我们此时则要以一种继承与创新的眼光，更深入地思考和认识中国传统的格物致知的科技观。

第四节　判定科技意识形态价值与作用的多重视角

科技意识形态与科技是互动生成关系。"手推磨产生的是封建主的社会，蒸汽磨产生的是工业资本家的社会。"② 哪怕是同一历史时期，世界各国由于自身的科技基础、历史条件和现实国情等方面的差别，也会形成独具特色的科技意识形态。它们所影响下的世界各国在科技发展的模式、目

---

① 刘英杰：《意识形态转型：从政治意识形态到科技意识形态》，《理论探讨》2007年第5期。
② 《马克思恩格斯选集》第1卷，人民出版社2012年版，第222页。

标确定和领域选择等各方面都不相同，带动市场资源配置、经济组织方式和社会运行机制也都有所不同。因此，科技意识形态具有多元性和多样化的特征。作为思想上层建筑的科技意识形态与经济基础之间也存在多种实际关联。也就是说，相对于已有的生产力，科技意识形态有可能是先进的，也有可能是落后的；有可能是科学的，也有可能是不科学的。科技意识形态的先进性与科学性可以从生存论和知识论的双重角度来加以分析和判定。

一 科技意识形态的生存论视角

从生存论的角度看，科技意识形态分为先进与反动两种，以是否符合最广大人民的利益、促进人的自由与全面发展为划分标准。人是有意识的动物，人总是在追问怎样生存更加合理、更有意义，相关答案反映了人的价值诉求。意识形态的性质是以社会存在的性质为转移的。马克思通过对意识形态的虚假性的揭示和批判，以把意识形态当作人类生存状况观照的视角，探索改变人类生存状况的革命道路和方向。从生存论视角看，意识形态的先进与否，在于"它是统治人、支配人以达到为少数统治阶级所役使的观念性的力量，还是解放人、促进人的自由和全面发展的精神性的力量"①。那些致力于提升人们的生产水平、生活质量与幸福指数，促进人的自由与全面发展的方向的意识形态，被判定为真实；否则，就会被判定为虚假。真实指导人的进步，促进人的自由与全面发展的方向。虚假则会导致异化，压制甚至奴役人的发展。所以，无论在工业社会，还是其他发展中的当代开放知识社会，在一个用技术控制的政治世界，科技意识形态在促进社会全面发展的同时，也影响着人们走向自由与全面发展的现实道路。

二 科技意识形态的知识论视角

从知识论的角度看，意识形态被分为科学与不科学两种，以是否符合历史发展规律或者可重复实验认证为判断依据。当科技意识形态符合历史发展规律与现实情况时，它就是科学的；反之，就是落后的。落后的科技意识形态必然阻碍社会发展。如中国传统小农经济社会的科技意识形态，在人类进入工业社会之后，就成为阻碍科技发展以至落后的根本原因。传

---

① 俞吾金：《从科学技术的双重功能看历史唯物主义叙述方式的改变》，《中国社会科学》2004年第1期。

统文化忽视了"道""器"共生共长的道理,"重道轻器",将科技实践看成"奇技淫巧",缺少推动科技发展与应用到经济社会发展中的积极性和主动性。这种"重道轻器"的科技观致使中国在近代工业化的过程中遭到了"落后就要挨打"的惨痛教训,奠定了新中国大力发展科技、促进国家繁荣昌盛的科技意识形态的民族心理基础。

由上可得出,认识科技意识形态的先进与否、科学与否,需从双重视角来判定。科技意识形态一方面揭示了科技促进社会发展的本质和规律,回答了社会发展的主客体关系问题;另一方面还探索社会历史发展的内在动力及其矛盾运动,为社会历史的主体人指明生存的意义。而这种指引必须建立在价值性和科学性统一的基础之上。如果只强调认识论维度而忽视生存论维度,就容易见物不见人,就会导致"生产力崇拜"和"人学空场",带来异化;如果只强调价值维度而忽视认识论维度,就会见人不见物,必然成为"空中楼阁",迟滞社会发展。只有从生存论维度考察科技意识形态的价值性,从知识论维度考察科技意识形态的科学性,从历史生成论维度考察科技意识形态的时代性,才能真正促进科技意识形态的先进性,发挥其时代价值,这也是我们未来推动科技意识形态发展的两个基本方向。

第三章 科技意识形态与国家科技创新体系的辩证关系

饱含着科技从业精神、科技发展理念以及科技合理性意识的科技意识形态，流动于社会上每个人的观念中，充盈在国家和社会系统每个组织机构或者共同体的文化内容中，体现在国家的科技发展战略与科技创新驱动社会发展的理念中。科技意识形态最终表现为一个国家和社会的科技组织系统的组建原则、创新战略选择和创新运行方式，形成科技发展战略和科技政策。而国家科技创新体系作为国家和社会层面的科技意识形态的物质化载体，起到具体体现、阐释并落实科技意识形态到国家科技发展战略和相关的具体科技政策中去、发挥举国体制实现科技及科技促进经济社会发展目标的作用。所以，国家科技创新体系建设不仅承载着国家科技意识形态的内容，同时还决定着国家科技创新能力和科技应用的水平，对于一个国家的科技创新事业发展起着举足轻重的作用。我们可以从国家科技创新体系具体组建与运行、相关政策、战略规划及其具体建设过程中，认识一个国家和社会的科技意识形态的核心内容和特色，即"为什么要强化科技创新、为谁而开展科技创新、由谁为主开展科技创新、怎样实施科技创新、科技创新的重点方向是什么"等。

第一节 国家科技创新体系是科技意识形态的主要物质载体

德国经济学家弗里德里希·李斯特（Friedrich List）于1841年在其《政治经济学的国民体系》一书中，提出"国家体系"（Friedrich List）的概念，强调国家在发挥科学技术促进现代工业的成长和发展过程中的至关重要的作用。[1] 1987年，英国著名技术经济学家克里斯托夫·弗里曼

---

[1] 杨荣：《创新生态系统的界定、特征及其构建》，《科学与管理》2014年第3期。

（Christopher Freeman）首次系统地提出了"国家创新体系"（National Innovation System，NIS）这个全新的概念。他在研究二战后日本的"技术立国"政策和技术创新机制时，发现创新是由"一种由公共和私人部门共同构建的网络"起作用，一切新技术的发起、引进、改良和传播都是通过这个网络中各个组成部分如教育、培训、生产工艺、设计和质量控制等的活动和互动得到实现，弗里曼将这个由政府支持创建的"网络"定义为"国家创新体系"。日本在当时技术落后的情况下，只用了二十几年，就使国家的经济呈现强劲的发展势头，一跃成为工业化大国，得益于其先进的国家创新体系。此后，美国的纳尔逊与丹麦的伦德华尔对此理论分别进行了深化，并在吸收了人力资本理论、学习理论和新增长理论的思想之后，发展成为现代的国家科技创新体系理论。[①] 在这一理论框架下，国家科技创新体系不仅是一组与创新相关的组织机构网络，更是国家促进科技创新的政策体系。[②] 也就是说，组织机构网络是国家科技创新体系的物质基础，而创新政策则是国家科技创新体系自身建设和运行的具体指南。该理论得到各国的重视和应用，用于指导各国的国家科技创新体系建设实践。

一　国家科技创新体系的构成与功能

国家科技创新体系主要由创新主体、创新基础设施、创新资源、创新环境、外界互动等要素组成，相关建制和运行承载着国家科技发展期望。

第一，国家科技创新体系本质上是指一个国家各有关部门和机构间相互作用而形成的促进科技创新的网络，主要由经济和科技的组织机构组成，同时还包括文化、教育和相关社会组织。《中国国家中长期科学和技术发展规划纲要（2006—2020年）》明确指出：国家（科技）创新体系[③]是以政府为主导、充分发挥市场配置资源的基础性作用、各类科技创新主体紧密联系

[①] 这一理论如根据英文名称"National System of Innovation"直译，应为"国家创新系统"，但无论是概念中涉及的科学、技术还是知识、学习，我们都可以用包含"器物、制度和观念"三层内容的"科技"这一中文词汇来加以综合性概括。因而，从整个概念的核心要义来讲，采用"国家科技创新体系"这一名称来作为表述，要更为准确。

[②] 张凤、何传启：《国家创新系统——第二次现代化的发动机》，高等教育出版社1999年版，第26页。

[③] 国家科技创新体系在《中国国家中长期科学和技术发展规划纲要（2006—2020年）》中被称为"国家创新体系"，但无论是该纲要所描述的对象与场景，还是学术研究中对国家创新体系内涵的定义，与"国家科技创新体系"是同一事物。而我国政府文件中强调"国家创新体系"，在笔者看来，主要是防止将这一体系的建设单纯地归属为科技系统或科技管理部门，是为了强调其作为国家整体工作的重要性。

和有效互动的社会系统。① 其中的创新主体包括创新型企业、科学研究机构、国家教育系统和社会培训机构、政府主管部门等。而以当今的云创新理论视角看来，还应包括一些社会型的组织如科技创新共同体、虚拟网络社会组织，乃至"先锋"或"活跃"用户。

第二，国家科技创新体系的主要作用是创新体系内部的协调和外部之间的互动。具体来说，就是组织与协调体系内各组成主体之间的联系，在创新主体间形成协调机制，使它们相互作用，发挥各自的优势，促进创新主体网络开展创新活动。现代科技创新竞争的强度与广度，使得只有通过政府投入、科技计划、立法和政策手段制定科技发展战略，才能完成科技创新。政府的管理职能主要是通过对创新活动进行宏观调控和正确引导，以有利于创新活动的政策，调动科研人员的积极性，做好让国家科技创新体系健康发展的组织与引导工作。国家可以直接展开科技创新活动，或者是创造一种使科技创新活动得以顺利进行的条件和制度。不同国家的科技创新体系具有不同的特色，这种特色更多的是基于总体制度的特色和具体体制。

第三，国家科技创新体系具有开放性特征，主要表现为国内该体系与体系外的所有关联要素的互动，以及国际科技合作与竞争两个方面。一方面，吸引在本地的外资企业和研究机构参与本国的国家科技计划项目，强化全球创新资源配置的能力；另一方面，鼓励优秀外籍专家参与本国科技项目实施，提升科技创新主体利用全球创新资源的能力。包括主动发起世界性创新议题，组织国际大科学计划、大科学工程，并以此聚集全球资源，使本国在全球科技创新版图中占有重要一极，共同应对全球挑战。

在国家科技创新体系理论提出之后的数十年里，世界主要国家建立起了自己的国家科技创新体系。国家科技创新体系是现代经济社会可持续发展的引擎和基础，是国家培养和造就高素质人才的摇篮，是实现人的全面发展、社会进步的基础条件，是综合国力竞争的重要指标。②

二 国家科技创新体系承载着科技意识形态的核心内容

国家科技创新体系建设体现国家科技创新的意志，同时还承载着国家和社会科技意识形态的核心内容，该核心内容可以用"为什么要创新、为谁创新、由谁创新、怎样创新、创新的方向是什么"等五大关键问题的回

---

① 《中国国家中长期科学和技术发展规划纲要（2006—2020年）》，中华人民共和国中央人民政府网（http://www.gov.cn/gongbao/content/2006/content_240244.htm）。
② 《国家科技创新体系解析》，《中国科技信息》2011年第16期。

答来阐述。而这五大关键性问题的回答，就具体落实到一个国家和社会关于国家创新体系组织实施科技创新的价值定位、战略选择、实现主体、实现路径和价值导向等方面，体现国家意志和社会共识。

（一）为什么要创新——体现科技意识形态的价值观

"为什么要创新"这个问题是国家科技创新体系的立身之本，也是国家科技意识形态首先要解决的根本性问题。

一般而言，国家科技创新体系建设的主要任务和使命就是依据时代发展的要求展开相应的创新活动。21世纪将是一个知识经济占国民经济主导地位的新时代。经济的发展主要依赖于知识和信息的生产、扩散和应用。据经济合作与发展组织（OECD）发表的1996年年度报告指出，该组织主要成员国当年的知识经济已经超过其国内生产总值的50%。这个数据充分表明了经济发展的知识化方向。一个缺少科学技术储备和创新能力的国家，将失去经济结构调整和升级的机会。如果说，在进入知识经济社会以前，制约经济社会发展的主要因素是能源和生存空间；那么，在进入知识经济社会之后，国家的科技整体实力和劳动者的科技水平则上升为制约经济社会发展的主要因素，知识进步和知识创新成为一个国家调整产业结构、追求经济发展和推进社会进步的动力，成为国家间竞争的重要力量，国家间的竞争实际上是知识创新和技术更新能力的竞争。所以，为了在21世纪人类发展的进程中勇立潮头，建设一个符合市场经济规律和科技发展规律的国家创新体系，推动科技创新能力和劳动者的知识水平，为各国经济与社会的持续发展奠定坚实基础，已成为人们的共识。因而，各国国家科技创新体系在选择发展战略时，无不把提高知识创新能力设为首要目标。

（二）为谁创新——体现科技意识形态的主旨

"为谁创新"，回答的是国家科技创新体系的主旨问题，是国家科技创新体系要解决的分配机制和动力来源问题，也是科技意识形态主体性问题。

"为谁创新"的问题本质上就是一个国家和社会中关于科技创新收益的分配机制问题。科技创新收益分配机制是国家和社会的基本经济社会制度，但又不完全等同于基本经济制度。它体现的是"发展为什么人、由谁享有"的根本问题，这个问题是衡量一个政党立场和一个国家性质的试金石。譬如，在资本主义社会，因为资产阶级掌握着生产资料，所以创新的收益绝大多数流入资本家手中；而在社会主义市场经济条件下，虽然民营企业特别是民营科技企业，其创新收益分配也是以企业家为优先，但是在国家和社会整体层面上，社会主义市场经济条件下以公有制为主体的多种所有制经济制度可以保证科技创新的主要收益绝大多数仍然是由全体人民来分享。在社会主义制度下，科技创新的主要目的就是"为了人民"共享创新成果。"共享"是许多国家政党的政治宣言，但只有中国共产党第一个将"共享"发展理念写入了五年规划建议，将立党为公、执政为民的根本宗旨和把实现人民幸福作为最终发展目的和归宿的执政理念贯彻到实践中，按照人人参与、人人尽力、人人享有的标准对自己提出要求，用一种更有效的制度安排突出人民群众的主体地位，实实在在地为人民谋福利。

(三) 由谁来创新——体现科技意识形态的主体及其意识

"由谁来创新"，回答的是国家科技创新体系中的行动主体问题，是国家科技创新体系要解决的中心力量问题。

通常认为，企业是科技创新的主体。除了因为企业更贴近市场、有助于开辟新市场之外，更主要的是，企业是市场经济条件下的经济活动主体，具有人力、物力、财力组织职能并需要承担起具体新技术应用的责任。但是，在现代科技高强度的竞争时代，由于国家间竞争的加剧，单凭市场化的单体化的企业之力是无法支撑整个社会科技创新重任的。科技创新作为一项综合的社会化系统工程，不是企业这一个主体就能够实现的，而是需要成体系化的共同力量来支撑。其中，国家科技创新体系是发挥这个力量的国家建制，发起、落实、组织、协调"各个科技创新参与者以及他们的关系的总和"，解除各类科技创新活动中可能受到的一些体制机制因素束缚，充分释放各类创新主体的积极性和潜能。在这个过程中，需要着重处理各主体的关系和承担起人才培养的重要任务。

首先，要处理各主体之间的生产关系问题，也就是通常所说的"创新链"。比如，企业与企业之间、内资企业与外资企业之间，是竞争为主还是合作为主；企业与大学之间，国内企业是主要与国内大学合作还是与国外大学合作；政府是积极参与企业经营环境塑造，还是主要采取放手的态度等。这些关系深刻地反映出某个国家科技创新体系中行为的主体性质和关联性。

其次，主体内部的力量协同。国家科技创新体系中最重要的组成要素是科技人才，要着力培养和用好人才，这也是中国提出"大众创业，万众创新"的原因。正如党的二十大报告中指出的："我们要坚持教育优先发展、科技自立自强、人才引领驱动，加快建设教育强国、科技强国、人才强国，坚持为党育人、为国育才，全面提高人才自主培养质量，着力造就拔尖创新人才，聚天下英才而用之。"① 唯此，才能筑牢现代化强国之基。

（四）怎样创新——体现科技意识形态的实践指导理念

"怎样创新"，主要是科技意识形态中科技发展理念的部分，也是体现国家科技创新体系的方法论认识，是国家科技创新体系要解决的科学依据与实践遵循问题。

如前所述，国家科技创新是一个复杂的社会系统工程，必须有对应的体制和机制配合发展，让科技成果产业化并转化为新的生产力，驱动经济发展。为此，各国在科技创新体系建设中要加强政府的宏观调控，体现社会科技意识形态中的科技发展理念，要落实创新体系执法，体现社会的科技发展认知，尊重企业在自主创新中的主体地位，充分发挥财政、税收等对企业技术创新活动的扶持力度，发挥市场配置资源的决定性作用；健全生产要素按贡献参与分配的制度，充分发挥中小企业技术创新的活力；全面提高对外开放水平，让引资、引技、引智有机结合，提高国家引进、消化、吸收和再创新能力；坚持多种所有制共同发展，形成高端科技型企业的多元化投入机制。总之，让一切创新源泉充分涌流。

（五）创新的方向——体现科技意识形态的价值导向

创新的方向，就是社会科技意识形态的价值导向，既体现政府对经济与社会发展规律的正确认识和把握能力，也反映了国家创新的人文价值导向。亦即，它既体现科技促进经济发展的合规律要求，体现知识论的方向，同时也代表社会发展合目的的方向，体现价值论的方向。

首先，创新的知识方向是否正确，决定了一个国家和民族未来的前途命运。创新要符合科技发展的规律，符合科技促进经济与社会发展规律，体现科技自身发展和科技驱动发展合规律的要求。一个国家发展的科技重点领域必须符合科学技术知识自身发展的规律，符合科技促进经济与社会发展的规律，而不能是决策者拍脑袋或者臆想的方向。譬如，永动机无疑是人类梦想的理想动力机器。但是，它不符合科学基本规律，因而，正常情况下，都不会将之列为科技创新的项目。曾经，在面对半导体核心技术路线选择时，美国选择了具有经济价值的晶体管，而苏联则为保障军事安全选择了电子管。选择不能用对错来衡量，却能用事实去证明。

其次，创新的价值方向是否正确，决定了一个国家和民族未来的兴

---

① 习近平：《高举中国特色社会主义伟大旗帜　为全面建设社会主义现代化国家而团结奋斗——在中国共产党第二十次全国代表大会上的报告》，《人民日报》2022年10月26日第1版。

衰。创新是社会发展的灵魂。而创新的灵魂则是其内在的人文价值。当今，科技已成为经济社会发展的核心变量。推动以科技为首的各项创新、大幅提高社会科技创新能力、建设创新型国家，已经成为当今世界许多国家的主流观念和核心战略。但是，在不同制度的国家，创新的价值方向是不一样的，即各自的科技意识形态中的价值导向并不相同。在资本主义制度下，创新是以少数资本家和财团的利益，以及个人财富的积累为方向；而在社会主义制度下，中国的科技创新是以人民利益为核心、以满足人民高质量的生活水平为要求而展开的。它与以资本收益为核心、为满足资本获取更大垄断利润而投入的资本主义制度下的科技创新，有着本质的区别。事实已经证明，在当前资本主义制度下，少数个人财富积累对国家的经济与社会发展不具有可持续性。中国快速发展的科技创新能力，源于中国特色科技意识形态的价值观所形成的核心动力。

第二节 科技意识形态引领国家科技创新体系发展

国家科技创新体系是由所有的创新主体、创新基础设施、创新资源等各要素构成的集合体，整合这些要素发挥其经济社会可持续发展的引擎作用的，是凝结其中的国家科技意识形态。一个国家和社会的科技意识形态，内化为其国家科技创新体系的历史使命和时代任务，体现在国家科技战略的具体思路里，流动在经济社会运行的体制机制里。总之，国家科技创新体系承载着科技意识形态，是国家科技意识形态的物质载体；科技意识形态就是引领国家科技创新体系运行的观念力量，具有引领和凝聚社会科技发展共识的关键职责。

一 科技意识形态是影响整个社会科技创新活动的观念力量

一个科学的先进的科技意识形态，能抓住现代科技革命的主要矛盾和把握其未来发展方向，指导国家科技创新体系的组织机构设置、人才培养方向和方式路径选择及其运行机制完善，推动国家科技创新体系建设中的各种战略目标的确定、政策选择以及创新资源的配置，对于国家科技创新体系的运行起到特殊的"点火剂""催化剂""润滑剂""平衡器"的作用。

对于国家科技创新体系来说，科技意识形态的作用不仅在于建构一个自洽的理论体系，指导组建一个组织机构系统，更关键的是，它要贯彻国家的科技发展理念,实施科技发展战略,建构一个自主的以科技创新为经济和社会发展核心驱动力的国家科技创新生态,培育科技创新文化,积蓄创新能量。在生产力层面上,搭建一个可以整合基础研究、应用研究、科技成果交易和转移、技术开发与创新、高新技术的商业化和产业化等科技活动与经济活动的共同体与技术平台;在制度层面上,提供一个可以让政府、企业、科研机构、教育系统、金融部门等各方组织机构之间密切协作的运行环境和提高创新整体效能的政策平台;在主体层面上,培育一支优秀的科技型企业家队伍和庞大的不同梯次的具有较高科学技术素质和经济管理能力的人才队伍,吸引社会上更多的人关注科技以及参与科技创新。以上三个层面的创新性实践,实质上是一个宏大的社会系统工程和社会发展的总体行动,是在一整套先进的社会意识形态指导下展开一场涉及政治、经济、科技、教育等各方面的社会革命。

二 先进的科技意识形态能够协调现代科技创新的主要矛盾和解决关键问题

先进的科技意识形态之所以能够化解现代科技创新的主要矛盾和解决关键问题。首先是因为,一个成功的科技意识形态能够克服搭便车的问题,科学地解决技术的公有品格和私人特性之间的内在矛盾。"建构国家科技创新体系就是为了保持技术的私人性和公共性的合理平衡"[1],促进一些不再按有关成本与收益的简单的或者是精致的利己主义行事的策略。一个社会搭便车的现象越严重,整个社会的经济效率就越低,建立知识产权保护制度可以有效保护创新积极性,保证创新活动及其成果从而输出其公共价值。其次是因为,科技意识形态可缓解市场机制对非营利性知识的直接或间接的抑制作用,有效解决市场经济条件下科技创新分工的矛盾问题。企业参与创新,大多主要从事与该企业经营活动有关的应用研究。而基础研究因为周期长、时间和资金的沉没成本高、不确定性高、承担较大风险,因而这方面的工作只能由国家主持筛选并重点支持那些有重大开发前景的基础研究项目,并协调一批在基础研究方面有较高水平的科研机构来协同攻关。

科技创新发展过程中,最大的困难不在于战略规划,而在于持续消除社会科技创新日常细节中"摩擦""失灵""失衡"等问题。国家科技创新体系是一个参与主体众多、运行起来相当复杂的国家体系。在运行过程

---

[1] Dosi, G., et al., *Technical Change and Economic Theory*, Pinter Publishers, 1988, p. 14.

中，经常有可能因为诸如在各个行为主体之间链接不足、公共研究部门的基础研究与产业部门的应用研究之间协调不够、技术转移的机制不健全或者信息的不对称、企业的技术承接能力不强、产业转化能力弱等问题，导致国家科技创新体系的创新能力不足，表现出所谓的"系统失灵"与"机制僵化"等问题。对于处理这样的问题，政策学者和创新理论家们提出了许多方案。但是，这些方案和措施，都有其严格限定的客观条件，要做到有效性、及时性、灵活性，离不开参与主体的积极性和主动性。不同性质的科研机构和科研人员作为推进现代科技革命的有生力量，如何发挥其积极性作用成了国家科技创新体系建设所面临的一个关键性的问题。科技意识形态的作用域超越简单的政府和市场，它追求的是参与者的信仰认可认同，强调的是发挥相关企业和个人的积极性和主动性，降低科技创新的交易成本。正如有学者所说，意识形态的价值在于是一种降低交易费用的工具。"意识形态是个人与其达成协议的一种节约交易费用的工具，它以'世界观'的形式出现从而使决策过程简化。"① 或者可以说，意识形态在一定程度上缓解了世界的复杂性与人和组织的有限理性之间的矛盾。充分发挥科技意识形态立足于科技创新体系又超然于科技创新体系的思想价值的价值，引导创新主体以自觉的意识来调整自身的行为，参与到科技创新的系统化社会工程建设中来，可为我们解决国家体系常出现的系统失灵与机制僵化等问题提供更多的解决思路。

三 科技意识形态是国家整合全社会力量投入科技创新系统性工程的黏合剂

科技意识形态起到了将国家所有可能的力量整合投入科技创新系统性工程的作用。在大科技时代，创新不可能是某个机构或某个领域的事情，必须发挥国家力量即举国体制来共同完成。为推动科技创新，国家起到了协调政府、企业、教育、科技等机构之间关系的作用；推动制度创新、管理创新、文化创新以及社会建制变革等来保障科技创新的顺利进行；通过政治手段和经济方式来为科技创新配置各种社会资源，包括资金支持和人才投入等等。而能整合以上所有变革力量形成一个有机整体并使各方面革新发挥其整体效能的，唯有科技意识形态。科技意识形态以国家力量为后盾，集中各方力量实施科技创新发展战略。譬如，"两弹一星"精神，实

---

① 〔美〕R. 科斯、A. 阿尔钦、D. 诺斯等：《财产权利与制度变迁：产权学派与新制度学派译文集》，刘守英等译，上海人民出版社1994年版，第379页。

质就是中国特色的科技意识形态促进中国科技创新的成功实践。早在21世纪之初，基于对生态文明的认同中国将新能源汽车确定为主要科技创新发展的新方向，让整个社会围绕新能源汽车的制造、使用和持续发展全面开展，最终使得中国新能源汽车在二十年后走在世界发展的前列。

科技意识形态对于国家和社会的战略性、系统性问题，具有特殊的指导意义。先进的科技意识形态既强调创新活动的技术推动，又强调社会发展、社会思想进步对创新活动的需求拉动，需要各方面的创新效能的整体作用。党的二十大报告指出："坚持创新在我国现代化建设全局中的核心地位。完善党中央对科技工作统一领导的体制，健全新型举国体制，强化国家战略科技力量，优化配置创新资源，优化国家科研机构、高水平研究型大学、科技领军企业定位和布局，形成国家实验室体系，统筹推进国际科技创新中心、区域科技创新中心建设，加强科技基础能力建设，强化科技战略咨询，提升国家创新体系整体效能。深化科技体制改革，深化科技评价改革，加大多元化科技投入，加强知识产权法治保障，形成支持全面创新的基础制度。培育创新文化，弘扬科学家精神，涵养优良学风，营造创新氛围。扩大国际科技交流合作，加强国际化科研环境建设，形成具有全球竞争力的开放创新生态。"① 其中体现了新时代国家科技意识形态对完善科技创新体系的价值目标、具体指导原则、思路和方法，是先进科技意识形态引领国家科技创新体系发展的生动范例。

第三节　各国国家科技创新体系建设与科技意识形态的凝炼

科技意识形态与科技是双向历史性的互动生成关系。虽然不同的历史时期产生不同的科技意识形态，但是，不管是什么发展阶段和何种性质的国家，如果能够把科技作为国家发展的核心力量加以看待，那么这个国家的未来发展都是可期的。美国霸权的核心支撑是科技霸权。曾经与美国共执一时之牛耳的苏联更是依靠"斯普特尼克时刻"成为世人眼中的又一超级大国。这样的例子不仅有东亚的日本、朝鲜、韩国，也有中东的土耳

---

① 习近平：《高举中国特色社会主义伟大旗帜　为全面建设社会主义现代化国家而团结奋斗——在中国共产党第二十次全国代表大会上的报告》，《人民日报》2022年10月26日第1版。

其、阿联酋,还有非洲的南非、南美的巴西等,这些国家的科技创新体系和科技意识形态,在建构的过程中都有一些共性特点,并且大多与其在一定程度上采取了不同模式的科技创新"举国体制"有关。即发挥国家在关键科技领域动员和组织国家的优势力量,将科技创新渗透国家经济社会的各个角落,在不同程度上实现了科技创新引领经济社会发展。分析这些不同国家的科技创新体系建设以及"科技举国体制",有助于我们更深刻地了解科技意识形态对世界体系发展的价值与作用。

一 世界各国国家科技创新体系的建构过程同时也是科技意识形态凝炼的过程

由于各个国家的文化历史传播、基本政治制度和社会组织机制等都各不相同,因此,针对发展哪些科技、需要多大规模的科技投入,如何将科技成果应用到经济发展和社会管理,如何通过科技发展协调经济利益分配等问题,形成各不相同的认知判断和政策安排,最终落实到各不相同的国家科技创新体系建设实践中。尽管从冷战后的各国科技政策来看,其各自科技创新体系的制度环境下的路径选择各不相同。[①] 但是,构建各自的国家科技创新体系的过程,也是各国科技意识形态的凝炼过程,如为中国改革开放解放思想的"真理标准大讨论"等过程,其中的措施和方法,存在着一些共性和相类似的措施。

(一) 各国国家科技创新体系建设大多经历过一个举国共建和科技意识形态凝炼的时期

如本书前述,国家科技创新体系是一个国家和社会整合所有力量构建的一个系统性的国家体系。世界各主要科技强国的国家科技创新体系建设,大多经历过一个举国共建的时期。不仅是李斯特时期的德国,还是戴高乐时期的法国;无论是社会主义的中国和苏联,还是资本主义的美国和日本,在举国共建时期都采用的是举国体制。举国体制,就是国家科技创新体系的加速构建机制。虽然具体的模式与方法并不完全一致,但其体现的社会意识和国家意志基本相同。一般各国国家科技创新体系的举国共建时期是一个强化社会共识的必然阶段,也是该国科技意识形态凝炼的特殊时期。

(二) 政府以及政治因素在国家科技创新体系建设和科技意识形态凝炼过程中始终处于主导地位

科学技术研究是一项综合性的系统工程。政策宏观调控的力度和方式

---

① 舒宁:《冷战后各国科技政策调整及其启示》,《国际技术经济研究学报》1996年第2期。

对科技发展具有十分重要的意义。科技决策被纳入政府决策系统的最高层次,具有了最高权威性。以美国为例:虽然美国没有专门的科学技术部,但是在20世纪90年代,克林顿政府于1993年建立国家科学技术委员会,克林顿亲自担任主席,成员不仅包括副总统、国务卿、国防部部长、能源部部长、商务部部长等,还将内务部部长、卫生部部长、宇航局局长、环保局局长、管理与预算办公室主任、白宫科技政策办公室主任、国家科学基金会主任等将可能发挥促进科技创新作用的各个部门的负责人都囊括进来,成为国家科技创新体系的"头部"。此外,因为委员会可以根据国家科技发展战略的需要对预算分配提出建议,拥有了预算分配建议权。此外,美国还通过白宫政策办公室运筹科技政策,并由联邦科学工程和技术协调委员会协调以上政府各部门研究制定和出台相关的研究与开发的具体计划,真正从组织上和机制上保障科技创新。

与之相类似的是,1995年,刚经历过"休克疗法"的俄罗斯,在看到许多国家成立由国家或政府首脑亲任主席的最高科技决策机构之后,不再全盘否定苏联的举国体制,而是成立了由当时的总统叶利钦任主席的总统科技政策委员会,由联邦政府总理切尔诺梅金任总理的政府科技政策委员会,从而建立了一个总统—联邦政府—科学院(包括俄科院、农科院、医科院)及部门地方多层次的科技管理体制。在叶利钦的直接主持下出台了一系列具有权威性国家科技战略与计划,如"依靠高科技振兴俄罗斯经济"这一战略设想。

(三)加强科技成果转移转化实现科技发展促进经济和社会发展是国家科技创新体系建设和科技意识形态凝炼的具体实践

举国体制下的科技成果和科研能力,如果不能进入社会经济体系之中来提高社会经济运行效率,不能构建经济发展的循环或新的周期,也就难以为经济社会发展以及举国体制提供持续发展的动力。只有当科技研发进入经济领域,应用到社会治理,才会对国家的经济与社会的发展发挥引导和促进作用。因此,各国的国家科技创新体系的建设在经历过一段举国时期后,都会将科技成果转移与转化为日常建设。

在这一领域,最知名的当属德国以弗劳恩霍夫应用研究促进会为代表的四大科学联合会和史太白技术转移中心体系,正是这些机构整合起来的国家科研力量加速了德国的经济发展,最终在20世纪初成为世界的科学研究中心,成为世界经济和军事强国。20世纪80年代以来,德国政府还参照美国的硅谷,与联邦、州政府工商会以及国家银行合力,建立了60多个各具特色的科技工业园区和80多个科技中心。作为德国人才密集、高新技术密集和新技术产品密集的企业群落，科技园区为德国的科技发展起到了示范性和前瞻性的作用。

美国在科技成果转移转化方面的做法也很成功。在 20 世纪 90 年代，美国建立庞大的技术交易与转让体系，使科研成果尽快进入市场。美国在 1992 年成立了国家技术转让中心，大中小企业都可以通过该中心寻求技术合作。美国的各级国家实验室、大学科研机构也都建立了不同规模的技术转让机构，并有专职人员负责与工业界建立联系并签订合作研究开发协议。此外，政府还出资在各地建立数十个科技成果推广中心来推广政府科技研究机构的成果，鼓励民营企业与政府科研机构合作开发利用这些技术。通过多重手段的促进作用，美国的科研成果取得了巨大的经济效益与社会效益。

而俄罗斯为了变革苏联时期的僵化体制，采取了逐步推行科技单位私有化的政策。其主导思想从正面来讲，是通过推行科技单位私有化，将更多的科研成果转化为现实的生产力，达到科技单位的最大收益。在降低政府财政压力的同时，对经济发展产生了一定的促进作用。

（四）以政府投入为中心整合社会资源形成合力是国家科技创新体系建设和科技意识形态凝炼的主要内容

如前所述，国家科技创新体系本质上是指一个促进科技创新的网络，主要由经济和科技的组织机构组成，同时还包括文化、教育和相关社会组织。各国在构建国家科技创新体系过程中，都特别强调以政府投入为中心整合全社会的投入形成合力。这是一项共同的具体政策。

例如，美国在第三次工业革命即信息化革命阶段与西方其他国家拉开差距的一个重要事件，就是 20 世纪 90 年代的"信息高速公路计划"。"信息高速公路计划"是由当时的总统克林顿倡导的大力加强美国信息产业基础设施建设的庞大计划。该计划由政府拨款提供基础设施建设，旨在建立和完善一个高性能计算机网络，鼓励在医疗保健、教育和加工制造等领域实现计算机联网。最终，这个计算机网络将全世界联系在一起。正是这一工程，拉开了美国与欧洲在信息技术领域的差距，以致到当今数字科技时代，欧洲只能通过数字税来找补一点双方的差距。

日本在 20 世纪 80 年代跨入科技先进国家行列，这使西方技术先进国家（特别是美国）感受到潜在的威胁，由此开始控制重要技术情报的外流。日本再想要大量引进技术已较困难。在此背景下，日本政府及时调整了科技政策，加大基础研究的力度，在科技研究能力、科技贸易能力和科技应用能力等各方面均有提升。此外，还从科技政策角度调整政府科技投入，发掘科技的潜力，最大化产出科技的效益。虽然由于整体社会发展基础不够以及美国的强力压制等原因，最终的效果并不理想，但还是释放出了自身的科技潜力，在一定程度上提高了日本经济发展的质量。

德国也展开了相应的科技政策调整。科技政策调整的目标是促进社会结构和经济结构的合理化，手段包括"导向"和"资助"两种。其中，导向包括法律导向、政策导向、规划导向；资助包括合同研究资助、委托研究资助和科技咨询资助。此外，德国的联邦研究技术部还加强了对全国科学研究工作的宏观调控。国防部、经济部、教育科学部等也承担着对各自主管范围内的科技工作人员调控职责。

英国政府新公布的白皮书《竞争力：稳步向前》认为，提高竞争力的关键和核心是促进以市场为导向的创新活动。白皮书中首次提出，将开发技术预测作为制定和实施国家科技发展战略的一项重大任务。

（五）重视国际科技交流吸收世界范围内的科技人才为己所用是国家科技创新体系建设和社会科技意识形态凝炼过程中的重要措施

在国家科技创新体系中，无论是从事基础研究的科研人员，还是投身创业的科技企业家，都是受过高等教育的优秀人才，是世界各国所积极争取的科技力量。美国就不必说了，其本身就是一个移民国家。它非常强调利用人才政策，来吸收世界范围内的科技人才为己所用。例如，二战期间以爱因斯坦为代表的犹太科学家移居美国，为美国原子弹研究作出了重要贡献；二战后抢夺欧洲的科学家，以及延续至今的对全球科技人才的特殊签证政策，持续为美国的科技发展提供人才力量。

再如日本。虽然从日本的传统文化来看，日本并不是一个开放的社会，甚至被认为是一个"对移民不友好的国家"。但在吸引世界科技人才方面却并不落后。其政府加速人才培养，着力培养创新型人才，吸引国外优秀科技人才，着力加强研究人员的国际交流。日本从1993年起设立的"工程师研修制度"，为日本企业招聘欧洲的技术系学生和年轻技术人员，引入相关产业技术和经营方面的知识为自己的企业和研究机构所用。而且，日本不仅接纳外国研究者，还积极派遣本国的研究者向国外同行学习先进科学技术。

但是，这一措施还是要从两方面辩证地来看。一方面，这一措施促进了世界科技的发展；但另一方面，对一些发展中国家来说又是不利于人才积累的。在争夺人才的过程中，一些国家和地区甚至使用一些上不了台面的手段和方法，甚至故意地搅动一些国家和地区的政治局势，挑动区域国家间的战争，等等。这就不是简单的人才政策了。

（六）高度重视风险投资是国家科技创新体系建设和科技意识形态凝炼的关键战略

科技创新进入经济与社会发展之中，其中的困难和风险还是非常高的。美国的风险投资在世界范围内都是知名的，这也是美国至今仍然保持一定的科技霸权的关键手段。事实上，基本在所有的国家，风险投资都已成为关注的重点领域。许多国家甚至还成立了国家级的风险投资基金。即使在相对比较保守的法国，为保持其在世界上的科技强国地位，也加强了相关风险投资的支持政策和措施，如特别资助创新和风险技术八个方面的研究与发展，包括"研究与技术基金"。其中，特别加强的就是风险资本公司和风险资本联合基金的建设。

二 世界各国不同科技意识形态影响下的科技创新举国体制模式比较

从历史发展的事实来看，世界各主要科技强国在本国的国家科技创新体系建设过程大多经历过一个举国共建的特殊时期。举国体制，就是国家科技创新体系的加速构建机制。由于各国不同的国情和文化传统，这种加速构建机制在具体实施过程中又具有不同的模式。

（一）国家主导集中任务模式

国家主导集中任务模式，即由中央政府主持独立的集中的管理机构，以明确的任务目标来推动科技举国体制。苏联和美国早期都是采用这种模式发展起来的。

苏联在20世纪30年代提出了计划科学的思想，加大了军事科研和军工生产的管理力度，同时改革科学院、提高科学院地位，建立了类似"科学集团军"的制度，并加强科学院与军事科研的联系，开展研制火箭和启动原子能计划。二战时期，为了战胜德国法西斯，苏联更是启用全方位"动员式"科研管理和运行模式，把国家的科技力量统一组织协调起来，形成"管理—科研—生产"有机联合体的模式，这种模式成为苏联数十年国家发展和国际竞争的有力支撑。国家主导集中任务模式加强了科研体制的集中化，也使得科研与行政进一步结合。这种紧密的结合确实能够为科研发展提供强大的动力，为社会经济发展提供支持。

美国的国家主导集中任务模式始于二战期间实施的曼哈顿计划[①]。该计划耗资 20 亿美元，所聚集的高级研发人员和工程师达 13 万人，相当于当时美国整个汽车行业的人数。其后，在冷战时期的阿波罗登月计划，总耗资 240 亿美元，参与人数将近 40 万，这种集中力量攻关研发项目的活动极大提高了美国整体工业技术水平。[②] 美国上述两个计划被认为是推动第三次工业革命——计算机应用工业的主要推手。现代计算机诞生于曼哈顿计划，阿波罗计划则大规模地应用了该技术。曼哈顿计划甚至被认为是 20 世纪人类科技研发组织模式的转折点。因为自此以后，科技上升为国家发展的关键因素，国家组织大科技发展的方式应需而生。科技创新渗透国家经济社会发展中的各个角落，引领经济社会发展，国家的科技意识形态体系也因此发生转变。

（二）政府与私营部门联合研发产业核心技术模式

研发产业核心技术模式是以社会主导产业的核心技术突破为切入点来实现科技引领经济和社会发展的模式。这一模式，始于日本政府为组织国家 R&D 事业和私营公司之间协作在半导体产业领域所开展的研究合作。1976 年日本设立影响日本半导体产业发展至今的超大规模集成电路研究计划（VLSI），参与实施这一计划的有通产省和富士通（Fujitsu）、日立（HITACHI）、三菱（Mitsubishi Group）、日本电气（NEC）和东芝（Toshiba）等 5 家生产计算机的大型公司。这个计划打破了从前日本私营企业经营中的两大禁忌：一是热衷于通过价格战和质量战进行相互竞争；二是对私有技术进行严格保密。也因此，超大规模集成电路研究计划所采用的由互相竞争的企业组成共同研究联合体的模式遭到了不少的质疑。此时，政府的协调作用就突显出来。在日本通产省的领导下，一种由互相竞争的企业设立新的合作组织（超大规模集成电路技术研究协会）采用的共同投资、利益共享的模式在政府的协调引导下取得了成功。[③]

联合研发产业核心技术模式实现了政府支持与市场机制的有机结合。而政府与企业联合投资研究基础技术和通用技术，各企业按照市场导向将这些技术进一步用于开发产品，增强了各个企业的创新能力和竞争力。美

---

① 曼哈顿计划（Manhattan Project）是美国陆军部于 1942 年 6 月开始实施利用核裂变反应来研制原子弹的计划。该工程调动了当时西方国家（除纳粹德国外）最优秀的核科学家，动员了 13 万人参加，历时 3 年，耗资 20 亿美元，于 1945 年 7 月 16 日成功地进行了世界上第一次核爆炸，并按计划制造出两颗实用的原子弹。整个工程取得圆满成功。
② 樊春良：《科技举国体制的历史演变与未来发展趋势》，《国家治理》2020 年第 42 期。
③ 董书礼、宋振华：《日本 VLSI 项目的经验和启示》，《高科技与产业化》2013 年第 7 期。

国学者弗里曼正是受日本模式的影响才提出国家创新系统概念，并在此后的十年里将这个国家的创新体系模式推广到世界主要国家。这种模式的最大优势在于对公共利益与私营资本发展进行了有效调和，使科技创新的价值目标在国家霸权和私有资本收益间取得交集，从而统一了科技意识，平衡了社会各阶层人群的利益，在发挥科技创新驱动作用、实现科技创新促进经济社会发展方面，起到了先驱典范作用。

（三）政府引领产业或私营部门联合共建重大工程项目模式

政府引领产业或私营部门联合共建重大工程项目的模式是公私双方合作投资但实质以产业或私营部门的收益为主的方式。虽然有政府直接向企业进行利益输送之嫌，但作为国家组织科学技术研究的一种新模式，自有其应用管理价值。典型的代表如美国国家信息基础设施计划（NII，信息高速公路计划）。该计划由政府倡议，负责制定规则、协调、建立制度、促进竞争、保护知识产权，并部分投资，私人企业是主要投资者和参与方。这是美国在进入信息社会后，充分发挥信息技术的特点而实现的一种新型的举国体制。

事实上，改革开放后，我国的许多重大科技创新项目都是采取这种方式开展的。譬如中国高铁的发展。当前，中国高铁技术已经达到了世界领先水平，远远甩开其他国家。这一堪称辉煌的成绩，起步于这种政府引领全产业或全部门联合共建的重大工程项目模式。

早在1990年，铁道部就开始组织"高速铁路成套技术"重大科技攻关项目的论证工作。1996年3月，在《"九五"计划和2010年远景目标纲要》中提出要着手建设京沪高速铁路。高速铁路建设首次被写入"国家发展规划"。及至2004年1月，国家发改委发布的《中长期铁路网规划》揭开了我国大规模建设高速铁路的新篇章。2008年在国际金融危机的影响下，国家启动"大基建"计划，高速铁路建设提速扩容，提出到2020年客运专线建设里程达到1.6万公里以上的重大项目。由于当时国内的高铁技术还不能完全满足需要，因此提出了先引进国外先进技术，经消化吸收后再形成自己的体系的路径。不同于一般国家的是，中国并没有从单独哪一个国家或企业购买全套设备，而是根据自己的整个重大项目和产业体系的需要，分别购买了德国、日本、法国和加拿大等国家的不同企业的不同技术，综合多个国家在高铁技术上所拥有的技术专长，结合自身的特点，融会贯通，发展出了独具特色并拥有完全知识产权的中国高铁技术体系。

通过重大项目的组织实施过程集中了整个产业链中的几乎全部精华力量，形成具有中国特色的高铁创新系统，其创新过程由行政链、生产链、技术与科学链三个链条相互混成，同时出现了政府—大学、政府—企业、企业—大学等多种双边混成组织和政府—企业—大学三边混成组织。在该模式下，创新由政府主导到企业主导再到大学主导演进，创新能力持续增强。① 及至2022年6月，科技部与国家铁路集团有限公司签署"高铁引领"科技攻关联合行动计划，标志中国高铁技术的创新发展达到了全面引领的地位。

  现代科技意识形态指导或互动下构建"科技举国体制"，集中了社会力量，以科技任务目标明确的领域，进行任务分工，统筹协调，不过于计较成本和回报地投入，最终才能取得突破性成果。不同模式的"科技举国体制"，促进了各国的科技引领经济社会发展，促成了不同社会的科技意识形态成形，构建了各具特色的国家科技创新体系，形成了不同的国家战略科技力量。但是，无论传统的"科技举国体制"属于哪种具体模式，都存在"过刚易折"需要避免极端化的问题。今天，在经济全球化不断加深、全球市场经济体制下，经济主体多元化，科技创新不可能还是在国家任务的单一框架下统一运行，因此，建设具有生态特色的国家科技创新体系，必然将科技思想和精神渗透经济社会管理的方方面面，由科技意识形态来协调社会多元主体，让推动创新成为国家创新体系内所有主体共同的追求目标。优化社会资源配置，弘扬科学精神，营造出良好的创新文化氛围，在国家科技创新体系中发展和完善各自具体的"新型科技举国体制"②，才是解决全局性科技问题的最优制度安排。

---

① 林晓言：《高铁技术创新的中国经验》，《中国社会科学报》2018年1月10日第4版。
② 2022年9月11日，中央全面深化改革委员会第二十七次会议审议通过《关于健全社会主义市场经济条件下关键核心技术攻关新型举国体制的意见》，健全科技攻关新型举国体制再一次成为大众关注的热点。

第四章 全球主要国家科技意识形态类型

科技意识形态以科技合理性为共识和依据，以科技发展理念为引导，发扬科技从业精神，具有推动科技创新、促进经济与社会发展的作用。它凝结于国家科技创新体系的历史定位、战略选择、实现主体、实现路径和价值目标等各个方面，是由国家科技创新体系这一物质基础决定并承载的上层建筑。根据自身的生产力水平及其历史文化底蕴，各国的科技意识形态和国家科技创新体系建设表现各异。我们可以依据其科技意识形态和国家科技创新体系建设的特点和类型，将全球各主要国家具有的不同的科技意识形态分为以下五个基本类型。

第一节 盎—撒科技意识形态类型

盎—撒科技意识形态类型的主体以英美两国为首，包括以"盎格鲁—撒克逊"民族为主体的"五眼联盟"国家。在这些国家里自工业革命以来，历经数百年发展而形成的完全以私人企业和资本为核心的国家科技创新体系是其主要载体。其文化与思想来源于所谓"盎格鲁新教文化"，并深受自由主义的经济思想影响。它强调自由市场的调节作用，政府很少颁布法律性的创新政策，而将有限的政策多用在为企业创造一个良好的创新环境，让自由市场去调节企业的创新活动和配置创新资源。[①]

一 英国

英国是最早开启工业革命、较早进入君主立宪制和接受民主、科学和自由思想的国家。当时最先进的自然科学即以牛顿力学为代表的经典物理学和最先进的社会科学即以亚当·斯密为代表的古典政治经济学均诞生于英国，

---

① 黄海霞：《发达国家创新体系比较》，《科学与管理》2014年第4期。

它们极大地推动英国的科学和技术水平，为英国的产业技术创新和市场经济制度创新提供了强有力的理论指导和科技支撑。持续百年的殖民战争更为这些技术创新提出了需求。17世纪至19世纪中期，英国作为当时的世界科技创新中心，创新氛围浓厚，人才济济，不仅涌现出培根等一批伟大的自然科学家，还涌现出了以瓦特为代表的一批伟大的工程师和发明家。诞生于英国的蒸汽机、电报、轮船、铁路等一批影响世界的伟大发明，开启了人类工业化和全球化的进程。然而，在英国如火如荼地享受蒸汽动力的巨大收益之时，19世纪70年代，德国、美国开始变道超车，引领以电力为代表的第二次工业革命，世界进入电力时代。英国失去了领先的优势，让出了技术发明和创造的领先地位。全球科技创新的中心开始向德国、美国转移。[①] 其后英国国力又在两次世界大战中被逐渐消耗，世界霸主的地位被后来居上的美国所接替。

蒸汽时代，英国是世界金融中心和科研型大学所在地，具有绝对的先发优势。然而，英国却没能把握科技革命的机会，在第二次工业革命中落伍，失去其科技创新的中心地位。主要原因并非科研基础不好、经济发展不力，而是来自殖民地的掠夺收益更高，致使英国投入科技创新的资金和热情都大幅减少，社会沉浸于殖民掠夺带来的"维多利亚繁荣"。当时英国号称"日不落帝国"，拥有全球最广阔的殖民地、巨大的海外市场和廉价的海外资源，致使资本家对采用新技术和新设备提高生产力的积极性不高。这种惯性一直延续到现在依然存在，如在一些关键基础科学研究方面，英国依然不时能取得一些杰出成就，但都因为相同或相似的原因，科技成果没有得到大规模的产业化和商业化应用。英国政府虽然也积极求变，由撒切尔夫人执政的英国政府推动全面自由主义改革，力求通过国家分配科研经费的方法来引导英国科学家从事有商业价值的研究，但彼时，其世界金融中心和科研型大学所在地的优势已经不再。

二 美国

在大西洋彼岸、文化上与英国一脉相承的美国，从建国到二战前，走的是一条学习、追赶和自立的科学技术发展道路。自1812年美英战争结束后的30年间，是美国科学大发展的开端时期。在此时期，美国建立了许多学会和期刊，诞生了职业性科学研究团体。美国科学促进会（AAAS）

[①] 王昌林、姜江、盛朝讯、韩祺：《大国崛起与科技创新——英国、德国、美国和日本的经验与启示》，《全球化》2015年第9期。

在1848年作为第一个全国性的科学学会成立,标志着美国形成科学共同体。而1863年成立的美国国家科学院(NAS)则开始为政府提供科学咨询。① 在19世纪中期,美国的大学总体相较欧洲还是比较落后的。当时的美国年轻人都以去欧洲特别是德国攻读博士学位为荣。当他们回到美国后,把德国那种研究与教育相结合的方式也带回来并加以改进,促进了美国大学的发展。到了1920年,美国的现代研究型大学基本成形,并在高等教育中占据主导地位。这些大学积极响应地方经济和工业发展需求,与工业界联系密切,研发了大量地方经济与工业发展所需要的成果。万尼瓦尔·布什在1945年7月所作的《科学——没有止境的前沿》的报告,提出了"科学研究应遵循的线性模型",确定政府资助科研应关注能否将学术研究转变为知识经济,以及产生相应的技术收益。这一报告得到了当时的学界和政界的广泛认同和响应。几乎成为以后几十年美国政府支持科研的行为准则。按照这一模型,政府向科学共同体提供基础研究所需要的资源并允许其保留科学自治权。

万尼瓦尔·布什的报告及其所提出的线性模型深刻地影响了当时美国乃至世界各国科学技术政策和国家科技创新战略。② 美国正是基于此模型建构了国家创新体系所依赖的由政府、科研共同体(包括大学的、企业的)和企业组成的所谓"创新成功三角"③,以及由此构成的科技创新引领产业升级的运行逻辑。

但是,在美国的社会科技意识中,"创新成功三角"的建立主要基于商业环境、贸易税收和监管环境以及创新政策环境。其中商业环境是其考虑的首要因素;而考虑贸易、税收和监管环境时则需要兼顾竞争性与自由性。"创新成功三角"对个人、企业机构、政府部门的创新项目、创新产业提供支持,以鼓励相关目标技术或行业领域的创新。但就创新政策而言,受自由主义思想的影响,美国的相关政策目标在于刺激某些技术创新,而不是很关注塑造社会的创新环境与社会科技意识。与许多其他国家相比,美国的创新政策并不够完美。但美国却后来居上,成为新的科技创新中心,大概是因为它有着以下几大优越性。

---

① 樊春良:《建立全球领先的科学技术创新体系——美国成为世界科技强国之路》,《中国科学院院刊》2018年第5期。
② 杜鹏、王孜丹、曹芹:《世界科学发展的若干趋势及启示》,《中国科学院院刊》2020年第5期。
③ 美国信息技术和创新基金会:《2020美国国家创新体系解读》(https://www.gtipa.org/publications/2020/11/02/understanding-us-national-innovation-system)。

第一，美国制定了一系列政策以帮助科学研究的成果商业化。1980年国会通过了两个法案，都是用以帮助科学研究成果商业化的。一是《史蒂文森—怀德勒技术创新法案》，着重强调"技术和工业创新对美国公民的经济、环境和社会福祉至关重要"。法案对过往法律进行了一些修改，以便更好地将技术从联邦实验室转移到商业领域使用。二是《拜杜法案》（Bayh-Dole 法案），改变了由联邦政府资助的大学研究的知识产权规则，允许大学保留知识产权，使它们更有动力将研究成果商业化，以获得更多的增收。此外，国会还先后通过了《1986年联邦技术转让法》《1991 财年国防授权法》《技术转让改进和促进法》《技术转让商业化法》《综合贸易和竞争力法》，等等。① 与此同时，国家科学基金会和美国国立卫生研究院等机构陆续诞生，开始各种试点项目，将其资助的研究与商业化成果更好地联系起来。

第二，美国具有高度发达和成功的产学研合作体系。除了国家核心任务（如国防），美国的大多数商业研究活动是由以私人的营利性公司为主体展开的，因此科技成果的转化效率较高。总体来看，在美国的科技创新体系中，首要的优势还是在于企业始终是 R&D 资源分布的主体，企业投入 R&D 的资金量在世界范围内也是可观的。OECD 的研究表明，近十年来美国研发总投入遥遥领先，且保持稳定的增长趋势。② 不管是人员还是经费，主要都由企业承担。企业不仅搞应用研究，还搞基础研究。企业不仅追求经济效益，还产出诺贝尔奖等奖项的得主。在美国的产学研合作体系中，利益连贯畅通、交易成本较低的创新链条，有效保证了这种机制的整体创新能力。美国因此在过去的近百年里占尽了先机，成就了其科技强国地位。

第三，面向全球吸收科技精英来美国进行科技创新，是美国科技创新的一个核心特点。20世纪的两次世界大战，美国本土都没有受到直接攻击和破坏，使得美国在吸引全球的优秀移民方面具有特殊的优势。爱因斯坦等著名科学家都是移民到美国的。二战胜利后美国对德国科技人才的接管和控制，也为其带来了巨大的人才红利。正如有文章中所说："依赖高技能移民支持创新体系（通过创办新公司等），且到目前为止收

---

① 美国信息技术和创新基金会：《2020 美国国家创新体系解读》（https://www.gtipa.org/publications/2020/11/02/understanding-us-national-innovation-system）。
② 原帅、何洁、贺飞：《世界主要国家近十年科技研发投入产出对比分析》，教育部 2020 年度"一流大学与一流学科建设绩效评价研究"课题（http://html.rhhz.net/kjdb/20201916.htm）。

效良好。"① 这一效应在近年来达到最高，在一份由美国乔治敦大学安全与新兴技术中心提供的报告中显示，2010—2019 年，美国的 STEM 博士中约有 42% 是留学生，其中计算机科学和工程领域的占比特别高。

第四，美国的军民融合互动创新成效显著。（当然，这也有可能会走向另一面，那就是所谓的军工利益团体对国家意志的深度捆绑。）虽然各国的战争和军备竞赛都对相关科技创新具有刺激作用，但还没有哪一个国家比美国更自觉、更深入地通过军民融合来加速科技创新及其产业化。②互联网就是军民融合的成功典范。还有在航空航天、核能、电子信息网络、新科技、海洋、生物工程等高科技领域，都是美国军民融合创新的重点领域。这种模式既为经济发展带来活力，也给科技发展带来发展后劲。当然，成也萧何，败也萧何，军工复合体的利益捆绑，并不总是带来好处，这是后话。

第五，风险投资在美国科技创新体系中广泛介入，形成科技与金融紧密结合、金融依托科技创造"神话"的格局。而这一格局是依托于美国的美元霸权和美元作为国际通用货币的独特地位和作用形成的，是美国科技创新体系相对于世界各国的最大优势。自 20 世纪 90 年代以来，美国风险投资在信息行业一路攀升，成就了美国信息技术和相关产业的领先地位。其中，硅谷是投资热点。但是，任何事物都有两面性。风险投资偏好信息行业和数字技术等所谓"轻资产"行业，既加快了美国近 30 年的发展速度，也造成了美国的"去工业化"，特别是"去制造业化"，使当今的美国需要面对新的"实体产业空心化"的挑战。

综上，美国的创新体系主要优势还是在于企业、商业环境和监管环境。由于受自由主义的影响，美国认为创新应该留给市场，而政府的作用是支持"要素投入"。运行到现在，曾经运转流畅的美国国家科技创新体系，在下述三个环节日益出现下滑趋势。

一是政府研发投入开始出现"乏力"，而且趋势不易逆转。③ 伴随科学共同体的领域扩张和体量增加，科学进步投入需求与美国的财政收入之间的矛盾日益加剧。1993—2003 年，美国研发年平均增速为 3.9%，而 GDP 则为 3.4%。尽管数据显示总研发投入最近几年都在明显增长，远超 GDP

---

① 美国信息技术和创新基金会：《2020 美国国家创新体系解读》（https://www.gtipa.org/publications/2020/11/02/understanding-us-national-innovation-system）。
② 王昌林、姜江、盛朝讯、韩祺：《大国崛起与科技创新——英国、德国、美国和日本的经验与启示》，《全球化》2015 年第 9 期。
③ 田杰棠：《如何应对美国创新体系的新变化？》，《财经界》2017 年第 16 期。

的增速,但尚未恢复到美国研发的快速增长模式。① 近年来,美国一再以中国为假想敌来激励国会拿出更多的资金用于科技研发,但事实上,这恰恰折射出美国社会不愿投资于未来和公共产品的现状。

二是前沿技术产业化商业化应用的效率出现下降趋势,金融资本的丰厚利润吸引了最大多数的高级人才,而将制造业转移到世界各地。去制造业化,致使美国的许多科技成果转化出现没有"用武之地"的尴尬局面。况且,美国一直靠吸引全世界的精英到美国来从事科研。一旦科研的成果开始出现长期转化效率下降的趋势,那么吸引人才的成本就会凸显出来,届时吸引来美国的人才的"美国梦"破灭就有可能给引进国带来反噬。

三是美国社会的创新创业精神趋弱。进入21世纪,美国整体的创新环境发生改变。具体表现为:创新创业不能带来合理的回报;年轻人因为助学贷款而财务负担加重;占据绝对优势的金融资本取代创新资本在产业经济中的地位;等等。以上创新环境的变化,让年轻人创新创业的精神和冒险精神受到挫折。加之,美国作为移民社会,宪法标榜"自由和平等",却以其"盎格鲁新教文化"作为"国民身份和国家特性意识"②,认为任何与所谓"美国主流社会"相异者都"非我族类、其心必异"。这一带有根本性的矛盾,从著名的钱学森回国所遭遇的不公正对待以及近年来美国对华裔科学家的严格审查甚至迫害中得以体现,其内在的文化矛盾根深蒂固。正如亨廷顿自己也承认的:"在缺乏人种、民族和文化共性的情况下,意识形态的粘合力是弱的。"③ 未来,能否将"创新成功三角"的三个方面实现最有效的利益协调,以及能否协调其社会深层的种族矛盾,能否将"盎格鲁新教文化"发展成为能包容多样化世界的文明,才是美国以及英国这些"盎—撒科技意识形态类型"国家能否保持全球创新竞赛的胜者地位以及获得更大经济活力和经济繁荣的关键。

第二节 欧陆科技意识形态类型

在世界范围内,除了"盎—撒科技意识形态类型"外,最有影响力的

---

① 贺飞:《美国研发经费的增长模式》,科学网(http://www.whiov.cas.cn/kxpj/202009/t20200902_5682837.html),2015年9月10日。
② 〔美〕塞缪尔·亨廷顿:《我们是谁?——美国国家特性面临的挑战》,程克雄译,新华出版社2005年版,第11页。
③ 〔美〕塞缪尔·亨廷顿:《我们是谁?——美国国家特性面临的挑战》,程克雄译,新华出版社2005年版,第11页。

就是"欧陆科技意识形态类型",二者的影响力相当且作用差距不大。典型的国家有德、法等欧洲大陆国家,也有后起的国家如东亚的韩国。在这一类型的国家里,其国家科技创新体系是由公共机构和私人企业及资本协同共建。其科技创新发展受社会总体发展价值导向影响较大。

一 法国

法国具有悠久的科研传统。作为早期世界科技强国、曾经的科学中心,法国在许多基础研究领域都取得过举世瞩目的重大发现。在政治上,法国是典型的大陆型中央集权制国家。二战结束之后,戴高乐将军致力于国家重建,大力发展科学技术,围绕国防安全和社会经济发展战略布局的需要,在不到10年里先后设立大批包括国家科研中心等国立科研机构。对于非政府设立的公益性研究机构,也不断加强资金支持和项目依托,如1887年成立的巴斯德研究所和1921年成立的居里研究所均得到政府的支持。法国也因此在短期内迅速组建了一支涵盖各重点领域学科的国家科研力量[1],取得卓越成就。

法国将国有科研机构分为"科技型"和"工贸型"两大类,并针对各自的特点,赋予机构不同的科研任务。科技型的国立科研机构将"非定向综合型自由探索"作为主攻方向,承担前沿的基础研究和部分应用研究。国家科研中心类似于中国的中科院,是迄今法国最大的科技型国立科研机构,在法国、欧洲乃至全球科学研究中举足轻重,特别是在长期基础研究方面作出了重大贡献。而工贸型的国立科研机构则将"定向型应用研究"作为自身发展方向,聚焦"单一"学科或领域的应用研究、开发研究和少量基础研究,与产业对接,致力于将科技成果转移转化。国家航空航天研究院、国家空间中心等都属于这一类科研机构。

戴高乐将军领导的法国政府,一直坚持走独立自主的科技发展道路,提升国家综合国力和国际竞争力。法国当时组建的两大国立科研机构[2],曾将雷诺等曾经为德军制造武器的私人企业没收为国有,以及创建空客等机构组成航空工业体系,奠定了法国的技术优势,使法国政府在此两大领域及其相关行业拥有了强大的科技创新实力,并将之发展成为法国的核心支柱产业。除此之外,对于一些有前景的大型私有企业,如马特拉公司等,政府也

---

[1] 邱举良、方晓东:《建设独立自主的国家科技创新体系——法国成为世界科技强国的路径》,《中国科学院院刊》2018年第5期。
[2] 所谓国立科研机构,主要是指工贸型的国立科研机构,它们既能做到真正有用,又不影响国家大局。

给予其地位和经费。同时，要求国立科研机构与该类型企业建立长期合作关系。不同于美国的"铁三角"模式，法国实行"政府—国立科研机构—国有企业—私有企业"模式，并在此基础之上开创了各有侧重、相辅相成、协调发展的国家创新体系，科技与经济相得益彰，稳健发展。

及至20世纪80年代，法国经济出现停滞，政府适时提出"振兴科技，摆脱危机"的口号。并在1982年和1985年先后颁布实施了《科研与技术发展导向与规划法》和《科学研究与技术振兴法》，明确把科学技术研究与发展上升到国家战略高度，提升科研人员的社会地位与福利待遇，让法国科学家安心搞科研，摆脱了一般西方国家常见的对企业的依附发展关系。另外，法国政府还针对法国国民生活习性比较散漫的特点，在全社会努力营造浓厚学术氛围，持续举办学术方面的活动，提升社会的创新精神，塑造"工匠"精神。与此同时，面向市场，加强对科研人员的技术培训。创建工程师技术培训中心，实施工业研究培训计划，使科研人员的研究围绕市场需求开展。

进入21世纪以后，法国政府大力培养和引进科研与教学人才，以提升国家科学技术创新力与竞争力。为此，一方面努力吸引国外特别是东欧的高水平研究人员到法国从事科学研究；另一方面也鼓励并支持国内各类型科研人员走出国门，参与欧盟大型科技合作计划。至2015年，法国从事科学研究的人员密度达到每千人劳动者占比9.3的高度。[①]

总体来看，法国是少有的具有独立于英美的国家科技创新体系及独立的科技意识形态的西方国家。社会推崇科学思想，促使政府长期加强基础研究，以及注重科研成果向产业化转移的一些体制机制配套供给，使法国在航空航天、高铁、核能、农业、制药、汽车与精密机械等产业领域长期稳居世界前沿。另外，法国还特别强调建立符合本国科技与社会发展实际的科研评价体系，不仅有效地考核了本国科研发展的绩效，引导科研人员解决本国经济社会发展中遇到的问题，而且构建了有民族自信的科技思想和科技价值体系，在世界范围内树立了法国是科技强国的国家形象。

二　德国

与法国比邻的德国，同样是世界领先的创新型国家，同属于欧洲大陆科技意识形态型国家。二战后，德国能够在短期内快速崛起，还是得益于

[①] 邱举良、方晓东：《建设独立自主的国家科技创新体系——法国成为世界科技强国的路径》，《中国科学院院刊》2018年第5期。

战前近百年的科技基础和人才要素的长期积累。德国是真正现代意义上的大学的首创国家。对教育和科研的重视与大量投入，使得德国在20世纪初，终于继英国之后站在了世界科学技术发展的前沿。一大批第二次工业革命中的关键发明创造，如世界第一台大功率直流发电机、第一台电动机、第一台四冲程煤气内燃机、第一台汽车等，都诞生于德国。爱因斯坦、玻恩、普朗克等一批天才科学家的科研成就，也使得德国坐稳了当时世界科技创新中心的交椅。

德国是联邦制国家，联邦政府领导和推动的国家科技创新体系成为联邦制与统一的市场经济的共同基础。德国科技创新体系的创新主体是由政府、高等院校、大学等研究机构以及企业构成的官、产、学、研创新体系。政府在其中起到关键的引领作用，所投入的研发资金占研发总投入的三分之一。德国由专门的科技管理机构即德国联邦教研部（BMBF）负责制定科技发展战略，出台相应科技政策，监管政府科研经费，以及引导国家的科技发展和创新活动。德国的科研机构主要由高等院校、公立或非营利的私人研究机构和研究中心以及相关基金会等组成。德国高校除了从事教学活动之外，还承担科研任务，实行的是为其他各国所仿效的德国高等院校"教学与科研统一"的模式。并且与国外科学界联系密切，与国外的科研机构保持合作关系。[①] 可以说，德国高校是德国科技创新以及科技思想的发源地。

作为先发成熟的资本主义市场经济国家，德国同样强调私营企业是科技创新的主体。其研发密集型企业约占德国企业总量的45%。[②] 科技研发投入的大部分来自私营企业，重点投资汽车、机械设备制造、电子电气以及化工和制药等几大支柱产业。[③] 21世纪两德统一之后，德国加大了在尖端科技领域的研发投入，并在2010年正式通过的《德国2020高技术战略》中，对德国未来的发展作出新的战略部署，以保证其科研大国的地位。

作为科技意识形态概念的首发之地，德国法兰克福学派曾批判科技意识形态使人们沉醉在舒适的生活中安于现状，缺少对现实的批判与革新精神。德国的国家科技创新体系的建设也在一定程度上受这种意识的影响，非必要不求变。一个突出的表现是：德国作为传统的科技创新大国，其对

[①] 黄海霞：《发达国家创新体系比较》，《科学与管理》2014年第4期。
[②] 黄海霞：《发达国家创新体系比较》，《科学与管理》2014年第4期。
[③] 阳晓伟、闭明雄：《德国制造业科技创新体系及其对中国的启示》，《技术经济与管理研究》2019年第5期。

于数字新技术的接受速度却"慢得惊人",对于新兴的数字化技术并没有给予应有的重视。像手机支付在中国已经飞入平常百姓家的时候,在德国却依然属于"新鲜事物"。究其原因,主要在于政策对传统产业的惯性支持。德国热衷于制造业,是传统的制造业大国,机械、汽车、化工、医药等传统工业,长期以来在国民经济中的地位举足轻重。① 此外,更多的原因是资本集团的控制,在一定程度上抑制了社会创新创业能力的发挥。当然也与德国作为二战失败国受管控的现实有关联。

此外,德国科研单位的发展受企业的影响过大。源于国家资本主义性质以及对原东德的计划经济的逆反,德国国家科技创新体系的建设过于迁就和保障大企业的利益。如作为欧洲最大的应用科学研究机构的德国弗劳恩霍夫应用研究促进协会,要求各个研究所不得生产商品,不得将技术独占权转让给某家企业,只能通过与企业合作来推动整个行业的技术进步。

在经济社会思想领域,不同于英美奉行的所谓自由主义,法国和德国的共和主义（republicanism）思想由来已久。当今的法国也被称为法兰西第五共和国。共和主义在西方由来已久,已经成为一种政治传统。据称由柏拉图创立,经由西塞罗、罗马法学家发展,到近代的马基雅维利等佛罗伦萨文艺复兴时期公民人文主义者、英国革命时期共和派思想家哈灵顿、弥尔顿,再到18世纪法国启蒙运动和法国大革命中被奉为精神导师的卢梭,然后被激进共和主义的雅各宾派终结,直到二战结束,共和主义在汉娜·阿伦特那里得到复兴,到20世纪90年代的时候已经形成新共和主义。共和主义作为法国和德国社会主流的意识形态与英美的自由主义思想有相通相融,也有自己的特色,从而造就了自己的欧陆科技意识形态。我们可将法国和德国的这种欧陆科技意识形态类型,解读为公共政府与大资本共同主导模式。在法国和德国,政府的力量以及公众的意识,更有利于科技创新整体推进。而德国以及亚洲的韩国,乃至北欧的芬兰等国家,虽然政府在国家创新体系建设中起着主导作用,但仍然依靠少数大企业大资本来带动科技创新系统的运转,在这个过程中形成了政府与企业共同主导创新体系建设的独特模式。② 当然,以法、德为代表的欧陆科技意识形态类型在当今的全球科技意识形态竞争中仍处于不利的地位。一个原因是这些国家人口与经济虽然质量较高,但毕竟总体规模较小,难以形成体量优势。虽然组成了欧盟,但由于机制设计不同和政见不同的问题,各行其政,难以形成合力。因此,摆脱盎—撒

---

① 陈强:《德国科技创新体系的治理特征及实践启示》,《社会科学》2015年第8期。
② 金芳:《国家创新体系的模式比较及其借鉴》,《毛泽东邓小平理论研究》2006年第9期。

体系的"离岸操控",重组新的协作机制,从单纯的面向欧洲的中小国家,改为面向发展中国家,特别是其影响较大的法语第三世界国家(如西非)和南美国家,发挥自身的科研优势和经济优势,重构自身产业发展空间,方才是欧陆科技意识形态的未来发展出路。

第三节 俄印科技意识形态类型

苏联虽然最终消亡了,但是,无论是苏联的快速工业化,还是其所开创的"斯普特尼克时刻"①,都在人类历史上留下了璀璨的一笔。俄罗斯作为苏联的主要继承者,保留了其大部分的科研遗产。如何发挥这一支具有世界影响力的科研力量的作用,为经济和社会发展作出应有的贡献,而不是像苏联那样,使之成为国家财政的负担,是俄罗斯所面临的重大历史任务。而印度作为苏联计划经济的拥护者和学习者,在进入21世纪后,也面临着同样的任务。自20世纪90年代以来,两国经过多年的调整与发展,都取得了相当的成就,但仍然具有较大的提升空间。类似俄罗斯和印度此种情况的国家还不少,大多是苏联解体后产生的独联体国家,以及其他一些受苏联体制影响较大的第三世界发展中国家也可归类于这一类型,如古巴、越南等。我们将这类国家的科技意识形态归类为"俄印科技意识形态"。这些国家以当今的俄罗斯和印度为代表,科技创新由国家公共力量主导,有强烈的计划色彩,具备相当的举国创新能力,但由于各类企业和私人资本较弱,尚未形成有效的社会协同创新整体效能。

一 俄罗斯

俄罗斯的国家创新体系建设源于苏联时期,但其工业与科技基础却可以溯源到沙俄时代。沙俄时期即具备了早期的工业化基础,是当时工业产值上仅次于美、德、英三国的世界第四大经济体。虽然沙皇时代的俄罗斯在文明与体制的进化进程中一直滞后于西方,技术相对落后,然而俄罗斯凭借自己庞大的疆域和人口实现规模效应,弥补其发展质量的不足。1920年年底,苏联进入全面工业化时期,一方面从外国引进工业生产中所需的先进技术;另

---

① 斯普特尼克时刻,是泛指人们认识到自己受到威胁和挑战,必须加倍努力,迎头赶上的时刻。它来自当时苏联发射的第一颗人造地球卫星斯普特尼克1号,此举击败了美国,率先进入太空。

一方面开始建设自己的技术创新基础设施和组织机构,包括设计局、科学研究院、企业实验室和技术车间等。但是,这些机构因为二战的原因将主要科研力量部署在国防,将大部分的科研成果都集中应用在军工综合体企业中,以至于苏联的国家创新体系建设直到 1960 年才基本完成。在这一体系中,应用科学研究全部集中于各专业部委,基础科学研究则集中于各级科学院,而整个科研创新活动的经费全部来自国家拨款。①

依靠国家集中任务的方式,苏联在科技研发方面曾取得过相当的辉煌成果,因此拥有了与美国展开冷战的底气。但是,苏联的国家科技创新体系却有着如下几个致命的弊端,终是没能改变其解体的命运:一是体制上僵化。苏联实行的是计划经济,政府配置科技资源的模式不具有市场灵活性,科技和经济脱节,造成资源的巨大浪费和极低的科技成果转化效率。二是机制上效率不高。苏联的 R&D 体制实行单一的国有化,全部成果归于国家,分配上是大锅饭,个人创造性智力劳动的价值在机制上难以实现,因此苏联 R&D 投入虽多,但效率却不是很高。三是政策上引导力不强。由于和美国进行军备竞赛和冷战,苏联 R&D 的军事化色彩很浓,大约 75% 的投入直接用于军事目的,转移转化为市场价值的意识和政策引导力都不强。四是开放性不够。苏联的科学技术研究项目许多都是主动或被动封闭式的,高水平的国际交往交流不多,不利于吸收先进的科学思想和先进技术。②

作为苏联遗产的最大继承者,俄罗斯获得了苏联绝大多数的科技力量。尽管如此,在苏联解体后,俄罗斯也经历了长达十几年的"衰退"。③其中的一个重要原因是当年的苏联将整个科研体系分布在各个加盟共和国中,在苏联解体后,苏联的各个加盟共和国各自为政,使得独立后的俄罗斯的科研体系出现了相当长时间的"缺胳膊少腿"的局面。尤其是失去了乌克兰这个苏联时期的工业、科技、教育、文化基地,更让俄罗斯元气大伤。

从 2000 年起,这个局面因为普京带领的国家重振工作得以改变。随着科学技术的发展,俄罗斯经济得以复苏,反过来促进其现代国家科技创新体系建设。其中,俄罗斯科学院是国家最高学术权威机构和科技创新主管单位,它一方面自己开展创新活动,另一方面承担起俄罗斯一体化创新体系的建设任务。俄罗斯创新发展日益表现出以下特征:一是俄罗斯科学

---

① 田浩:《俄罗斯国家创新体系研究》,《欧亚经济》2015 年第 2 期。
② 赵常伟:《论苏联科技兴国的经验教训》,《中国农业大学学报》2002 年第 2 期。
③ 龚惠平:《俄罗斯国家创新体系的新发展》,《全球科技经济瞭望》2006 年第 12 期。

院的工作始终围绕着获取科研成果和促进其转化来展开，科技创新已成为俄罗斯社会经济发展的重要任务，尤其强调创新基础设施建设的重要性；二是国际合作是实施创新战略的重要手段，特别是借助其在航空航天领域、军事科技领域的苏联时期的家底，开展国际科技合作，既分担科技研发经费，又能保持自身的科技优势，能够在经济和产业支撑不足的条件下，拥有一定的国际科技竞争能力；三是俄罗斯的高素质人口优势正在重新集结，以新的组织体系方式展示其后发力量。[1]

在这多重因素的推动下，俄罗斯国家创新体系的建设在 21 世纪初开始进入全面发展的快车道。俄罗斯政府在 2005 年出台了《至 2010 年俄罗斯联邦发展创新体系政策基本方向》，所提出的国家创新体系建设规划体现了新的社会科技发展理念。

首先，该文件明确了俄罗斯国家创新体系建设的基本方向，即在继承苏联科技与工业的成果基础上，通过一些机制与体制上的调整以实现再创新再创造。例如，第一，高等院校要与市场需求对接，参与基础研究和探索；第二，俄罗斯国家科学中心和工业科研机构则定位于应用研发与成果推广，聚焦于具有竞争力的创新产品的工农业生产；第三，建立有利于创新活动的经济与法律环境。

其次，该文件明确提出要加大创新体系建设的成果转移转化基础设施投入，包括建立并发展创新基础设施项目；开辟有效的创新领地，包括科学城、技术城和技术推广型经济区；发展地区和领域支持创新活动的基金系统，包括启动基金和风险投资基金；支持创新活动；等等。其中俄罗斯的机构类创新基础设施是针对苏联科研经济两张皮的问题而提出的，主要包括科研协调中心、共享中心、技术转换中心和经济特区。其中较有特点的是技术转换中心。该类中心的主要工作是在相关法律的基础上，通过建立小型高技术企业或签订许可协议的方式推动科研成果的商业化。俄罗斯第一批技术转换中心出现于 2003 年，主要是建立在俄罗斯科学院下属各研究所、各大学和国家创新中心的基础上。到目前为止，俄罗斯的技术转换中心已超过 100 家，它们绝大多数隶属于俄罗斯教育和科学部。[2]

从 2006 年开始，俄罗斯经济总体上因为国际油价上涨而开始总体好转，不仅提前偿还所欠"巴黎俱乐部"的债务，而且国内最低生活保障线、退休金、中央公务员工资等均得到大幅提高。与此同时，国家也通过

---

[1] 李滨滨：《俄罗斯国家创新体系的一体化建设》，《全球科技经济瞭望》2003 年第 12 期。
[2] 田浩：《俄罗斯国家创新体系研究》，《欧亚经济》2015 年第 2 期。

追加预算扩大对科学的投入。① 俄罗斯国家科技创新体系因此得到一系列的发展，日益走向成熟。如俄罗斯在苏联解体伊始的时候丢掉五年计划，但从 2007 年开始，俄罗斯重新开启了苏联解体后的第一个"五年计划"，解放了农业生产力，发达的农业使其在此后短短几年就一举从粮食进口国发展成为粮食出口国。

当前俄罗斯国家创新体系的特点主要有：第一，俄罗斯的基础性科研活动仍然主要集中于各级科学院，而非高等教育机构；第二，大部分科研活动的目的是完成一些部门专项任务，如石油等能源部门，这些科研活动主要集中在各国家科研中心；第三，从事科研活动的主要机构基本上是一些超大型研究所，主要归国家或国有企业所有，由国家提供科研经费；第四，已建立了专业的技术转移机构，推动这些研究机构与国内经济的紧密结合。从这些特点中可以看出，目前俄罗斯的科研机构与市场需求彼此分离的局面已有一定的改变。但由于主导产业相对单一，因此进入社会经济活动的科技创新活动不足，科研能力仍然主要是用于满足国防军事工业以及完成国家战略需求。

俄罗斯国家科技创新体系虽然经过持续改革调整得到了很大的进步，但与此同时，影响俄罗斯国家科技创新体系的一些固有的问题并没有得到彻底的解决。最根本的问题还是由于受到传统文化与苏联高度计划体制的影响，俄罗斯创新体系的构成元素虽然完备，但其科研部门间缺乏交流与协作，一体化程度不够，这直接导致俄罗斯国家创新体系中条块分割现象严重，整体运行效率不高；同时，一些具备科技潜力的创新主体也缺乏必要的创新激励，创新积极性不高；此外，在俄罗斯国家创新体系的建设过程中政府的主导作用不断加强，这在一定程度上压制了非政府创新机构的活动。② 当然，所有问题中的最大问题就是俄罗斯缺乏作为一个顶级大国应有的人口规模，虽然他们仍然保持着较高的人口科学素养，在高等教育毛入学率的全球排名是第 18 位，远远高于包括我国在内的其他金砖国家，学校的网络接入、专业培训服务也排名第一。③ 但这依然无法弥补形不成规模所带来的"伤害"。以上这些问题都有可能成为俄罗斯国家创新体系健康发展的短板，但也会是其未来改革的主要方向及学者们研究的重点。

自苏联解体以来，俄罗斯一直在探求一条既不同于苏联的计划经济模

---

① 龚惠平：《俄罗斯国家创新体系的新发展》，《全球科技经济瞭望》2006 年第 12 期。
② 富景筠：《俄罗斯科技创新能力与创新绩效评估》，《俄罗斯学刊》2017 年第 5 期。
③ 唐晓玲：《"金砖国家"高等教育竞争力研究——基于巴西、俄罗斯、印度、中国的数据比较》，《现代教育管理》2018 年第 9 期。

式也不同于西方的自由主义模式的"俄罗斯道路",以解决苏联解体后民众思想混乱的问题。然而,摒弃了苏联共产主义政治意识形态的俄罗斯,又不能为西方的所谓自由主义所接纳,就只能在东正教教义中或者传统的俄罗斯民族主义中寻找精神的力量,重构社会的主流文化思想,创建新的主流意识形态。2020 年,俄罗斯宪法修正案进行了全民公投,近八成的选民赞成将"上帝"和传统家庭写进宪法。即:在新宪法当中增加了第67.1 条,该条的第二款规定:"千年的俄罗斯联邦,将牢记那些传递给我们上帝的理念和信仰以及维系国家连续性发展的先辈,并尊崇历史悠久的国家统一。"① 将"上帝"写入宪法,这对一个长期坚持唯物论和辩证法的国家而言,是在开历史的倒车,意味着历史的倒退。然而,无论从历史成因上还是从意识形态建设的形势上,这似乎又是俄罗斯当前的一个必然选择,水到渠成,无可指摘。但是,这对于俄罗斯国家科技意识形态建设的影响却是根本的。因为,科学与上帝之间的矛盾,可能会使国家科技创新体系建设在遵循科学规律还是遵循信仰之间摇摆。国家科技意识形态无法定型有可能会削弱国家科技的竞争力。与俄罗斯的转型发展相类似的还有另一个大国,那就是印度。

二 印度

印度是一个多民族的人口大国,有 16 种官方语言。联合国在 2019 年发布的最新版《世界人口展望》中预计,印度将会在 2027 年前后超越中国成为世界人口第一大国。近代史上,印度曾长期受英国的统治,因此没能在世界第一次和第二次工业革命中抓住机遇,但在第三次工业革命中特别是信息化方面,印度客观上实现了紧跟。因此,印度将自己定位为"一个发展中国家中的发达国家"。印度在农业、原子能、空间科学、电子及海洋开发等许多领域都取得了较好的成绩,在科技体制的建设方面也取得了丰富的经验,国家工业自主开发能力得到应有的提高。② 美国通用电气公司的最高执行官 Jack Welch 也认为:"就印度极好的科学基础来讲,可算得上发达国家。"③ 但是,受制于社会发展的整体水平与工业基础薄弱的

---

① 《俄罗斯联邦宪法 2020 年修改前后对照》,董立新译,孙铭校对,中国政法大学法治政府研究院(http://fzzfyjy.cupl.edu.cn/info/1036/12174.htm),2020 年 9 月 5 日。

② 张凤、何传启:《国家创新系统——第二次现代化的发动机》,高等教育出版社 1999 年版,第 205 页。

③ 转引自〔印度〕拉古纳特·马舍尔卡《印度将成为全球研究与发展基地——机遇与挑战》,《科技政策与发展战略》1996 年第 5 期。

影响，印度的发展极不均衡。

印度自1947年独立后，实行的是计划经济体制，采取的是国家干预和调控的政策。开国总理尼赫鲁带领印度效仿苏联和中国，制定五年计划来干预和调控国家的各项事业发展。国家资助的研究机构是国家科技创新体系的主体，长期培育独立自主的工业技术开发能力。自1951年开始，印度实行三个层次的科技计划管理体制，这三个层次分别是"中长期科技政策—五年科技计划—年度科技计划"。其中，中长期科技政策是宏观层面的地位最高的科技政策，以立法的形式确立下来，用于划定未来10—30年的科技发展的方向，起到了引领和规范印度"五年科技计划"的纲领性作用。中长期科技政策既保证了科技在国家经济社会发展中的地位和作用，又保证了政府在科技政策上的一贯连续性；①五年科技计划则是中观层面的科技政策，配置整体科技资源尤其是财政科技经费给所遴选的重点科技领域，并指导计划期内的年度科技计划；而年度计划则是微观层面的科技政策，分阶段分步骤分领域地实施五年计划的任务。②印度中央政府致力于建造世界级基础设施，所资助的重点力求取得前沿科技的突破。例如超级计算机部门推动建造千兆级计算机项目，以实现进入超级计算机世界前五强国家行列的目标；空间部门计划承担的火星计划以及第二个登月计划。21世纪初，印度提出要"从服务业大国迈向创新型国家"的国家战略。相关指标显示，印度在第三世界国家科技发展中基本上取得了仅次于中国的巨大成绩，推动了国家长期发展。

与俄罗斯类似，印度的经济体制仍然带有计划经济的色彩，印度国家科技创新体系的发展也打上了这种计划经济下政府主导模式的烙印。尽管近年来印度实行改革开放，国家进入了计划经济向市场经济转移的过渡时期，但长期形成的政府主导的科技发展模式与经济发展的体制却不是一朝一夕就能改变的。2014年莫迪上任总理之后，这种改变开始加速。"莫迪新政"是从撤销国家计委、废除五年计划开始，陆续在2014—2016年提出七大国家级科技创新旗舰计划。在撤销国家计委的同时，莫迪政府成立了"印度国家转型委员会"，并将此次改造定位为：不是要再造一个官僚机构，而是要建成一个传播内部知识的平台，建成一个"以央邦关系为轴心"和"以知识与创新为轴心"的"引导印度快

---

① 王健美、封颖：《从"一五"到"十二五"印度科技创新规划体系研究》，《科技管理研究》2018年第20期。
② 王立：《试析印度12个五年计划中的科技计划》，《中国科技资源导刊》2018年第3期。

速变革的智库"。而七大旗舰计划接受总理办公室和印度国家转型委员会的指导和部署。此外，除了科技部专业的科技管理部门之外，印度政府还增设了创新主管机构，分别赋权给了铁道部、电力部、电信部、交通部、ICT部、环境部、可再生能源等相关部委以一定的科技创新职能，通过总理办公室总体协调各部门之间的关系，进一步强化科技管理机构的管理效能。经过十年来的创新推动，印度的国家科技创新体系建设表现出三个方面的进步，即在整体思路上同时强化管理和市场引导需求两条逻辑主线；在具体政策手段上"重长远、去计划、重地方"，以更长远的眼光考虑国家发展方向；在战略规划层面上加强科技创新的前瞻布局，充分利用信息技术的应用。

当前印度政府科技创新的主要思路是"经济发展优先、科技创新助力"①，在科技创新助力经济发展中注重有自身特色的草根创新和逆向创新，以及节俭式创新、低成本创新、包容性创新或拼凑式创新，重点发展数字经济，提出了"数字印度"计划等，取得了一定的成果。

事实上，影响今天印度国家科技创新体系建设与科技意识形态发展的最重要的一个因素是印度教民族主义。印度教民族主义的右翼政治，经历了从"印度教徒民族"到"印度教徒民族国家"的政治主张演进再到"同盟家族"的形成过程，吊诡地在印度实现了20世纪初意大利共产党领导人、左翼社会思想家安东尼奥·葛兰西（Antonio Gramsci）的"堑壕战"社会革命模式，并在社会革命进程中极大地提高了印度的社会组织动员能力。这种印度教民族主义的社会动员能力，既源自对作为其对手的印度左翼的政治实践的模仿，也根植于他们对"社会—国家"关系的独特理解，以及建立在这种独特理解基础之上的政治组织和社会组织之间的独特分工与合作体系。②

此外，影响今天印度国家科技创新体系建设与科技意识形态发展的，还有一个重要的社会因素，那就是印度传统的种姓制度。种姓制度是从古代印度开始影响至今的社会等级制度，对印度社会生活各个方面的影响深远。这种影响正如马克思所评价的那样："种姓制度则是印度进步和强盛

---

① 王健美、封颖：《从"一五"到"十二五"印度科技创新规划体系研究》，《科技管理研究》2018年第20期。
② 任其然、张忞煜、张书剑：《印度右翼"第三条道路"的兴起：印度教民族主义的三个关键词》，载汪晖、王中忱主编《区域》（第8辑），社会科学文献出版社2021年版，第214页。

的基本障碍。"① 印度国大党元老莫提拉尔·尼赫鲁也曾说过："只要种姓制度仍然存在，印度就不能在世界文明国家中占据应有的地位。"② 尽管印度独立已将近 60 年，种姓制虽然在法律上被废除，印度人的身份证明上也见不到任何的种姓标识，但是种姓制度在印度思想文化中仍然根深蒂固，成为印度的文化枷锁，阻碍着印度成为一个真正的创新型国家。直到今天，印度人生活、求学、就业、医疗等方面仍然无一不受到种姓制度的影响。一方面，处于低种姓的印度人能奋发图强的一直都是少数，更多低种姓百姓像他们的祖祖辈辈一样，安于现状，缺乏教育，甚至没有在工厂流水线工作的能力。而另一方面，高种姓的精英由于语言的便利和国内发展空间的限制，外流严重，印度裔人士在世界 500 强企业任高管者很多。印度本土企业在国际上名列前茅者却寥寥无几，原因就是大批印度精英迫于各种压力，纷纷离开印度前往欧美。西方议会制的民主，就像苏联的计划经济一样，解决不了印度的过度分化。而植根于印度教民族主义意识形态的"莫迪新政"，似乎给各界更多期望。

总的来看，虽然与俄罗斯相似，印度在国家科技意识形态构建上，不仅需要完成从苏联模式中转型的重大变革，还需要担负对社会思想意识进行彻底变革的重大历史任务。经过几十年的努力，他们已建构了自己独特的体系，而且在教育方面取得了相当的成就。在金砖国家比较中，其教育成就综合排名第二，单项指标中教师培训的广度、教育系统质量、管理学校的质量、知识产权保护和创新能力排名第一。③ 因此，大多数人认为，21 世纪的俄罗斯仍将是世界多强中的一强，而印度的崛起仍然是一个大概率事件。俄罗斯与印度由于其历史任务的高度相似性，因而其科技意识形态也具有相似性，这里将其归为一类，有助于我们理解共同的时代课题中各自的特殊问题。

第四节　过渡变化类型

当前，还有一些国家的科技意识形态虽在整体上自成体系，但由于早

---

① 《马克思恩格斯选集》第 1 卷，人民出版社 2012 年版，第 860—861 页。
② 〔印度〕S. I. 萨加尔：《印度的印度教文化和种姓制度》，新德里 1975 年版，第 202 页。转引自陈峰君《东亚与印度：亚洲两种现代化模式》，经济科学出版社 2000 年版，第 243 页。
③ 唐晓玲：《"金砖国家"高等教育竞争力研究——基于巴西、俄罗斯、印度、中国的数据比较》，《现代教育管理》2018 年第 9 期。

期的科技创新探索实践出现一定程度的挫折，或者由于强大的外部压力等因素，在相当一段时间里处于一种变化之中，表现出强烈的过渡性的色彩，我们称之为"过渡变化类型"。这一类型包括东欧的波兰、美洲的巴西、亚洲的日本等国，其中最典型的是日本。日本作为科技后发国家，在创建国家科技创新体系方面既结合自身特点，又广纳众长，成效卓著，在很短的时间里即实现了赶超先进的"跨越式"发展。在早期日本的国家技术创新体系建设中，政府起到主要推动作用，虽然大部分大型科技项目是"政府直接干预"下的结果，但保持"产、官、学密切联合"是日本创新模式的特色。[1]

自"明治维新"以来，日本积极学习西方的科学技术以及文化制度，甚至提出"脱亚入欧"的口号，对日本社会展开全盘西化。日本能够在二战前崛起，与其大胆引进和吸收西方先进技术有关。日本在各官营产业中广泛引进、采用西方先进技术设备和生产工艺，大量引进、译介西方科技信息情报资料，聘用外国工程师、技术人员，派遣留学生到欧美学习或直接引进国外投资等，为西方科学技术向亚洲的转移作出了大量译介与传播工作。[2] 二战时，日本将在战争中获得的收益基本用在科技产业化和全民教育方面。很快即在亚洲率先建立起近代产业体系，并拥有了保障科技产业持续发展的人力资本，实现了经济和军事实力互促式发展。二战后，日本经济处于崩溃的边缘，但美国发动的朝鲜战争和越南战争给了日本重振经济的机遇。日本通过引进美国的先进技术并在此基础上展开创新性应用，迅速实现了经济的再次崛起。以至到20世纪80年代达到了崛起的顶峰时，日本企业界喊出了"日本第一"的口号。日本的崛起令世界学者为之反思。1987年，英国著名技术经济学家克里斯托夫·弗里曼（Christopher Freeman）首次系统地提出了"国家创新体系"（National Innovation System，NIS）这一概念，承认国家力量在推动本国科研创新和技术进步的过程中起到十分关键的作用。日本的再次崛起也再一次证明：对于一个已经完成国民基本素质提升、国家科技创新体系建设和国家科技意识形态动员的国家而言，即使面对国家战争失败的打击，仍然有实现快速恢复的可能。

然而，自著名的"广场协议"后，由于货币与金融政策都被迫或主动

---

[1] 涂成林：《自主创新的制度安排》，中央编译出版社2010年版，第12页。
[2] 王昌林、姜江、盛朝讯、韩祺：《大国崛起与科技创新——英国、德国、美国和日本的经验与启示》，《全球化》2015年第9期。

进行了重大的调整，使得日本的国家科技创新体系的建设思路和运作方式都出现了根本性变化。1995 年日本颁布《科学技术基本法》，将"科学技术创造立国"作为基本国策。由此进入从以往偏重引进和消化国外技术转向注重加强自身基础理论研究和关键技术开发、用自己原创的科学技术及其创新来推动自身持续发展的新阶段。为贯彻落实这个原则，日本从 1996 年起，连续制定了 3 个为期 5 年的"科学技术基本计划"，形成了一整套贯彻其《科学技术基本法》的原创思路和原则的科技创新体系与机制。①这一变化，对于日本而言，是具有战略意义的根本性的变化之一。其中，第一个根本性的变化即是改变了以往的"西化"道路。以往日本在"全盘西化"的既定思维模式下，企业即使在发展过程中强调创新，也大多是注重一些"改良型研发"以及工艺的优化，即所谓的"IE"工业工程。而在"科学技术基本计划"实施以后，日本政府将科技创新的重点放到高校与科研机构，培育自己的基础创新实力。第二个根本性的变化即是不再强调政府的主导作用。大学和政府面向市场，根据企业需求开展研究开发和技术创新。在国家科技创新体系中，企业作为出资主体，提供了日本全部 R&D 经费的 60% 以上。其中，向非营利科研机构提供了 67% 的经费以及为大学提供了 51% 的科研经费支出。② 国家科技创新体系因为这两个根本性改变而实现转型。

安倍内阁上台后，虽然先后推出 2013 年《日本再兴战略》和《科学技术创新综合战略 2014》这两个重大的科学技术创新战略，提出基于"智能化""系统化""全球化"三个视角，按照"基础研究、应用研究、实用化和产业化"的路径来开展科技创新。由于缺乏政府的强力组织与协调，日本企业虽然在不少细分领域获得了较高质量的增长，但日本经济整体的"再兴"还有待时日。特别是在百年一遇的信息技术革命即第三次工业革命中失去了主导权，才真正是日本在"失去的三十年"里最大的"失去"。这种"失去"的背后，是"脱亚入欧"的日本在成为世界眼中的"西方先进科技国家"的时候，再次受到以美国为首的西方传统列强的沉重打击，其立国的社会意识、文化精神和思想战略受到重挫之后的必然反映。

总体来看，以"广场协议"为分水岭，日本的科技创新体系表现为两种取向。此前以政府为主导，此后却主要由企业来承担。现在的日本，能

---

① 黄海霞：《发达国家创新体系比较》，《科学与管理》2014 年第 4 期。
② 黄海霞：《发达国家创新体系比较》，《科学与管理》2014 年第 4 期。

长期从事这种创新活动的只能是规模较大的企业。① 这虽然有利于支持渐进式的技术创新,但对革命性的科技创新却经常反应不及时。这主要是因为:大企业要维持自己既有科技成果所支持的相对稳定的主营业务,因此会竭尽全力地维持自己的技术优势。这也是为什么日本在当前的第四次工业革命——数字化革命面前,日趋落后不前的根本原因。

在欧美、中国活力四射的小微创企业,在日本却很少。小的企业,多是所谓家族传统企业,追求的是"日本式的工匠精神"。看似追求极致,实则仍在"吃老本"。缺乏"创业精神",是日本科技意识形态中最大的问题,其中有社会制度的问题,有文化传统的问题,也有人口老龄化的原因。日本作为一个人口老龄化严重的社会,最可怕的不是人老了,而是"心老了"。在美国合益咨询公司对全球13个国家市场的调查中,日本年轻人的创业热情是最低的。

在20世纪90年代,苏联和日本都是一场新的世界大战——全球经济大战的失败者,它们的失败固然原因各不相同。但共同的一点就是不能有效清除各自国家科技创新体系中的弊端。深入研究它们的经验教训,对于推进我国创新体系和科技意识形态的建设,有着重要的借鉴作用。

第五节　区域特色类型

除了前述一些主要的科技意识形态类型,当今世界还存在不少仍然处于发展形成中的科技意识形态类型。虽然,当今世界科技创新的思想普遍为人们所认识,但是,一个不得不接受的现实是,工业化是少数国家才能跨越的高门槛,而在工业化基础之上结合自身的国情形成一个先进的独特的科技意识形态则是比工业化更困难的事。许多国家虽已经跨过了工业化的基本门槛,具备了一定的科技创新引领经济社会发展的能力,如土耳其、马来西亚、伊朗、朝鲜、南非等国家,但由于受宗教意识形态或传统政治意识形态的影响太强,或者自身体量太小,还未形成独具特色的科技意识形态,没有完全实现科技创新驱动经济和社会发展的变革。但是,由于能够坚持正确的科技观念,大力发展本国的科技教育,并努力进行一些必需的本土文化与社会意识创新,因此,一些国家已经形成了一定的科技创新引领经济社会发展的雏形,并有可能经过相当时间发展和外部环境改

---

① 金芳:《国家创新体系的模式比较及其借鉴》,《毛泽东邓小平理论研究》2006年第9期。

变之后，在世界范围内获得应有的地位。在这些国家中，一个比较典型的例子就是土耳其。

土耳其共和国人口8200万，国土面积大约78万平方公里，是横跨欧亚大陆的国家，地理位置大部分属于西亚地域，民众也主要信奉伊斯兰教。但从国家属性来说，土耳其却又是一个地道的欧洲国家。土耳其源自奥斯曼帝国，自1299年建国以后，就迅速在小亚细亚崛起，更在1453年消灭拜占庭帝国，将其国都君士坦丁堡改为伊斯坦布尔，且以东罗马帝国的继承人自居。该国极盛时疆域跨亚欧非三大洲，面积超450万平方公里和人口数量高达1400万，掌控东西方文明的陆上交通线达六个世纪之久，迫使需要香料的西欧向西寻找新航线前往印度，开辟了大航海时代。但当世界进入工业时代以后，封闭保守的奥斯曼帝国没有跟上时代的步伐。在西欧国家崛起的同时，奥斯曼帝国即开始衰落。在第一次世界大战时加入同盟国阵营，在战败后，原奥斯曼帝国被获胜的协约国肢解分裂为26个国家。剩下唯一的主体就是如今的土耳其。

幸运的是，土耳其出了一个领袖凯末尔。他领导了一场全国范围内的改革运动，终于将土耳其从落后的封建和宗教的束缚中解放出来，创建了共和国。1937年凯末尔主义被纳入宪法，世俗的凯末尔主义被确立为官方意识形态和国家现代化发展的指导思想。凯末尔主义坚持资产阶级共和国的国体，反对封建君主专制，并将国家政治生活和社会生活与宗教相分离，摆脱伊斯兰神权势力对国家发展的束缚。[①] 为防止国内军阀武装力量掌握政权后因循守旧，凯末尔高举改革的大旗，主张创新，在政治和社会生活中保持改革开放的态度。经过多年改革，土耳其快速发展，基本实现了初步的工业化，如今已经拥有较为完整的工业体系，在经济方面位居中东第一，城市化率也已经接近发达国家水平。

现代土耳其坚持国家市场经济，坚持独立自主和政府直接干预并重，发挥重要经济以及工业部门的作用使之成为振兴国民经济的主要力量，同时积极扶持民营经济。土耳其制定科技政策的最高机构是始建于1983年的最高科技理事会。该机构由土耳其总统担任主席，由各部部长以及政府、大学和NGO的高层代表担任理事会成员。此外，为国家科技创新提供公共资金的还包括财政部、外贸部、贸工部、高等教育委员会等国家机构，以及直属于总统的土耳其国家科学院。土耳其国家科学院的主要职能

---

① 刘义：《伊斯兰教、民族国家及世俗主义——土耳其的意识形态与政治文化》，《世界宗教文化》2015年第1期。

是开展科研领域的合作和科研实践活动。①除国家科学院外,土耳其大约有90个公共科研机构。

土耳其的国家科技创新体系建设强调体系内不同主体(机构)的不同价值,亦发挥其各自的作用。整个体系除了政府掌握的国家科技创新力量外,还包括有充满活力的私有部门,以及活跃在这些私有部门和公共部门之间起着协调作用的半官方和非政府组织,当然,还有那些传播知识和企业家精神的机构。为了让这些主体发挥其应有的作用和价值,土耳其专门设置了制定规范的机构,包括竞争管理局、电信管理局和电子市场管理局等。土耳其的科研机构大多并未直接与企业建立积极的科研合作关系,目前只有十来个研究中心面向企业承担了研发活动。闻名的企业研发中心和研究中介机构主要有 MRC 研究中心、TUBITAK 研发中心、公共研究机构、大学—企业联合研究中心、技术发展中心(TEKMERs)和科技园等组成。MRC 是土耳其最大的也是最活跃的研究中心,它同时拥有一个高新技术孵化器和科技园。TUBITAK 下设 5 个研究中心,侧重于从事电子和信息技术、国防、密码、农业科技和基因技术方面的研究。私营企业是土耳其国家科技创新体系中的重要组成部分。这些创新各司其职,成为国家创新体系中不可或缺的主体,同时也存在一些问题。这些问题主要体现为:一是各个机构之间缺乏有效的沟通和交流,在大学、公司和研究中心之间缺乏有效的机制保证人力资源和知识的流动和交换;二是从政府机构向创新组织的政策流动不通畅,从政府到私人部门的资金流动不充分;三是土耳其的科技创新体系缺少量化的目标和具体操作性措施,因此整体效率有待提高。②

当然,总体来讲,土耳其的国家科技创新体系近些年来取得的成绩在中东来说还是很不错的,不仅能为民用工业品的生产提供科技创新支持,而且还拥有较强的军事装备研发和生产能力。这两年在中东等热点地区闻名遐迩的"TB-2"无人机可算是一个代表性成果。该款无人机自 2020 年阿—亚冲突开始已成为其军火出口的明星,影响了中东等地区的武装冲突战况。

但是,由于自身国家和社会发展模式尚未定型,土耳其无论是国家科技创新体系建设还是国家科技意识形态发展,受到执政的政党变化影响很

---

① 马缨:《土耳其科技创新体系》,《全球科技经济瞭望》2006 年第 5 期。
② 邓婉君、高懿、张换兆:《土耳其创新规划要点与启示》,《中国科学技术发展研究院调研报告》2012 年第 19 期。

大。21世纪以来，现总统埃尔多安领导着他那带有浓厚伊斯兰主义色彩的正义与发展党成了长期执政党，在保持世俗化的同时，强调自身的传统文化、宗教和历史的价值，提倡宗教在政治生活中的重要作用，并把宗教组织作为自己的政治基础，在承认世俗主义根基的基础上既强调西方的民主价值理念，缓和了凯末尔主义政治世俗化下激进的社会政策和发展观念，试图在宗教社会和世俗国家的两股思潮下实现一种对立又协调的合法性建构，这也导致其意识形态的混合性、实用性和功利性较强，理论和实践上缺乏一致性，令其国家战略政策摇摆不定，而这个不定性表现在国家科技意识形态方面，就是极不成熟，极为混乱。

近年来，土耳其大力推行经济自由化，在放松经济管制的同时加强对社会的管控，使得社会更趋稳定。出台多元包容的文化政策。大力发展教育，社会的高等教育毛入学率非常高，为国家的可持续发展提供了人才支撑。① 特殊的地理位置和历史沿革也使得土耳其自认为完全有资格、有能力、有条件恢复曾经的奥斯曼帝国。但是，时代在变，社会在发展进步，当世界由地缘时代进入科技创新时代时，如果土耳其不能适时跟进，完全有可能重蹈昔日奥斯曼帝国之覆辙。但如果能率先实现伊斯兰社会的科技创新意识形态重构，即使不能完全恢复奥斯曼帝国之荣光，成为一个具有重要影响力的区域性强国还是可以期待的。

总结　科技意识形态是科技促进经济社会发展的核心动力

综上，就目前的国际格局而言，几大类型的国家或国家联盟的政治意识形态在相当长的一段时间将保持相对稳定，不太可能出现类似苏联解体那样的崩溃局面。而政治意识形态的相对稳定，又为科技意识形态的强力竞争提供了一个有利条件和基本保证。

历史上的大国崛起，根源都在于科技变革推动经济与社会发展，表现在这些国家的社会制度（包括企业制度、知识产权制度、教育制度、反垄断制度、投融资制度等）是否促进科技蓬勃发展，以及能否在全社会形成

---

① 《土耳其国家创新竞争力评价分析报告》，皮书数据库（https://www.pishu.com.cn/skwx_ps/multimedia/ImageDetail? SiteID = 14&ID = 9550359&ContentType = MultimediaImageContent-Type）。

尊重科学、尊重知识、尊重人才、崇尚成功、宽容失败的文化氛围。正如有学者所指出的那样，如果没有宪法和专利法的保障，美国就很难出现作为发明家的爱迪生。同样，如果没有风险投资，没有纳斯达克，没有国际化的科技产品市场，像微软、英特尔等这样的企业也都是无法发展起来的。

因此，推进科技创新，根本在于能否在一定的科技人口规模基础上，建立有利于充分激励科技创新的制度环境和社会文化，亦即能否拥有一个适合本国国情的科技意识形态及其话语体系。促进科技创新活动的制度化和文化化，是构筑大国崛起的根本意识形态保证。意识形态是社会的核心动力，科技意识形态更是促进科技引领社会发展的意识形态的核心力量，每个国家都应高度重视。一个国家只有建立一套符合本国国情的科技创新体系，构建有自身历史文化传统和现代科技创新理念的科技意识形态，才能动员本国科学界、企业界以及普通民众的有生力量，为实现经济与社会的创新驱动发展打下坚实的基础，参与国际社会新时代的新形式竞争。

第五章　自主创新：中国特色科技意识形态的核心话语

漫长的人类历史其实可以看作是一部科技促进经济社会发展史。近代以来的中华民族文明复兴史就是一个寻求文化立国与科技强国的百年奋斗史。自鸦片战争以后，中国就开始了"师夷之长技"，但洋务运动的失败，让中国认识到西方国家的技术优势不仅仅是器物层面的，还包括观念层面和制度层面的。从科技创新的视阈来看，中国近现代以来的革命与建设，可以看作一个国家科技创新体系逐渐形成并取得初步成果的过程，是一个新的科技意识形态形成并因而促进文明复兴的过程，其中的核心话语就是"自主创新"。

第一节　自主创新意识的历史生成

中国传统小农经济的局限性，决定了旧中国文化中的科技价值取向必然是"重道轻器"的。"重道轻器"的社会意识，没有将科技发明积极主动地应用到经济社会发展之中，让中国在近代工业化的过程中付出了"落后挨打"的沉痛代价。为此，中国共产党人在马克思主义指导下痛定思痛，在大力传播科学社会主义思想的过程中，将传统的科技观念演变为社会主义的科技观以及科技强国理念。这种思想形成于国家危难之际，是对俄国十月革命成功及其后的发展模式进行积极反思的结果。1937年毛泽东在《实践论》中提出了"三大社会实践"论，即社会实践包括物质生产过程、阶级斗争过程和科学实践过程，可以说是对相关思想进行了中国文化话语条件下的新总结。在边区自然科学研究会成立大会上的讲话中毛泽东指出"自然科学是人们争取自由的一种武装"。使我国稳步地由农业国转变为工业国，是在1949年新中国成立之初就被确定的历史任务。从此，中国开启了七十多年的国家科技创新体系和中国特色科技意识形态创建之路。

一 中国国家科技创新体系奠基起步阶段

1949年新中国成立后,新的科技观上升为国家意志,中国共产党的工作重心从农村革命转移到城市建设,中国的国家科技创新体系进入了奠基阶段。这一阶段一直延续到1977年。这一期间,中国科技创新的最初使命就是要解决当时的中国从农业国向工业国过渡的发展问题,提供基本的科技创新所依赖的产业基础设施。1957年,在苏联援助的156个重大项目基础上,中国加强了重工业的发展,逐渐形成了中国工业化发展的基础科技力量。这156个大项目可称为最大规模的一次国际技术转移,是中国建成完整的独立工业体系的主要奠基石。① 基于这些成果,结合原有的本土技术积累,特别是量少质高且不断快速扩大的人力资源(以钱学森等为代表的掌握世界先进科学技术的科学工作者),中国开启了工业化进程。在这一过程中,"技术革命"和"技术革新"等话语作为当时的科技意识形态,具有极高的话语权。毛泽东提出"现在要来一个技术革命,要把党的工作重点放在技术革命上来"这一思想,还明确指出:"我们进入了这样一个时期,就是我们现在所从事的、所思考的、所钻研的,是钻社会主义工业化,钻社会主义改造,钻现代化的国防,并且开始要钻原子能这样的历史的新时期"②,极大地鼓舞了人们投身到科技研发中去的热情。

奠基阶段的目标主要是构建新的工业体系,并对落后的农业进行现代化改造。在"一五"(1953—1957年)期间相关任务执行得很好,中国的技术水平取得了巨大进步。但在"二五"(1958—1964年)期间,苏联的技术与经济援助突然终止,中国转向依靠国家自己的科技创新力量为工业化提供持续的发展动力。③ 早在1958年6月,毛泽东就在对第二个五年计划指标作的批示中指出:"自力更生为主,争取外援为辅,破除迷信,独立自主地干工业、干农业、干技术革命和文化革命"④。自力更生、独立自主,就是要走一条不再完全依赖西方国家和苏联的技术创新的新路径。1960年苏联终止技术援助之后,"自力更生"和"独立自主"的意识形态价值得到了充分的激发。中国共产党领导下的新中国科技创新,就不是简单的科学技术的发展问题,而是将"技术革命"看作新时期的主要任务,

---

① 赵学军:《"156项"建设项目对中国工业化的历史贡献》,《中国经济史研究》2021年第4期。
② 《毛泽东文集》第6卷,人民出版社1999年版,第395页。
③ 李三虎:《论马克思主义中国化的科技创新话语变迁》,《岭南学刊》2011年第5期。
④ 《毛泽东文集》第7卷,人民出版社1999年版,第380页。

强调必须是由"技术革命"来引领经济和社会发展。

虽然当时的自力更生、独立自主的口号源于西方的技术封锁和苏联对中国援助的终止，中国的应对属于"被动型的自主创新"[①]；但是，在这一时期，中国对科技革命的认识是到位的，甚至是超前的。譬如，中国不仅很快建立了各类科研机构，制定了国家科技发展计划，由此逐步确立了国家创新体系的早期框架。基于对技术封锁的切肤之痛，中国的科学家和技术人员自主研发与创新的意识很强，陆续取得了一系列重量级的科研成果。例如20世纪60年代初期，中国石油和化肥生产所需的大部分工厂设备均实现国产；"两弹一星"的研制成功，为现代中国的国际地位奠定了坚实的力量基础；还有牛胰岛素成功合成、分子筛开发成功等一些顶级的前沿科学成果，知识分子地位的解决，科技人员数量的大幅增加，等等，这些科技的发展为此后中国的高新技术产业的发展打下了坚实的科技基础和科技意识的基础。

当时的国家创新模式主要是以计划经济下的"政府主导型"为主，即政府直接控制的方式，相应的组织系统按照功能和行政隶属关系严格分工。当时，比较突出的科技意识形态话语还有"红与专"。毛泽东曾指出："我们是农业国，工业化要很长时间，要半个世纪。革命成功是一个条件，但是还有一个条件，这就是技术革命。"[②] 与此同时，还开创性提出要在党的中央委员会中出现更多的科学家："中央委员会中应该有许多工程师，许多科学家。现在的中央委员会，我看还是一个政治中央委员会，还不是一个科学中央委员会。"[③] 在新中国的科技意识形态构建过程中，"红与专"的平衡或结合非常重要。掌握得好，就会促进科技的快速发展和应用；掌握得不好，就会影响科技发展的速度。如果将"专"与"红"对立起来，或者是完全偏向于"红"，就使得技术创新完全被置于政治意识形态话语中，反受到政治运动的影响。更重要的是，科技研发的动机基本来源于政府统一计划管理的国家经济发展和国防安全需要，我国的科技发展仍然没有摆脱苏联高度集权模式的影响，没有很好地实现将本土化的技术创新全面融入经济社会发展之中，出现了所谓的"科技"与"经济"两张皮的问题。此问题将在中国科技创新体系建设的第二阶段即发展成长阶段得到关注和解决。

[①] 许善达：《改革开放四十年，我国科技开放创新与自主创新的经验》，《经济导刊》2019年第5期。

[②] 逄先知：《毛泽东关于建设社会主义的一些思路和构想》，《党的文献》2009年第6期。

[③] 《毛泽东文集》第7卷，人民出版社1999年版，第102页。

二 中国国家科技创新体系建设发展成长阶段

1978年至1998年,被认为是中国国家科技创新体系建设的第二阶段,即发展成长阶段,也可以认为是中国特色科技意识形态快速形成的阶段。这一阶段的主要任务是在现代科技发展和改革开放条件下,开展对国家创新系统的发展模式和创新政策的全面探索,并出台了一系列科技体制改革的政策和措施。

1978年党的十一届三中全会恢复了"农业、工业、科学技术和国防的四个现代化"的目标,开启了改革开放的时代。邓小平基于对传统计划体制改革和现代技术创新新形势的深刻思考,于1986年在视察天津时作出了新诊断,即"改革,现代化科学技术,加上我们讲政治,威力就大多了"①,这就是所谓"改革+现代化科学技术+讲政治=社会主义优越性的威力"②。

改革的基本内容就是基于社会主义初级阶段的基本国情,促进国民经济从计划经济向社会主义市场经济转变。当然,具体的方式和措施,就是"摸着石头过河"。在这种转变中,我国高度计划的科技工作体系逐步实现向国家科技创新体系转变,一切有利于科技创新的因素,诸如市场、价格、资本、证券、产业布局和社会保障等,都作为社会主义的市场经济手段被加以利用。突破计划经济的思想束缚,推动以市场为取向的经济改革,极大地激发和推动了中国的科技创新。邓小平在会见捷克斯洛伐克总统胡萨克时提出"科学技术是第一生产力"③的重大命题,推进了科技创新理论和马克思主义相结合并中国化的新进程。"科学技术是第一生产力"的论断堪称此阶段的科技意识形态建设之最大成就,它不仅引起传统的生产力认识出现变化,更重要的是引起了整个社会的生产体制、经济体制和科技体制等的深刻变化。

邓小平直面当时中国科技同国际水平之间存在的巨大差距,提出了面向世界面向未来的开放创新的思想:"引进国际上的先进技术、先进装备,作为我们发展的起点",以便"发展得多一点、好一点、快一点、省一点"④。在1983年,他就提出要利用中国的大市场,来跟世界上其他国家

---

① 《邓小平文选》第3卷,人民出版社1993年版,第166页。
② 王兆铮:《改革+现代化科学技术+讲政治=社会主义优越性的威力》,《长江论坛》1998年第5期。
③ 《邓小平文选》第3卷,人民出版社1993年版,第274页。
④ 《邓小平文选》第2卷,人民出版社1994年版,第133页。

搞合作，指出："独立自主不是闭关自守，自力更生不是盲目排外……任何一个民族、一个国家，都需要学习别的民族、别的国家的长处，学习人家的先进科学技术。"① 由此，开放创新的思想与政策都具备了思想来源和方法。最终，在1992年的南方谈话中，邓小平明确指出："社会主义的本质，是解放生产力，发展生产力，消灭剥削，消除两极分化，最终达到共同富裕。"② 这一论断对在这一阶段我国通过改革开放所构建的科技创新作了完整的意识形态阐述。

在这一时期，政府主导的创新模式仍然是主流，设立国家科技计划，科技创新仍以国有科研机构或国企承担国家科技计划项目为主要形式。但与以往相比，科技意识形态开始发挥引导作用，在国家科技计划中引入竞争机制，使民营企业可以参与其中。中国改革开放，积极引进国外科技创新成果，加速了我们的创新进程。建设国家级高新技术园区，推动科研机构开始进入市场，使经济建设的活力不断增强，科研成果的产业化进程进一步加快。最重要的是，市场竞争确立了企业对科技创新的需求，科技计划体制机制也在改革范围之内，相应拨款制度的改革以及技术市场的建设，都在加速我国国家创新体系的发展。这一阶段，建设国家级高新技术园区是最有改革特色的重大战略举措。高新区的建设，不仅加速了引进国外的高新技术产业和开展合作的进程，最重要的是确立了市场经济的目标，突出了企业的技术创新主体地位。

在此阶段，改革开放加大了技术引进的力度，中国开始转向以开放引进型为主的创新模式，但自力更生和独立自主的基本要素仍然是支撑科技创新的观念力量。这样的科技意识形态，既包含对科学技术作为人类文明成果的历史路径依赖，同时又以此为基础初步形成了强调科学技术自治的制度方向。

三 中国国家科技创新体系初步建成阶段

从1998年起至2016年，国家科技创新体系进入了初步建成的阶段。之所以将这一阶段的起点设定在1998年，是因为在1997年12月，中国科学院向中央提交了《迎接知识经济时代，建设国家创新体系》的报告。该报告提出了建设面向知识经济时代的国家创新体系。报告受到了江泽民同志的高度重视，并作出重要批示，强调"知识经济、创新意识对于我们21

---

① 《邓小平文选》第2卷，人民出版社1994年版，第91页。
② 《邓小平文选》第3卷，人民出版社1993年版，第373页。

世纪的发展至关重要",要求中国科学院"先走一步,真正搞出我们自己的创新体系"。① 报告推动中国确定了全面建设国家科技创新体系的方案。同年,INTERNET 国际互联网进入了中国,随着它的快速应用性发展,人类社会进入了知识经济和第三次全球化的时代。

　　自改革开放之后,中国就开始转向开放引进型创新,学习和引进世界的先进科学技术,并从全球化的经济浪潮中获得科技创新的资源。但是,这并不意味着中国会采用一种与其他发展中国家相同的全球化交往模式与自由主义的意识形态。美国的斯蒂芬·哈尔珀在其提出"北京共识"时指出:"北京共识实际上是树立了一个有别于西方的典范。"② 再加上改革开放实践中日益增多的不平衡现象,逐渐让中国社会形成共同认识,即不可能长期依靠技术引进来支撑经济的快速增长。尤其是在亚洲金融危机和加入世贸组织之后,中国更是接收到了来自国际科技创新的竞争压力。进入 21 世纪以后,胡锦涛强调"以人为本"的科学发展观,并把科技创新、和谐与可持续看作经济与社会发展之基本要求。在意识形态意义上,科学发展观就是要以"科技创造导向"替代"宏观 GDP 增长崇拜",就是要求通过强化国家的自主创新能力来提升综合经济社会的协调持续发展水平。科学发展观体现的是一种科学的、理性的发展追求,是解决中国自主创新发展的科学战略,也是对中国科技意识形态的再一次总结凝炼。

　　在这一阶段,"自主创新"话语被明确地作为中国科技创新的理念。由此,我们已经完全取得了由被迫封闭型创新、开放引进型创新进而发展出自主创新的科技发展理念的进步。体现国家意志的自主创新战略思想,不仅是时代发展的需要,也是中国近代以来技术强国理念的接续和强化。这一理念表明,中国一直保持着核心文化的自信,并不断地致力于学习和吸纳世界一切优秀文明成果,却始终没有照搬照抄放弃自己的探索。"作为一个发展中的大国,中国应该有自己的战略技术创新体系,以及独特的战略技术和战略产业选择,为中国经济长期增长建立技术基础,这对于我国经济长期持续发展至关重要。"③ 体现国家意志的自主创新战略是在参照中国辉煌的历史成就,把握一切发达国家发展的基本经验,遵照科技发展的基本规律之后提出的、体现中国的国家意志的、拥有

---

① 陈立等编著:《中国国家战略问题报告》,中国社会科学出版社 2002 年版,第 153 页。
② 〔美〕斯蒂芬·哈尔珀:《北京共识》,王鑫、李俊等译,香港:中港传媒出版社有限公司 2011 年版,见"作者简介"。
③ 胥和平:《强化战略技术及产业发展中的国家意志》,《中国社会科学院院报》2003 年 3 月 6 日第 2 版。

适合自己国家风格或特色的发展理论，是超越以往的一种新型科技意识形态。①

江泽民在 1995 年 5 月召开的全国科学技术大会上指出："创新是一个民族进步的灵魂，是一个国家兴旺发达的不竭动力。如果自主创新能力上不去，一味靠技术引进，就永远难以摆脱技术落后的局面。一个没有创新能力的民族，难以屹立于世界先进民族之林。作为一个独立自主的社会主义大国，我们必须在科技方面掌握自己的命运。"② 在此，自主创新最终成为中国科技创新强国理念的意识形态完整表达。而当 2006 年，胡锦涛在当年的全国科技大会上，把建设"创新型国家"作为国家发展战略目标提出时，自主创新的中国科技意识形态话语体系就完全建构起来了。2015 年 9 月，中央发布了《深化科技体制改革实施方案》，重点就打通科技创新与经济社会发展的连接通道，以最大限度地激发国家科技创新体系的巨大潜能作出了部署。2016 年，中共中央、国务院发布的《国家创新驱动发展战略纲要》，完成了国家科技创新体系建设所需要的全部顶层设计和系统谋划，科技创新被确定为引领经济社会发展的第一动力。

四 "大众创业、万众创新"是中国国家科技创新体系发展成长期的具体话语

2015 年 5 月国务院印发《关于进一步做好新形势下就业创业工作的意见》，提出"以创业创新带动就业，催生经济社会发展新动力，为促进民生改善、经济结构调整和社会和谐稳定提供新动能"。"大众创业、万众创新"，简称"双创"，成为这一时期我国科技意识形态的核心话语。为此，我国在其后的数年里，迎来了一次不同于从前的改革开放以来的第三次创业浪潮。这一时期的科技意识形态"双创"话语具有特殊的重要性和时代价值。

第一，"大众创业、万众创新"满足了中国科技意识形态中对科技从业者精神的时代要求。

创新创业，特别是围绕科技研发而开展的创新创业，是实现科技创新引领经济社会发展的最直接行动方式。然而，究竟应由哪些人来完成这种创新创业？在这个过程中，政府应该如何引导？这些是我们在推进科技创新体系建设中最经常碰到的问题。实际上，人类社会发展史就是一部"大

---

① 王元、梅永红、胥和平：《强化战略技术及产业发展中的国家意志》，《航天工业管理》2003 年第 2 期。
② 《十六大报告辅导读本》，人民出版社 2002 年版，第 110 页。

众创业、万众创新"的历史。比如，蒸汽机号称是瓦特的发明，事实上许多重大技术都是由同时代的众多技工发明的，瓦特只是将当时各方面创新成果集成之后形成了新型的蒸汽机产品。而今天的中国，以华为等为代表的一批高技术企业，许多都是从"草根创业"开始白手起家，是大众创业的代表。推动"大众创业、万众创新"，就是坚持以人为本推进科技创新。

"大众创业、万众创新"将"为谁创新"与"由谁创新"这两个问题的回答合二为一，充分调动和激发人的创业创新基因，是一个国家、一个社会中科技从业者精神内容和面貌的具体体现，也为中国科技从业者提出了新的历史要求。

第二，"大众创业、万众创新"深刻反映了新时代中国科技意识形态之科技社会发展认知。

创新和创业是两个紧密联系又有所区别的概念。[①] 科技创新被认为是赋予创新资源以新的创造财富能力的行动，它带动经济社会整体发展。而创业是指一个人或团队发现和捕捉市场机会，或是新的技术成果，或是人们的新的需求，以此创造出新的产品或服务的过程，其间主要的标志和特征是创建新的企业或新的组织。创新是创业的基础和灵魂，而创业在本质上就是创新的活动与组织，这两种行为的互动互补和共促，推动形成了科技创新的具体机制。

"大众创业、万众创新"的提出把科技、创新、创业、企业等经济社会发展的关键要素紧密结合在一起，突出了人的就业、从业、创业，以实现个人发展和社会发展的深度融合，体现了创业、创新、科技、人和企业"五位一体"的创新发展总要求，构造了经济增长和社会发展的新型引擎机制，从而解决了真正"怎样创新""怎样才能实现可持续的创新"的关键问题，充分体现了当今中国科技创新发展意识的核心内容。

第三，"大众创业、万众创新"充分体现了中国科技意识形态中的科技合理性共识。

实施创新驱动发展战略，就是要"坚持把科技创新摆在国家发展全局的核心位置，既发挥好科技创新的引领作用和科技人员的骨干中坚作用，又最大限度地激发群众的无穷智慧和力量，形成'大众创业、万众创新'的新局面"[②]。宏大的社会叙事，都是由微观的个人或团队成长来实现的。

[①] 王昌林：《大众创业万众创新的理论和现实意义》，《经济日报》2015年12月31日第15版。
[②] 李克强：《科技创新要在"顶天立地"上下功夫》，人民网（http://politics.people.com.cn/n/2015/0728/c1001-27375360.html），2015年7月28日。

事实上，历史上许多重大的技术和发明都是由那些小微企业完成的，无论是20世纪的爱迪生实验室，还是从"车库"里走出来的科技巨头。这些个人或小团队的创业，带动形成新的业态，从而提升经济发展。

"大众创业、万众创新"把科技与人民群众的创造力在更大范围、更深程度、更高层次上整合起来，充分发挥人民群众的主动性，使科技创新为人民，人民从事科技创新。我们既要努力突破核心关键技术，勇攀"顶天"的科技高峰，又要通过大众创业，将科技成果"立地"转化为现实生产力。"科技人员是科技创新的核心要素，是创造社会财富不可替代的重要力量。"① 集科技研究与商业经营于一身的科技创新创业者，更是经济社会发展的关键力量。我们要大力推进大企业特别是国有大企业的创业创新，有必要采用内部企业模式或二次创业模式，通过自身的内部或内外结合的方式再创业，来培育、孵化出更多小企业，为科技创新形成新的机会与机遇。把企业员工变成创业者和合伙人，而不再是原来的雇员和执行者，不仅在宏观社会制度层面，也在微观具体的管理机制中，让员工真正成为"主人翁"。面向新时代新的经济社会发展需求，我们有必要深刻地体会几代人精心构建的科技意识形态话语体系中的要义，领会其中"人民"的核心、科技创新的"顶天立地"、"大众创业、万众创新"的精髓，营造科技创新蔚然成风的社会环境和文化氛围。让每一个人都充满梦想并愿意为之努力，为整个社会的创新发展注入新的动力，让科技创新引领经济社会发展成为科技意识形态之科技合理性共识。

第二节　自主创新意识的历史作用

作为国家科技意识形态的核心话语，"自主创新"是推动科技创新并引领经济与社会向更高质量发展的核心驱动力。中国长期以来所坚持的"独立自主、自力更生"的创新之路无疑是成功之路，它体现了中国人民自强不息的民族品格，让中国人民找回民族文化自信。自主创新的核心思想精髓就是要防止被一些外部的行为和意识所干扰、代替，所以，我们要在中国自主创新的历史生成过程中形成自己的科技意识形态，独立自主地解决发展中的问题，完成中国式现代化的历史任务。

---

① 李克强：《科技创新要在"顶天立地"上下功夫》，人民网（http://politics.people.com.cn/n/2015/0728/c1001-27375360.html），2015年7月28日。

第五章　自主创新：中国特色科技意识形态的核心话语

一　自主创新的核心是推动科技创新引领经济社会发展

中国的国家科技创新体系建设，特别强调科技创新引领经济社会发展的驱动作用，而强调自主创新的科技意识形态除了强调科技创新的国家意志外，其核心要求就是实现意识形态协调作用，使得国家的科技创新能够为中国经济和社会的发展产生最大的收益。

我们分析近几十年来世界各国国家科技创新体系建设实践，从中可以获得一些科技意识形态指导国家科技创新体系建设推动经济社会发展的基本经验与结论。[①]

第一，国家科技创新体系是一种生态化的组织体系，因而首先需要强有力的组织机制体制。在同样投入的条件下，高度意识形态化的组织机制体制具有更强的效率和竞争力。这种组织机制体制首先作用于投入资金在企业、大学和科研机构之间以及其他研究开发资源的配置环节，对研究开发体系中上游、中游、下游之间的资源配置，起着决定性的作用。在本书的前述章节，我们已经讨论过世界各大强国科技意识形态建设的几种模式，实际上都是需要强有力的组织机制体制保障的。

第二，国家科技创新体系建设需要持续的高强度投入和维护这种高强度投入的循环机制，也就是需要构建支撑这种长期高强度投入的社会意识和个体意识才能达成这种投入的效率要求。构建国家创新体系需要投入大量的经费和人力，但问题不仅在于投入总量的多少，更在于投入的强度。只有提高投入强度，即按人头的高水平投入，才能提高产出率。而维持这种持续的高强度投入，又需要满足两个前提条件：一是在面对技术路线选择时，需要特别小心谨慎。一旦点错"科技树"，再想找回来，可就很难了。二是形成投入产出再投入的科技创新促进经济发展循环。维持长期的高强度投入的关键不是投入机制，而是建立投入产出再投入的循环机制。

第三，国家科技创新体系建设需要形成广泛的、社会化的协同与协调机制。在同样条件下，研究开发投入能否形成良性循环，投入要素的运行是否顺畅，都将是至关重要的。具体要在两个领域实现这种协同和协调，一个是资金的运行，另一个是人才的更新代谢。其中的关键是引入适当的竞争机制。市场机制被风险投资引入技术创新领域，有助于提高创新的效率；竞争机制被自然科学基金引入基础研究领域，也已经证明是有效的。加之，为培养科技研发人才特别是领军型人才，要建立人才梯队，防止出

---

① 于维栋：《从大国兴衰看国家创新体系的作用》，《科学新闻》2002年第13期。

现压制后来者的现象。要提升社会对科研的需求与转化能力，建立广泛的、社会化的协同与协调机制。

相对来讲，以上第一条和第二条还是比较容易理解的，且大多可以提出一些有针对性的应对措施；而第三条作为"软"因素，或者说机制因素，却常常是最难实现的，因为它常常受到传统文化的影响，是科技意识形态影响科技创新效率的主要方面。其实现的方法和路径，都没有一定之规。

人才是自主创新的前提。回顾新中国成立以来我国的自主创新之路，人才培养是关键。国家统计局发布的数据显示：1951—1957 年，我国的小学毕业生从 116 万增长到 498 万；1957—1968 年，初中毕业生从 111 万增长到 519 万；1971—1977 年，高中毕业生从 100 万增长到 585 万；2001—2009 年，普通本专科毕业生从 103 万增长到 531 万。[1] 2022 年，受过高等教育的中国适龄劳动力人口数已超过 2.4 亿。[2] 根据测算，这个数据在整个西方世界也才 2 亿左右。这是非常了不起的成就。但是，细心的人可能会发现，上面的数据有着时代年限的断层。为什么会有断层呢？原因只有一个：教育的发展必须与工业化进程相匹配，科教水平的发展受到国家自主创新体系建设进度的约束。

在 20 世纪 50 年代，湖北省汉阳县第一中学（今武汉市蔡甸区汉阳一中）的部分学生为了升学率问题而自发地进行罢课、请愿和闹事，引发了一起冲击县政府的闹剧。这起闹剧，被称为"汉阳一中事件"，甚至还被一些人称为"中国的匈牙利事件"。其实质就是教育发展已经超越当时的工业化水平，工业化水平不够，消化不了那么多的中学毕业生。这个事件是当时领导层作出"大跃进"决策的重要原因之一，即试图用工业化"大跨越"来解决教育扩张而产生的就业问题。"大跨越"失败后，就业问题越来越严重，于是知识青年下乡就成为不得已的选择。从 20 世纪 60 年代初到 1978 年止，几千万名知青下乡，在客观上加速了中国农村的发展，为中国社会整体的知识水平提升以及 21 世纪的中国快速实现从工业社会到知识社会的跨越作出了巨大的贡献，但也堪称苦难行军中悲壮的青春之歌。

及至 20 世纪 70 年代末知青返城，同期恢复高考，并实行改革开放，国家着眼于通过解放生产力来吸纳社会新增的上千万知识青年。虽然我国

---

[1] 资料来源：国家统计局 https：//data.gov.cn。
[2] 闫伊乔：《我国接受高等教育人口达 2.4 亿》，《人民日报》2022 年 5 月 21 日第 1 版。

在 70 年代初就基本建成了全系列的工业体系，但是，这种国家集中式管理支持下的工业化进程，远远不能满足当时的就业需求。之后改革开放及加入世贸组织，大量引入国外的科技创新成果，面向国际市场，发挥了前三十年积累的相对较高素质的劳动力资源，才大幅提高生产要素的投入效率，并逐步实现了接近国际水平的工业化。而在 90 年代后期再次启动大学扩招培养的几千万大学生，为加入世贸组织之后所带来的外部旺盛的需求，提供了第一波的"工程师红利"，支持了中国"世界工厂"的建设。

中国的发展，或者说中国的国家科技创新体系建设，就是通过艰苦的工业化夯实产业基础后，将庞大的人力资源转化为教育资源，进而通过自主创新，围绕全产业链打造科技创新体系，最终将教育的资源优势转化为科技创新的人力投入优势。在"摸着石头过河"的探索过程中，逐渐形成了自己独特的科技发展理念，凝炼和完善了中国特色的国家科技意识形态，走上了一条通过科技创新引领经济与社会发展的自立自强的现代化新道路。

回顾发展历程，我们可以看到，通过国家力量对内积累一点，对外找些援助，搭建起一个初步成型的工业体系骨架，还是容易做到的。事实上，二战后的相当一部分第三世界大国，譬如巴西、印度尼西亚等，都或多或少地实现过。而真正困难的则在于后续的持续扩张和体系化运行——怎么协调几十个工业门类的发展，怎么维持几十年持续的工业化高强度投入，怎样将新研发的成果转化成有竞争力的产品，怎么协调社会性大企业与中小企业和创业团队之间的利益与创新步调，怎样协调国内工业体系的发展与国际大环境之间的契合，等等，这些都是世界性的难题。纵观二战后的历史，除了少数国家如日本、韩国、新加坡等，或因原有基础较好，或因人口较少，依靠扶持援助发展了部分优势产业之外，能够成功完成全产业链的工业化并建成可持续发展的国家科技创新体系的，只有中国。只有中国依托自己的国家科技创新体系，实现了前面所说的社会性的"广泛的协同与协调机制"。

我们可以看到，科技创新需要配套一个完整的链条，而且是一条非线性的生态化的链条，类似于时下"流行"的"团簇"或者是"生态系统"概念。要协调这么一个庞大的链条或者生态系统，需要发挥整个社会的科技发展理念的作用。从基础研究到应用基础研究，再到研发成果的产业化和市场化，整个过程看起来清晰，实则极为不易。只有发挥科技意识形态的强大动员力，才能提高物质层面的创新链和产业链的一体化程度，真正建立起以市场为导向、以企业为主体、产学研用深度融合的社会化科技创新生态系统，提高科技进步对经济增长的贡献率，使科技创新成为经济和社会发展的强大引擎。

科技创新的最大动力来自市场竞争，而激烈的市场竞争需要科技意识形态来协调。只有通过市场得到用户认可的新技术新产品，才能获得市场回报，实现真正的价值循环，实现可持续发展。但并不是市场化就一定会形成一个足以激励创新的环境，各类创新活动仍然会受到一系列社会体制机制因素的束缚，各类创新主体的积极性和潜能也有可能得不到充分释放。这就需要由先进科技意识形态来引导全面的深化改革，推进制度创新，改变人们的惯性思维破除制约市场主体自主科技创新的体制和机制障碍或者社会化因素，以及可能的国际不良因素影响，然后才能真正有效地激发市场主体自主创新的活力和动力。

为了让企业发挥技术创新主体作用，需要创造更好的文化与社会条件，需要发挥科技意识形态的协调作用。首先，倡导健康的创新文化，强化知识产权保护，激发企业和所有参与者的创新热情。其次，充分发挥顶尖人才的积极性。近年来，随着一批重大科技研发取得突破性成果，我国科技创新已由过去的跟跑转向更多领域并跑，并在某些领域走到了世界科技发展前沿，实现了领跑。能取得这样的成就是因为我国已经有了一批世界顶尖的科学家和企业家。而要培养和集聚大批高端人才，调动各类人才的创新积极性和潜能，光靠物质激励是不行的，还需要培育这些不同类型的科技人才的科学精神或者说科技从业者精神，再辅以一系列的强化激励政策，使发明者、创新者、风险投资者能够合理地分享创新收益，体现自己的社会存在价值，发挥其作为国家和民族自主创新的中坚力量。只有发挥科技意识形态的价值观引领作用，调动各类各环节人员的创新积极性和潜能，才能更充分地满足社会创新需求。

二 自主创新树立了中国科技意识形态的文化自信

要想发挥科技意识形态的促进作用，就需要坚持对自己的社会文化、基本制度和科创能力的自信。习近平总书记多次提到了文化自信，并指出"坚定中国特色社会主义道路自信、理论自信、制度自信，说到底是要坚定文化自信"[①]，文化自信是更基本、更深沉、更持久的力量。放到国际科技竞争的场景中，这种自信就是以坚实的国家经济实力和科技创新能力为支撑的对国家科技意识形态的自信。

---

① 习近平：《坚定文化自信建设社会主义文化强国》，《求是》2019年第12期。

自 1972 年我国建立了初步的工业化体系到 2014 年初步建立起了自己的国家科技创新体系，再到新时代中国特色科技意识形态的确立，这个过程是中华民族找回民族自信的过程。虽然我们还有许多"卡脖子"的地方要突破，有许多落后的跟跑领域要加速跟上，但那也是在"整体已经并跑、部分已经领跑"的情况下的快速跟进；虽然中国传统文化中某些中庸保守的因素，在很大程度上容易禁锢人们的创新思维，但是在马克思主义指导下，中国共产党坚持了中国文化的"自强不息"的精髓，在革命、建设和改革中创造的革命文化和社会主义先进文化，给予我们"敢教日月换新天"的进取精神与乐观主义态度；虽然中国传统文化中某些循规蹈矩强调尊长有序的习惯，不利于我们培养科学大师和创新型人才，但是我们更应该看到，中国文化中的高度重视教育的传统，植根于中国特色社会主义伟大实践，更为中国带来了人类历史上最大规模的高等教育体系，为中国提供了超越西方主要发达国家总和的 STEM 毕业生，以及即将超越西方七国集团全部总和的研究开发队伍；虽然强调整体观念和系统思维的中国传统文化似乎妨碍了近代科学在中国的产生与发展，但是这种思维方式在 21 世纪里却又具有特殊的价值与作用。因为这些领域要求突破复杂性、系统性和关联性，必须超越简单线性思维的局限，走向系统辩证思维的轨道。

实现科技自立自强的前提在于树立文化自信与科技意识形态的自信。国家科技创新体系要强大，必须建构自信的科技创新文化和自主发展意识。中国的科技创新能坚持文化自信，坚持科技意识形态自信，是由中国特色社会主义先进文化的自信和中国科技自主创新的伟业所托起的。我们不仅要在革命战争时期自信，在改革开放时自信，还要在 21 世纪面对新科技革命时自信，在引导科技革命发生、主导世界科学中心转移的新征程中体现我们的文化与意识形态自信。这种自信进一步强化中国科学界内部主流价值判断的自主性，从而为未来中国的发展提供更广阔的视野。科学界内部主流的价值判断是基于真正的科学的思考与认知，基于以人为本的深刻理解，但在具体的历史时期，也必须服从于国家的意志。学界的价值判断如果有悖于此，则科学的发展将失去社会的长期持续支持；学界的价值判断如果依从于其他国家的意识形态，则本国国家科技意识形态的安全将受到挑战，进而危害本国的创新体系运作，危害本国的根本利益。

此前，在中国科学界内部，特别是自然科学界，主流的科学价值判断是基于西方科学价值参照体系展开的，尽管看起来都是相对客观的价值判断，如主要是指以文献计量学为依据，以西方主导的科学期刊体系和基于这些期刊的各类统计因子为指标等。这些客观指数价值判断，通常看似公正公平，背后却蕴藏着极大的学术导向风险。2020 年教育部、科技部印发《关于规范高等学校 SCI 论文相关指标使用 树立正确评价导向的若干意见》，对破除论文"SCI 至上"提出了明确要求。该意见充分体现了国家自主创新的科技意识形态的核心要义。我们要从国家科技意识形态的角度对这一行动进行更深入的认识和分析。

首先，强调自主创新的科技意识形态，其科学价值判断以原始性创新为前提，以"同行评议"的科学准则保持权威性为基础。如在中国科学界，曾经有一个时期，判断一个科学研究成果的价值或一个学者的成就，最重要的是看他是否在高影响因子的国际科技期刊上发表论文。近年来虽对"SCI"的追求热度下降不少，但几十年的习惯至今仍存在延续性影响。再加上，美国等西方国家更强调在我国吸纳外籍院士，汤森路透等西方科技数据公司不断发布影响中国科学发展导向的报告，获得西方科学最高奖项的诺贝尔奖，仍被孜孜以求地奉为终极价值，哪怕该奖项设置出要求海外专家委员会成员中"有一半以上为非华裔"的具有明显意识形态偏见性的荒唐规定。这些缺乏自我构建、自我净化、自我约束的行为，又进一步摧毁我们的能力自信，限制我们真正有价值的自主创新科技成果的步伐。以至于中国科学论文的数量近年来随着中国科技投入的不断加大而迅速上升为世界第一，但是成果转化并产生有效益的科技创新回报的情况却并不理想，其间所造成的人力、物力和资源的浪费也不小。

其次，强调自主创新的科技意识形态，还有助于我们打破过分依赖于西方科学价值参照体系，引领中国科技界正确地追踪研究国际科技热点，基于自己发展需要来开展原始性创新，获得新的竞争优势。为此，习近平总书记提出了要建设高水平的自立自强的国家科技创新体系，以保证自主创新后劲，争取为人类知识创造作出重要贡献。这种自立自强首先就要体现在科技价值评价体系的建设上。只有做好科技价值评价体系的建设，才能培养自己的大师。深刻领会和贯彻自主创新的理念，以中国特色的科技意识形态引领中国的科学技术进步，独立自主地按照我们的社会发展需求来推动科技创新，从而为通过科技创新引领经济社会发展构建条件。[①] 为建立文化自信和科技意识形态自信，需对当代各个领域的思想观念和具体生活方式进行必要的反思和改进，这有益于我们在科技创新的过程中更好地解决科技发展中引发的一些新的问题，如生态平衡问题、科技伦理问题

---

① 杨名刚：《马克思主义引领中国科技发展的历史经验探讨》，《经济与社会发展》2012 年第 4 期。

等等。①

最后，强调自主创新的科技意识形态，树立自己的科学价值参照体系，是培养自己的科学大师的信心基础。科学大师凤毛麟角，需要本人的天赋、努力和后天的教育培养。但在人口规模巨大和教育体系相对发达的国家，培养大师的关键不在于个体而主要在于科研环境的配套供给，亦即服从大数定律。强调自主创新的科技意识形态，就是要树立自己的科学价值参照体系，提供更好的开放交流的环境，让未来的科学大师站在科学最前沿思考问题，以及将更多的精力投入科研事务，不为科研以外的事务烦扰，是遴选、吸引和留住科研大师的前提性工作，是建立世界科学中心和创新高地的必然要求。

随着我国经济和科技实力的增强，我们必然面对来自西方特别是盎—撒体系国家的科技意识形态"干扰"与对科技创新活动的"遏制"。自主创新的核心思想精髓就是要防止被一些外在的行为和外来的科技意识形态所干扰、代替。只要我们坚持按照自己的判断，真正把握自主创新的科技意识形态初心和本意，中国的科技创新就有可能获得最大的原始性创新效益，从而满足创新驱动发展的根本需求。

三　在中国自主创新的历史生成过程中形成自己的科技意识形态的价值体系

当今社会已进入一个大科技的时代。在这样的社会条件下，那些具有原创性的前沿技术、具有颠覆性的高端技术以及交叉性的大科学技术深刻影响着人民的生活福祉，改变着国家的前途命运，决定着人类未来的格局与变局。沿着这一道路，与西方发达资本主义国家在多党制（或两党制）条件下主要是"为科学选出"最好的"政党"不同，中国作为社会主义的发展中大国，要通过先进的意识形态引领科技创新健康发展。

科技创新本身是开放的。谁也无法阻挡历史的浪潮，谁也无法忽视科技的力量。无论是熊彼特还是马克思，他们都表明社会主义必须在非中立意义上进行自主创新，同时必须在中立意义上接受资本主义的全部技术文明成果。坚持走中国特色自主创新道路本身具有明显的地缘特色，需要从中国传统文化中获得支撑或认同。虽然此前有的研究认为，强调中国传统文化的保守倾向和礼教秩序，会从整体上阻碍个人的创造力发挥，因此提出要促使中国文化从整体上、根本上转变成为一种尊重创新、鼓励创新的

---

① 殷忠勇：《科技创新当坚持文化自信》，《群众》2016年第11期。

文化。但是，回顾过去，西方技术史学者曾经研究得出，古希腊的理性精神并没有取得如中国那样的技术优势，以及来自中国的那样多的伟大发明。对于今天的中国来说，从西方科学和技术的发展成果中汲取营养并不表明自身缺乏创新文化根源。无论是"格物致知"还是"天人合一"，源自中华传统文明的有益元素，从来都是不可或缺的。"中华文明伟大复兴"，就是要建设一个能在诸多新的科技领域超越其他国家的新形象，同时还要赋予科技强国的理念以历史感，从而呈现一个富有创新与创造文化传统的新社会与新文明。激发社会的创新意识，建设创新型国家，建设有中国特色的先进科技意识形态，将使中国科技创新实现历史性、整体性和全局性的变革。

资产阶级鼓吹意识形态的永恒性和普适性，鼓吹意识形态的终结，鼓吹历史的终结，是为了维护现行的资产阶级利益及其统治。只要资本主义制度没有发生根本的改变，其意识形态无论怎么转型，依然是虚假的、颠倒的，最终会走向异化的。所以，中国的科技创新必须在自己的政治意识形态范畴内展开，不能单纯基于所谓市场逻辑来实施。科技创新首先要基于自身的制度、自己的国情和创新要求，体现自己的国家意志，形成自己的价值体系。中国特色的科技意识形态话语体系"作为反映一定社会存在的特定的范畴、概念所构成的思想体系、理论体系和价值体系，必然承载着新时代最广大人民群众的利益诉求和价值追求，必定要基于中国特色社会主义的伟大实践，必然要反映主流意识形态所揭示的'关系体系'"①。换而言之，中国最广大人民根本需要的满足，就是中国特色科技意识形态话语的价值所在，就是自主创新的价值所在。而构建了主客体统一的中国特色科技意识形态的价值体系，必将推进中国特色的社会主义科技强国的伟大实践。

自主创新作为中国特色科技意识形态的核心话语，贯穿于中国国家科技创新体系从奠基到成长、成形及至新时代中华民族复兴的伟大实践，是科技创新利益关系及其价值取向在特定时代的综合表达。自主创新作为民族精神或时代精神的集中体现，必然被包含在科技意识形态的价值体系中。由创新体系内交往主体通过语言符号（各类政策方针和规范等等）建立起来的表达与接受、解释与理解、评价与认同等多重认知关系，是中国特色科技意识形态的内在逻辑的生动呈现和具体展开。从深层次看，该价

---

① 李斌：《中国特色网络意识形态话语体系的基本内涵、特征和价值》，《中共天津市委党校学报》2020年第3期。

值体系虽然受经济发展阶段、经济硬实力和文化软实力制约，但却是最广大人民群众利益诉求和价值取向在中国社会思想理论体系中的内在表达。

作为中国特色科技意识形态的核心话语，自主创新的历史生成过程，本身也是价值观的整合创新过程，即价值整合功能实现与自身不断创新发展的协同过程。自主创新是通过毛泽东思想的技术革命、邓小平的"科技是第一生产力"以及"'三个代表'重要思想""科学发展观"和"新发展理念"等科技观念接力塑造完成的。按照马克思主义的世界观和方法论，中国共产党把自主创新确定为提高国家综合科技能力、建设创新型国家的体制化途径，将科技创新最终确定为转变经济发展方式的基本动力。在此过程中，中国特色科技意识形态话语体系的核心价值观及其科学性、合理性和正当性得到了充分体现。

自主创新作为中国特色科技意识形态的核心话语，就是要促进建设符合自己国情的科技创新体系，形成科技引导产业持续升级发展的良性机制。而在投入条件有限的前提下，选择是否在当前就支持某个科学项目研究，是支持这种技术路线的科学研究，还是支持那种技术路线的科学研究，这些选择都集中体现了国家和社会的科技意识形态导向作用。那么，更有价值的科学技术的标准是什么呢？无疑，所有的科学发现都是有价值的，无论在科学家的眼里，还是在普通社会群众的眼里，每个在某个学科领域获得新的发现或新的发明，都是具有价值的。但在意识形态层面，则不尽相同。不同的政治意识形态的国家，由于其政治意识形态的不同，其服务的统治阶级不同，该国家和社会对科技意识形态中科技的价值的认可也是不尽相同的。在中国特色社会主义科技意识形态中，能够服务于中国最广泛人民群众根本利益的科技成果才是更有价值的成果。在当今大科技时代，那种小众的自由探索式的科学研究，已经被集团化的、体系化的国家或社会性组织的科技创新所代替，小众的自由探索式的科学研究已经被嵌入或者被引导到国家和社会所欢迎和接纳的科技创新模式或组织方式之中，在国家科技意识形态的价值体系指导下发挥其最大的效能。

总之，从自主创新的理念入手，构建具有自身特色和价值追求的科技意识形态，过去是解决中国经济发展和产业技术水平提升的关键战略，未来则是解决人民日益增长的美好生活需要和不平衡不充分的发展之间的社会主要矛盾的根本手段。以自主创新解决发展的问题，这既符合科技和社会发展的客观规律，也是人民所期、民心所属和民心所向。

第六章　全球科技意识形态的竞争与冲突

从古至今，不论是宗教战争、冷战还是"文明的冲突"，人类社会一直处于意识形态的竞争之中。在当今的大科技时代，全球化与网络化分别在物质和信息领域打开了不同类型不同主体科技意识形态的交流通道。保持或者进入产业链顶端的科技竞争要求，使不同类型的科技意识形态之间的竞争日趋激烈，并不时出现短兵相接的局面。

第一节　科技意识形态竞争及其作用域

意识形态天然具有扩张性，科技意识形态亦然。扩张既是寻求认同的需要，也是扩大其群体物质利益的本能基于不同国家科技创新体系的不同类型的科技意识形态之间的竞争，主要表现在三个方面，即科技意识形态本身发展的竞争，科技意识形态引领国家科技创新体系发展的竞争，以及科技意识形态促进科技、经济与社会发展等方面的竞争。国际科技意识形态的竞争最终体现为科技创新的竞争与意识形态的话语权竞争。

一　体现在国家科技创新体系效能层面的科技意识形态竞争

科技意识形态的竞争直接表现在国家科技创新体系的效能之争，也是国家科技产业与知识实力的竞争。国家知识实力的积累可以提升本国的自然科技实力，并直接带来经济实力的增强，进而改变其在国际关系中的话语权。通常，对这一层面的竞争分析主要体现在对各种科技创新成果的比较上。许多国家的科技咨询研究机构提供相关指数年度比较研究，较为知名的有"自然指数""前沿热度指数""国际专利申请及批准量比较"等。我们通过国际知名的科学杂志论文发表的情况和国际专利的申请及批准情况，可以比较直观地了解不同国家间的竞争态势和水平。

（一）基础研究的发展态势比较

一般说到基础研究，其成果的产出大多以发表在公开科学期刊上的学术论文为衡量指标。体现一个国家基础研究水平的标准主要是这个国家的科学家所发表的高质量学术论义的数量。当前，经常用所谓的"自然指数"和"研究前沿热度指数"① 这两个指标来考察各国基础研究水平。

1. 自然指数比较

所谓的"自然指数"是由自然出版集团（国际知名科技期刊《自然》的出版单位）提供的一套衡量国家或研究机构基础科研产出的指标体系。该指数通过跟踪分析全球 82 种顶级自然科学期刊上发表的科研论文数据，主要包括化学、生命科学、地球与环境、物理四大领域，来评估不同国家及科研机构的基础科研产出质量情况。② 在 2019 年的自然指数报告中，美国以 20152.48 分排名第一，中国以 13566.11 分排名第二，美、中是唯二的得分超过 10000 分的国家，排名其后的德、英、日分别得分为 4545.70 分、3713.66 分和 3024.32 分。属于第一集团的美、中两国相对其他国家具有绝对领先优势。③ 而且据自然指数 2020 年度报告显示④，中国在自然科学领域的科研产出自 2015 年以来增加 63.5%，成为自然指数研究开展以来发展速度最快的国家。而美国科研贡献产出却出现下跌，跌幅达到 10%。⑤

2. 基础研究占据世界前沿的情况比较

中国科学院为了更准确地把握全球科技发展布局和竞争态势，通过文献计量统计分析法，推出了年度化的《研究前沿》报告。在 2019 年度报告中，遴选了 10 个高度聚合的大学科领域、100 个排名最前的热点前沿和 37 个新兴前沿，反映了相关学科的世界研究发展趋势。该报告显示：在 2019 年，美国虽仍是在十大学科领域整体层面表现最为活跃的国家，但中

---

① 《2021 研究前沿热度指数》，中国科学院科技战略研究院网站（http：//www. casisd. cn/zkcg/zxcg/202112/P020211208408812341333. pdf）。
② 《自然指数聚焦五大科研强国》，自然中国网站（http：//www. naturechina. com/corpnews/nature_ index_ big5）。
③ 《中国的科技实力究竟怎么样？这三个重要指标体系更新了》，共青团中央网站（https：//baijiahao. baidu. com/s？id =1666563256638688866&wfr = spider&for = pc），2020 年 5 月 13 日。
④ 《自然指数年度榜单显示：中国是二〇一五——二〇一九年科研产出增长最快的国家》，中国政府网（https：//www. gov. cn/xinwen/2020 - 05/02/content_ 5508188. htm），2020 年 5 月 2 日。
⑤ 在自然集团的中国网站 http：//www. naturechina. com/ 上持续更新着自然指数的年度报告。2021 年度自然指数报告中，中国首次在物理科学领域超过美国。在 2022 年度自然指数报告中，上榜的"涨幅最快的 50 家机构"中中国占据 31 席。而在 2023 年度自然指数报告中，中国首次位居榜首。

美之间的差距正在快速地缩小。美国在全部137个前沿中排名第一的前沿数有80个，占全部前沿数的58.39%（约五分之三）；而中国排名第一的前沿数为33个，约占全部前沿数的24.09%。英国、德国和法国等三国分别占有7个和各1个排名第一的前沿数。

从十大学科领域来看，中美两国各有领先。中国在数学、计算机科学与工学领域、化学与材料科学领域以及生态与环境科学领域排名第一，占据三席。美国则占据除这三个领域以外的其他七个领域的排名第一。中国在农业植物学和动物学领域、地球科学领域、生物科学领域、物理领域和经济学、心理学及其他社会科学领域等五个领域排名第二，且与美国的差距很小。但在临床医学领域和天文学与天体物理学领域，则差距较大，两领域分别排名第九名和第十一名。①

这里引出一个典型的问题，即一个国家的基础研究的状况如何影响这个国家的科技创新体系建设以及科技意识形态？日本的经济新闻研究分析了世界各国有关脱碳技术的论文数量，并列出了一个排行榜，发现了一个事实，那就是：在一个由8200万份文献构成的数据库中，在蓄电池及光伏电池等18个研究课题中，中国位居第一的课题超过90%。② 数据显示，中国有关锂离子电池论文的数量约为美国的三倍，而有关新一代低成本电池的钠离子电池和钾离子电池，中国论文的数量约为美国的五到六倍。也就是说，在脱碳技术领域，中国拥有对美国的压倒性优势。这样的基础研究态势，决定了中国新能源汽车电池的领先地位。联想到2020年9月22日，习近平总书记在第七十五届联合国大会一般性辩论上提出中国要在2030年前实现"碳达峰"，并努力争取在2060年前实现"碳中和"。这一目标和愿景的提出，对世界的绿色发展作出了重大贡献。由上我们联想到科技基础与科技意识形态的关联性，当可体会什么是"没有金刚钻，不揽瓷器活"，可以更直观地理解一个国家的基础研究的状况，是如何影响一个国家科技意识形态的形成和传播，以及又是如何影响这个国家宏观政策的制定的。

(二) 应用研究及优秀创新型创业企业的比较

应用层面的成果竞争力通常可依据发明专利的申请与批准数量来进行比较，而这些成果转化为现实生产力的情况，又可以根据国际认可的优秀

---

① 根据《2021研究前沿热度指数》报告显示，美国研究前沿热度指数排名第一的前沿数为81个，占全部171个前沿数的47.37%；中国排名第一的前沿数为65个，占38.01%。中美差距继续缩小。

② 《日媒：中国在9成脱碳技术相关领域论文数量居首》，观察者网（https://baijiahao.baidu.com/s?id=17032244918177708773&wfr=spider&for=pc），2021年6月22日。

创新型创业企业（所谓"独角兽"企业）数量的比较来进行参考。二者互相参照的结果能更准确地说明问题。

1. 用发明专利比较应用技术的产出

据世界知识产权组织发布的统计数据显示，2018 年度世界发明专利申请总量为 237.84 万件（本国居民），其中申请量最多的是中国，高达 139.38 万件，占比超过一半，达到惊人的 58.6%！而排名第二的是美国，申请总量为 28.51 万件，不到中国的五分之一。而且，这已是中国连续第八年获得全球发明专利申请量第一的位置。相比于 2008 年，中国的年均增速达 21.8%。而美国、日本和欧洲相比中国基本上处于停滞或倒退的状态，其增速分别为 2.1%、-2.6% 和 -0.3%。① 另外，在 2019 年，全球向世界知识产权组织《专利合作条约》（PCT）提交的专利申请排行榜上，中国占据第一的位置，取代了美国曾经保持了四十多年的位置。在 2020 年，全球专利申请总量为 327.67 万件，其中，中国专利申请量为 149.71 万件，而美国的专利申请量只有 59.71 万件，日本的专利申请量则仅为 28.84 万件。

发明专利授权量是最能体现各国实际成绩和水平的指标。世界 2018 年共授权发明专利（本国居民）87.52 万件，其中最多的还是中国，达到 34.6 万件，占 39.5%。其次是日本，15.24 万件。美国是 14.44 万件。中国连续四年发明专利授权排名第一。与 2008 年相比，中国授权量年均增速达到 22.3%，增速比申请量增速还要高，说明专利申请的质量也在稳步提升。而相对应的美国、日本和欧洲，其授权量增速分别为 6.4%、0 和 2.1%，都远不及中国的增速。

从历史存量上来看，截至 2020 年，全球有效专利数量达到约 1590 万件。其中美国的有效专利数量最多，约有 330 万件，中国有 310 万件。② 另外，全球有效工业品外观设计注册数量 2020 年达到约 480 万件，其中有效注册数量最多的仍然是中国，约 220 万件，远超排名第二的美国 37.19 万件和排名第三的韩国 36.95 万件。充分体现了中国社会的科技创新能力与水平。

2. 优秀科技创新型创业企业数量比较情况

当前，通常用所谓"独角兽"来称呼优秀的科技创新型创业企业，并推出所谓"全球独角兽榜"来比较各国创新活力。虽然这一排名有种种商

---

① 《世界知识产权指标》（https：//www.wipo.int/publications/zh/series/index.jsp? id =37）。
② 截至 2021 年，全球有效专利数量约为 1650 万件，同比增长 4.2%。其中中国有效专利数量达 360 万件，超过美国成为 2021 年有效专利数量最多的国家。

业因素，但在一定程度上，还是对一个国家和社会的创新态势有所表达。譬如，胡润研究院发布的"2022胡润全球独角兽榜"，企业入榜标准是估值超10亿美元的创新公司。其中，中国以312家居第二；美国625家居第一；而昔日的科技产业大国日本居然没有一家上榜。① 中国人民大学中国民营企业研究中心与北京隐形独角兽信息科技院也在2023年联合发布了《全球独角兽企业500强发展报告》，该报告表明中美两国的独角兽企业占全球总数的近82%，其中，中国以入榜企业总数166家、总估值10.03万亿元而位列世界第二。②

（三）高端知识密集型产业增加值比较

当然，最能体现一个国家知识实力的，还是该国的高端知识密集型产业增加值。据《美国科学和工程指标2020》数据显示，中国2018年的知识和技术密集型产业（KTI）的增加值达到2.18万亿美元，仅次于美国的2.30万亿美元，位居世界第二。更重要的是，中国在过去的十年中，已成为KTI产业的主要生产国，其全球份额迅速扩大，已从2002年的占全球6.2%迅速增长至2018年的24.2%。③ 这主要是得益于中国在许多高端研发密集型产业的增长。

所有的数据都表明：尽管美国科技水平目前仍在首位，但与位居第二的中国的差距在快速地缩小。④ 而且，更重要的是，中国的科技创新潜力经过数十年的积累，大大地超过了美国。

二 体现在各国科技创新制度设计层面的国际科技意识形态竞争

国际科技意识形态制度层面的竞争主要体现在国家科技创新体系体制机制的协调性竞争，以及由此带来的科技投入效果的比较和国家科技人才吸引力的比较等方面。比如，美国硅谷打造产学研协同创新、紧密合作的创新生态系统，鼓励师生凭借研究成果创业，鼓励创新宽容失败，这一系列政策吸引了大量海外专业人才流入，并创造了可观的价值。打造创新生态系统是各国科技创新体制机制竞争的主要目标。一些中小型国家如芬

---

① 数据来源：胡润百富网（https://www.hurun.net/zh-CN/Info/Detail?num=L9SQPH9FKJB1），2022年8月30日。
② 《〈2019全球独角兽企业500强发展报告〉在青岛发布 中国上榜企业数量和估值均居世界第一位》，中国日报中文网（https://sd.chinadaily.com.cn/a/201912/18/WS5dfa0b10a31099ab995f2527.html），2019年12月18日。
③ The State of U.S. Science and Engineering 2020，https://ncses.nsf.gov/pubs/nsb20201.
④ 2019年的情况与2018年总体格局变化不大，但中国KTI产量占全球KTI增加值的比例达到25%，与美国极为接近。

兰、挪威、韩国等，在这方面所下的功夫比较大。他们都特别注重培育在这种甚小区域层面的科技创新生态，以便为自己的国家在国际科技竞争中争得一席之地。

当然，在竞争中，各国大多拥有在世界范围内展开的科技引才计划和制定相应的制度。譬如，中东的以色列、东欧的波兰以及南欧的葡萄牙等国，都通过全球范围内的科技人才招聘机制，带动形成了较强的发展势头。其中，以色列甚至被称为"创投立国"，其人均初创企业数量远超其他国家，是国际风险投资的重地。① 而在东欧的波兰，则发挥其拥有较好教育水平的劳动力优势，大力发展数字经济。葡萄牙则发挥自身文化优势，以居住权和公民身份吸引全球葡语国家和地区的高科技人才。

国际科技竞争形式多样，涵盖极广，明的暗的，层出不穷，需要在制度层面加以防控，建设好本国的人才机制，正面应对国际科技人才竞争。让更多的、更广泛的科技人才为本国所用。其中中国以新型研发机构建设与面向世界进行的"揭榜挂帅"两项制度创新打开人才建设的新局面。

（一）北京、上海等地开展吸引全球科技精英人才建设新型科研机构的探索

所谓新型研发机构就是"聚焦科技创新需求，主要从事科学研究、技术创新和研发服务，投资主体多元化、管理制度现代化、运行机制市场化、用人机制灵活的独立法人机构，可依法注册为科技类民办非企业单位、事业单位和企业"②。这些新型科研机构是针对中国国家科技创新体系中的薄弱环节、打破国内传统科研机构的管理机制而兴建。主要是面向全球顶尖科学精英，特别注重吸引有创造力的青年科学家，力求产出有重大影响的原始科技创新成果。现已初步形成"坚持科学为本、借鉴国际惯例、体现中国特色"的一整套运行机制，如北京脑科学中心、上海李政道研究所等。这些机构采取全新的体制机制，在扩大用人自主权、科研经费使用、科研评价、开放合作等方面，作了大量的探索、创新与突破。③

---

① 〔美〕佩德罗·尼古拉西·达科斯塔：《全球高科技人才争夺战的趋势》，国际货币基金组织：《金融与发展》杂志（https：//www.sohu.com/a/326493272_660408）。
② "十四五"规划《纲要》名词解释之新型研发机构，国家发改委网（https：//www.ndrc.gov.cn/fggz/fzzlgh/gjfzgh/202112/t20211224_1309262.html?code=&state=123）。
③ 北京市坚持面向世界科技前沿、面向经济主战场、面向国家重大需求，推动成立了北京量子信息科学研究院、全球健康药物研发中心等一批新型研发机构，吸引集聚一批战略性科技创新领军人才及其高水平创新团队来京发展，努力实现前瞻性基础研究、引领性原创成果重大突破。2018年1月，发布了《支持建设世界一流新型研发机构实施办法（试行）》，该《实施办法》为新型研发机构建设提出了完整路径。

第一，在遴选实验室负责人时，不唯论文、不看"帽子"，而是重点考察应聘者的科研潜力，考察其所研究的课题是否与中心的发展契合，并在招聘委员会的构成中包含其他实验室的负责人，以期形成有效的整体研究协作。

第二，在具体的项目支持方式上，实行科研经费包干制。科研人员无须进行基金申请，即可获得长期（6年）的稳定支持，以期减少科研过程受其他因素影响。他们还专门为博士后提供经费支持，并与北京大学等6所国内一流高校开展联合招生项目，帮助科研人员组建一流团队。

第三，在评估体系方面，不设置短期、硬性、定量的考核，没有论文方面的硬指标，而是以6年为周期，邀请国际同行参与评议，进行是否转为长聘制的审核，主要看的是研究方向、选题和水准，以及是否具有国际影响力。

第四，提倡以科学家为中心，一切工作的出发点就是科学探索。以是否有利于科研来确定是否去做。

这些举措创造一流的研究环境和学术氛围，并在全球科学界形成影响力。北京脑科学中心逐渐成为世界知名的重大原始创新策源地、全球向往的顶尖科学精英集聚地、面向未来的中国青年才俊历练地。

（二）面向世界的"揭榜挂帅"打开人才正面竞争的新方式

除了从科技人才机制入手进行制度创新以外，中国还从创新管理模式本身入手进行改革。进入21世纪，创新模式本身也出现了重大的变化，开放创新成为世界主流。而结合了开放创新思想与互联网平台运行机制的云创新模式，成为各方关注的新型创新模式。现在全国知名的猪八戒网、美国著名的Innocentive和IBM开创的InnovationJam都是其中的国际知名翘楚。而国家层面对这种创新模式的应用则以"揭榜挂帅"最为显著。

党的十八大以来，习近平总书记曾多次强调"可以探索搞揭榜挂帅"，并在"十四五"规划中确定下来。[①] 而所谓"揭榜挂帅"，就是打破创新的组织边界，依托于健全的社会主义市场经济条件下的新型举国体制，运用云创新的新型科技创新模式来组织科技创新。"把需要的关键核心技术项目张出榜来，英雄不论出处，谁有本事谁就揭榜"[②]，充分体现这一模式实施过程中不论资质、不设门槛的特征，一切以实际效果为最终评判

---

① 季冬晓：《"实行'揭榜挂帅'等制度"》，《光明日报》2020年11月17日第2版。
② 姜洁、张铎：《习近平主持召开网络安全和信息化工作座谈会强调：在践行新发展理念上先行一步　让互联网更好造福国家和人民》，《人民日报》2016年4月20日第1版。

标准。

建立"揭榜挂帅"制度,是在全新的社会技术条件和发展战略指导下的制度创新,是开放式云创新理论指导下的全新实践,它聚焦关键核心技术项目和重大应急攻关项目,尤其是对"卡脖子"技术设定清单目标,建立全面的考核与评鉴机制,在"完成任务"的同时实现机制创新。该机制虽然也提出需要对揭榜者是否具有突破性创新能力、是否能够完成榜单任务进行有效分析,但更强调要规避"同行评议""专家投票"等方式的问题,把项目交给真正想干事、能干事的人手中,让有能力的人"揭榜",来"挂帅"。[①] 这些机制是传统的中国科技研究体系的重大突破,是中国科技意识形态进步的表现。

"揭榜挂帅"制度强调面向科技创新全流程进行创新,即在项目筛选、人才甄别、成果评鉴、市场转化等各个关键环节进行机制创新,基于现代服务创新理论进行科学管理创新。"揭榜挂帅"还对"卡脖子"问题作针对性制度设计。

"揭榜挂帅"制度不囿于具体的组织界限,以具体科研任务为标的,遵循"不设门槛、不论身份、结果导向的原则",在"揭榜挂帅"制度正式实施以来各个地方都在发挥本地的积极性,探索不同的组织形式开展这项工作,目标只有一个,就是让有能力的科研攻关者全力以赴解决科技问题。[②] 而在这一过程中,大量的数字化管理技术应用,使得这一创新模式具有更多的时代特色,也提高了整体效率。

(三)以管制为主要手段的科技霸权维护机制并不能为美国科技竞争实力提供保障

当然,国际科技意识形态制度层面的竞争并不总是那么阳光,体现在某些国家各种维护自身发展优势、限制他国科技创新发展的制度设计与政策措施上。如美国在维护其"科技霸权"时通常利用一些看起来冠冕堂皇的借口和明确的制度(譬如《出口管制条例》)等对竞争对手实施高科技产品禁运,以及为保证其在科技领域的领先地位,制定了数量众多的准入限制和收购限制等政策工具[③],包括:

第一,通过限制出口控制对方获得的制度。在中美贸易方面,特朗普政府就将华为等多个中国企业列入所谓《出口管理条例》"实体清单",

---

[①] 季冬晓:《"实行'揭榜挂帅'等制度"》,《光明日报》2020年11月17日第2版。
[②] 季冬晓:《"实行'揭榜挂帅'等制度"》,《光明日报》2020年11月17日第2版。
[③] 鲁传颖:《中美科技竞争的历史逻辑与未来展望》,《中国信息安全》2020年第8期。

致使这些企业无法再获得美国的任何有价值的技术、产品和配件。

第二，限制对手进入本国市场以及收购本国科技企业或科技成果的审查制度。利用《埃克森—弗洛里奥修正案》《伯德修正案》《外国投资与国家安全法》等，肆意扩张国家安全适用范围，限制中国企业收购美国涉及芯片的企业，大搞"芯片联盟"，限制中国企业获得先进的芯片制造技术。

第三，以涉及国家安全为名对科技人员及其交流搞安全审查。例如通过签证限制甚至威胁恐吓的方式，阻止双方科学家参加国际会议，不断推动针对华裔科学家的审查，限制华裔科学家从事所谓敏感行业，特别是那些与中国国内高校和科研院所存在学术联系的华裔科学家。

第四，利用美元霸权实施所谓"长臂管辖"制度。长臂管辖其实质就是利用美国国内的法律对域外行使管辖权。通常依据的是《外国人侵权索赔法》《国际紧急状态经济权力法案》《海外反腐败法》《爱国者法案》《多德—弗兰克华尔街改革与消费者保护法》《美国外国账户税收合规法》等。长臂管辖制度的根本目的还是遏制竞争国家高新企业的发展。

其实，限制科技成果或产品的进出口仅是国际科技竞争的一种初阶手段。更重要的竞争手段是标准竞争。比如实施技术标准战略，来控制和限定竞争国家的科技发展。

总体来看，国际科技意识形态在制度层面的竞争形式多样，涉及领域极广，明的暗的，层出不穷，且相关专业知识不仅与自然科学技术相关，还与相关法律法规以及案例等相关联，需要深入地研究并加以防控。

三 体现在观念层面的国际科技意识形态竞争

意识形态的竞争，主要是观念之争，是道德高地之争。准确地说，就是各国领导者在让自己的意识形态更具道德自洽逻辑并使其不断显化于现实的同时，也在寻找和发现竞争者所恃道德体系的荒悖之处并否定之，从而压制其话语权及其他权力，以实现自身利益最大化的目的。国际科技意识形态在观念层面的竞争同样是最为基础最为隐蔽但却又是最为根本的竞争。"科技是权力之眼。"基于自己国家特殊的历史文化传承和政治经济体制，经过相对较长的科技持续发展，形成独具特色又高度自洽的科技意识形态，有助于在全球范围内，特别是国际主流话语体系中，拥有更多的话语权，进而在国际科技产业竞争过程中获得更多的利益。

（一）美国以强化科技霸权为目的的科技意识形态观念渗透与控制系统

美国为了持续掌握国际科技发展的话语权，维护其科技霸权，进而强化其金融与军事霸权，构建了一整套对外意识形态输出系统，不断对世界各国进行渗透与控制。这套系统是一个由国家主导、多方参与的系统化的工程体系。体系内的不同主体之间分工协作，整体推进，强力输出美国的意识形态，特别是科技意识形态，以强化美国的科技霸权。好莱坞的大片、NASA不时发布的星际照片甚至是一些"黑科技"的成果展示，都是其精心挑选的输送内容。其中，那些号称奉行新闻自由主义与新闻专业主义的美国新闻媒体被称为"第四权力"，他们利用其话语权和平台在其国家科技意识形态建设、发展与传播中起到了不可替代的作用。发布的一些新闻性"黑科技"成果展示，大多是基于其国家科技意识形态的选择。这一工程体系的参与者甚多，组织方式方法各异，总的来看，有以下几种方式：

1. 以政府为主导的对外意识形态输出组织化体系

美国的对外意识形态输出系统，是由国家主导、多方参与的高度组织化的工程体系，用一个新的名词来称谓，就叫作"认知争夺系统"。由于人的认知能力，即人脑加工、储存和提取信息的能力是有限的。因此，只要对民众进行海量的信息灌输，就会影响民众的思想和意识，影响人们对事物的性质以及基本规律的判断和把握能力。这个方法源自资本主义早期的市场恶性竞争。在互联网高度发达的信息时代，被拥有着强大媒体实力的美国发展为系统性的国家战略。在这个系统中，输出的"主导者"是美国政府及其相关机构，即白宫、国防部、中情局、美国新闻署以及美国国会等。它们与非政府组织，即各类财团、社团、智库和基金会、媒体以及宗教团体等共同构成立体多样、整体推进的输出体系。虽然，谎言不可能变成真理，但是它基于人类认知特点而刻意设计的针对性措施具备较强的意识形态的制造力和传播力，甚至可以说拥有较强大的攻击力。需要我们认真对待，并形成有效的应对措施。

2. 基于文化技术优势的多方位科技意识形态输出体系

好莱坞无疑是文化技术的领先者，它在现代电影艺术发展中作出的贡献世界瞩目。但同时，好莱坞更是美国社会思潮与意识形态最有力的传播者，甚至被称为美国文化霸权与科技霸权的台柱子。其中，战争片一直是美国电影中占据最多市场份额的题材。在这些影片中充斥着"宗教性的圣战"色彩、"公民宗教"与"英雄主义"等，各种各样根本没影的高科技装备似乎早已在美军中广泛使用，让人根本搞不清到底是科幻片还是现实战斗片。[①]

---

① 2022年汤姆·克鲁斯的最新电影《壮志凌云2：独行侠》中表现美国正在测试10马赫的战斗机，事实上直到当年底美国8马赫的高超声速导弹仍然在测试零部件。

随着虚拟现实的一些数字化技术的不断创新,用艺术化的镜头渲染美国精神意象与科技成果,实现了文学、艺术与科技意识形态的共鸣,是美国政府及其追随者的策略共识以及成功所在,它身临其境地影响着世界各国各地的意识形态。

3. 对科技新闻进行深度干预以推销其科技意识形态

通过对新闻进行选择报道、价值灌输甚至制造假新闻等方式控制舆论,以所谓"新闻自由"对他国进行舆论干预,操纵他国国内舆论与国际舆情;展开宣传攻势,吹嘘扩大其自身技术优势,对他国的科技进步进行歧视性贬低,特别是对他国的科技发展水平一贯采取一种恶意打压的态度,实现对他国科技创新能力、制度与价值观的"软打击",逐步蚕食、击碎其他国家对本国科技创新能力的民族自尊自信和瓦解社会共识,是美国经常运用的手段。而且美国相关机构特别善于利用科研与技术创新的"马太效应",从世界各国笼络科技精英人才,以维持其自身的科技霸权。比较典型的是对中国的核力量和航天能力的宣传,以致其国内的一些政客天真地以为中国的核力量不值一提。

4. 利用互联网与数字技术优势强化其科技意识形态输出的渠道和体系

互联网是信息传递通道。在网络世界,真假难辨、良莠不齐的信息潮水般涌来,不断冲击着人们的认知,影响着网络社会的意识形态。美国政府非常重视利用国际互联网、新媒体来主动进行意识形态输出。它拥有这方面的完整的顶层设计与战略规划,并以法律形式确保其进行意识形态输出的合法性、稳定性与长期性。如其先后通过的《网络空间国际战略》《网络安全法案》《联邦信息安全管理法案》《情报改革与防止恐怖主义法》等法案,力图通过控制信息内容和流向来瓦解目标国家或区域的意识形态堡垒,控制更多的民众到自己的意识形态阵营,以获得其自身意识形态在世界范围内最大的认同。与此同时,美国利用技术、资金、语言等方面的优势,遏制敌对国网络的根服务器,阻断"逆向"信息流传播,最大限度减少外部信息对自身意识形态的冲击。

此外,美国还充分利用其所拥有的网络技术与资本优势,投资各国的网络媒体,通过所控制的各类网络平台抓住重点受众,进而控制相关国家的网络空间舆论。甚至利用原本是为世界各地学子提供学习机会的在线课程(MOOC),将一些美国的价值观灌输到理科科技类课程中。除此之外,还通过国际教育交流,对国外优秀科技人才的政治立场施加影响,吸引其为美国服务。

(二)中国强化科技意识形态安全的两个重大措施

美国的科技意识形态输出系统,一方面帮助美国占据全球科技创新链中的顶端优势地位，利用其所形成的科技意识形态竞争力和话语权来不断强化美国的科技霸权；但另一方面也引发了世界范围内对美国科技意识形态的防范与控制，特别是形成了当前中美科技博弈方面的"非对称"局面。近年来中国在科技意识形态建设方面作出了许多举措。虽然这些举措目前主要还是"防守"性的，但是也树立起了我们的科技自立自强精神。其中比较受各界关注的是中文知识体系的全面构建和中医药战略地位的确立。

1. 强化中文知识体系建设，夯实国家知识实力基础

如果说"关键核心技术是国之重器"，那么中文知识体系就是"国之重器"中必需的"战略知产"，是进入知识社会的实力基础。为此，要高度重视中文知识体系的持续更新与迭代发展。

文字作为文明传承的载体，以某种文字表述的信息与知识的含量，本身就影响和体现着该文明体的兴盛与衰亡。而语言的地位取决于以该语言为载体的知识含量对人类文明的贡献程度，并因此享有强大的话语权和吸引力。因此，对于一个文明体来说，建构一个全领域的知识体系并保持其先进性是涵养自身文明的重要基石。具有世界最先进知识体系的文明体可以成为世界的语言中心和科技交流的高地。当前世界认可英文作为国际交流的主要语言，也主要是因为英文在国际科技期刊中的权威性、在科技交流中使用英文的便利性。英文的世界语言中心的惯性地位所具有的吸引力使得来自世界各国的科技研发人员为其提供优秀的英文论文，为其科技实力的增长持续提供营养，并进一步增强其科技实力和文化自信，牢牢把握着科技话语权。

我们要文明的交流是为了互鉴，如果我们的优秀科技论文都只是发表在国外期刊和会议上，却没能在国内激发相应的讨论和互鉴的成果，那说明在国际科技交流方面中国只是在单方面的付出和贡献，这不符合我们的初衷和本意，也不是长久之道。西方大国在战略上和政策上是从来不允许对我们做技术转移和技术输出的。中文版科技论文是中国自主研发和科技攻关的重要资源，是自主创新的战略资产。习近平总书记多次强调，核心技术、关键技术乃是国之重器，并提出"把论文写在祖国的大地上"的要求。这一方面是要求把科技论文成果应用到国家的经济发展之中，另一方面也要求将这些知识融入民族语言知识体系之中。

科技论文作为中文知识体系的核心内容，是中华文明复兴的重要支撑。当前，我国已经拥有可观的人才与科技资源积累，但是仍然处于国家知识实力大幅提升的关键时期。科技部公布的《中国科技人力资源发展研究报告（2018）》显示：早在 2017 年，我国的科技人力资源即 R&D 研发

人员的规模即已居全球首位，到了2020年年底，中国的科技论文产出数量也跃升为世界第一。但是，与这一科技研发人员规模与科技成果产出量不相适应的是：中国研究人员的大部分论文都发表在国外的科技期刊上，国内的科技期刊发文量远不能满足国内研究人员成果发文的需求。① 所以，现在的关键就是形成一个对国内的学术跟踪交流和科技成果及时转化的氛围和机制，更好地利用和整合现有资源，譬如在全国各类职称评比中日渐淡化SCI论文数量等影响因子，大力发展中文科技期刊，等等。让这个庞大的科研队伍的每一项研发的成果都有利于中文知识体系的积累，让中华文明的种子都生长在祖国的大地上，所结出的累累硕果都能应用在祖国未来的创新驱动战略上。

中国作为后发国家，如果想摆脱先发国家在科技发展方面的压制与束缚，就必须建立起一个与我们自身发展实力和水平相当的中文知识体系，将那些代表中国最高知识成就的中文科技论文与其他的中文科研成果一起整合进这个知识体系，持续更新，使之达到并保持世界先进水平。

2. 明确中医的科学地位，构建传统科学现代化范例

从历史的进程来看，中医被质疑甚至批判，是民族的文化自信出现问题。其中，对中医的科学性讨论持续了整个近现代历程。早在1929年2月，由当时的南京国民政府召开的（民国）第一届中央卫生委员会上，就曾经通过了所谓"废止中医案"。甚至到了1950年，在新中国召开的第一届全国卫生会议上，仍然出现同样的观点。但在这一历史的关头，毛泽东主席力挽狂澜，推动会议确立了"团结中西医"方针，并为会议题词："团结新老中西各部分医药卫生工作人员，组成巩固的统一战线，为开展伟大的人民卫生工作而奋斗。"② 从而将"中西医结合"与"面向工农兵"和"预防为主"两条原则并列，共同作为新中国的三大卫生工作原则加以确定。

由于学术界存在中医不科学的观点，导致社会上存在歧视甚至排斥中医的现象。毛泽东主席针对这一现象批判指出："中医对我国人民的贡献是很大的，中国有六万万人口，是世界上人口最多的国家，我国人民所以能够繁衍，日益兴盛，当然有许多原因，但卫生保健事业所起的作用必须是其中重要原因之一。这方面首先应归功于中医。"③ 及至1965年，著名的"六二

---

① 《中国科技期刊发展蓝皮书（2021）发布 我国科技期刊总量达四千余种》，光明网（https：//m.gmw.cn/baijia/2022-08/25/35978421.html），2022年8月25日。
② 《建国以来毛泽东文稿》第1册，中央文献出版社1996年版，第493页。
③ 刘雪松：《毛泽东与新中国医疗卫生工作》，人民网（http：//dangshi.people.com.cn/n1/2016/0509/c85037-28333912-4.html？from=singlemessage），2016年5月9日。

六"指示中要求"把医疗卫生的重点放到农村去",要求采用中西医结合的方式培训赤脚医生,建立起了初级的社会医疗保障体系。

对中医是否科学的问题,我们可以从科学学研究的角度来明确回答:即使是严格地按照所谓的科学范式理论,仍然可以将中医看作为一种自成体系的科学范式。中医内部组成的各项理论与规律之间是可以自洽的,其实际的效果也是得到证实的,完全可以看作是一种黑盒研究方法下的成果集大成。法伊尔阿本德被西方当代哲学界称为"科学哲学四大巨头"之一,他在亲身体验了中西医疗法的实效后,在其所著的《自由社会中的科学》一书中详细地写道:"第一次治疗以后,我感觉很久以来没有这么好的感觉了,还有身体上的改善,慢性痼疾停止了,小便清晰了。我的'科学的'医生们从来没有做到这一点。他是怎么做的?就是简单的推拿,我后来发现,这种推拿刺激肝和胃的针灸穴位",等等。他认为:"世界上存在着大量有价值的医学知识,它们遭到了医学界的不满和蔑视。"① 其中就包括中医。

现代医学与中医的关系,不是替代,更不是否定,而是融合发展与互相成就的关系。屠呦呦在中医古方的提示下,用现代萃取技术,发现了抗疟药青蒿素和双氢青蒿素,获得了国家最高科学技术奖,堪称是对中医科学性的最好证明。现在欧美流行的所谓自然疗法,其实许多都是货真价实的中医疗法,不过是改头换面的说法罢了。2019 年,在中共中央、国务院《关于促进中医药传承创新发展的意见》中明确指出:"传承创新发展中医药是新时代中国特色社会主义事业的重要内容,是中华民族伟大复兴的大事,对于坚持中西医并重、打造中医药和西医药相互补充协调发展的中国特色卫生健康发展模式,发挥中医药原创优势、推动我国生命科学实现创新突破,弘扬中华优秀传统文化、增强民族自信和文化自信,促进文明互鉴和民心相通、推动构建人类命运共同体具有重要意义。"② 因此,中医和中药的真正问题不是"是不是科学"的问题,而是如何互促发展的问题,是如何在秉承中医科学经验论合理性的精髓条件下,融合更多的现代科学成果,获得自身的迭代式变革的问题!

在 2020 年暴发的新冠疫情中,中医药的作用再次得到了突出的验证。事实上,对中医科学性的认识,早已不是一个学术研究的问题,它还是对

---

① 〔美〕保罗·法伊尔阿本德:《自由社会中的科学》,兰征译,上海译文出版社 1990 年版,第 151—152 页。
② 《中共中央 国务院关于促进中医药传承创新发展的意见》,中国政府网(http://www.gov.cn/zhengce/2019-10/26/content_ 5445336.htm),2019 年 10 月 26 日。

科学沙文主义的批判问题，是如何对待本国传统科学成就的根本立场问题，是一个包括中西方科学哲学家都应加以深入研究的科技意识形态竞争的时代课题！

第二节　全球科技意识形态竞争的冲突风险

国际社会的科技意识形态竞争主要体现在科技产业或科技水平以及科技影响力的竞争。不同的科技意识形态之间能否展开良性的、有益于人类进步的竞争，关键取决于各方的利益和价值选择。不排除存在由竞争走向冲突的风险。

一　不同的科技意识形态之间存在由竞争走向冲突的风险

科技意识形态竞争不仅体现在科学和技术的竞争性发展，更会引起有关科学和技术的制度乃至观念层面的冲突。早在17世纪，贸易失衡问题就已经成为国家间经济甚至政治关系的核心关切，重商主义盛行的西方国家的对外殖民史体现了当时西方国家间的贸易竞争关系。时至今日，虽然贸易竞争在诸多国际经济关系中仍占据主导地位，但吸取此前因重商主义而导致众多贸易热战的教训，世界各主要大国开始将关注点转向本国的产业竞争力问题。而科技意识形态的竞争本质上是为获得产业链顶端优势，是发展主导权之争，是科技创新收益分配优先权之争，由此引发整个社会从科技制度到发展观念的革新。无论是阿尔斯通事件，还是华为事件，表面上是规则竞争，实质目标是夺取产业链控制权。通过技术、产权或者标准等制度占据科技优势，再通过社会媒体宣传推介来影响观念，而这宣传背后却是科技意识形态导向的竞争。

（一）科技意识形态的竞争大多发生在科技水平相当的大国之间，特别是不同科技意识形态类型的大国之间

在技术层面存在"代差"的国家之间，不容易发生直接技术竞争。因为这些国家通常以合作者、受援者和依附者的关系相处。也就是说，在本书所述的几种科技意识形态类型的国家间，是最容易发生"科技战"的。欧洲同美国之间的竞争可以称为不同类型科技意识形态国家竞争的典型案例。法德两国和英美两国在多个领域形成全方位对冲，表现最激烈的就是航空领域。

自20世纪70年代建立外交关系之后，中美两国五十年来的科技合作

与竞争态势变迁充分说明了这一规律:在改革开放之初,中国处于工业化早期阶段,美国对华科技政策主要以技术合作和技术援助为主。2001年中国加入世界贸易组织后,由于中国的自主创新体系还没有完全形成,美国在产业和技术领域拥有较大的领先优势,因此尽管中美之间的贸易平衡发生了变化,中国的贸易顺差急剧扩大,但中美之间仍以技术合作为主。然而,随着中国以自主创新为核心话语的科技意识形态确立并推动国家科技创新体系日益成熟,以及面向国际国内两个市场的高科技产业的全速发展,中美之间的科技意识形态从以合作为主转向以竞争为主。美国从最初指责中国在知识产权方面保护不力,发展到公开攻击"中国制造2025",并最终开启直接的"科技战"。在这个竞争的过程中,政治因素是重要推手,贸易摩擦是手段,而科技意识形态的差异与竞争则是主要原因。

(二)技术民族主义是最极端体现国际竞争的国家科技意识形态

所谓技术民族主义,最初是指以满足一国的军事安全或经济发展需要而进行技术创新的主张。理查德·塞缪尔斯(Richard J. Samuels)在分析日本自明治维新以来推行的"富国强兵"等军事技术民族主义政策时,指出日本的技术创新在满足军事安全需要的同时,也有效地促进了工业生产领域的竞争力提升。由此,技术民族主义成为许多国家技术发展战略的主导理论。及至冷战时期,技术民族主义的思潮甚至一度达到历史顶峰。这种世界范围内的技术民族主义直到20世纪90年代冷战结束后才在总体上有所缓和。[1] 进入21世纪以后,各国科技意识形态超越技术民族主义,开始演变为以基于核心技术成长的产业政策及相关的体系建设为主,这种变化给全球科技与经济带来了繁荣。科技意识形态作为驱动本国经济发展的核心观念体系,更大的作用是整合国家区域市场来加速自身技术成长和避免技术外溢风险等。另外,国家成熟的科技意识形态更有利于加速技术产业化。技术产业化的发展需要以一定的规模化应用和市场保护为支撑。其中,技术的规模化应用能够打破生产要素投入边际收益递减的发展困局,解决投入产出的成本平衡问题。市场规模效应的有效发挥需要推动市场空间的整合。而相同类型的科技意识形态国家更容易实现区域市场拓展和规模经济。例如,在美国的影响和施压下,英国推出的泛区域合作计划,事实上就是盎—撒民族国家联盟内的合作。

事实上,不同国家的科技意识形态,因其竞争的需要而采取的相关政

---

[1] 王玉柱:《发展阶段、技术民族主义与全球化格局调整》,《世界经济与政治》2020年第11期。

策和战略,并不一定都是符合世界发展潮流的。技术民族主义这个传统的科技意识形态,仍然影响着全球科技产业的布局与变迁。近年来,随着中国科技在多个领域的弯道超车,中美的差距日益缩小。中国巨大的经济体量和两国基本经济制度的差异,使得两国之间的科技意识形态竞争发展成为新型的技术民族主义对峙,并且日益激烈。新型技术民族主义具有更多的现实民族保护主义特征,必然给中美两国间的经济合作和人文交流带来负面影响。无论是特朗普时代发动的贸易战,还是2021年美国国会参议院通过的"无尽边疆法案",美国科技创新政策体系,蕴含着浓厚的技术民族主义色彩,依然以应对中国竞争为核心目标。

以技术民族主义为主色调的科技意识形态竞争容易引致国家间的竞争走向冲突,如:相关的国家在科技领域树立了一个"假想敌",以和平与合作的名义拉拢少数国家对特定国家实施"国别歧视",并对该国的科技产业进行限制和封锁。这类政策实际上是反和平反合作共赢原则的,甚至是与相关国际规则或法律规定相违背的。事实上,这种科技意识形态竞争还容易引发群体"反智"行为。虽然科技意识形态促进科技引领经济社会发展,但并不能在分配环节平衡各国各个阶层、各个领域的民众所有人的利益,还有可能导致各国民众对于新技术、跨国科技巨头的担忧,担心新技术和平台会"消灭"就业,破坏社会秩序,改变市场竞争环境,甚至控制人的思维和行动,等等。由此引致的偏见短期内是不可消除的。

(三)科技意识形态竞争的最大风险在于科技竞争与军事竞争相互交织

由于一些高科技或者材料涉及军事技术领域,因此,科技意识形态竞争的最大风险是与军事竞争相互交织。"安全化"是当前科技意识形态竞争的高频词汇,而"安全"的依据主要来源于各自掌握的前沿技术巨大的军事能力或潜力。从历次的技术革命中,我们可以推测出具有较高军事价值、可能改变国家间军事力量对比的技术会一次比一次强。到如今,信息技术革命将各类数字技术融会贯通,显著提升了相关技术的赋能能力。人工智能(Artificial Intelligence,简称"AI")、量子计算和基因编辑等当今受到最广泛重视的一些前沿技术,均具有重大的军事价值。现代科技进步与军事安全能力的直接挂钩,使各国的科技安全理念发生很大的变化,有更优先从军事潜力角度看待前沿技术的需要。通常是本着着眼未来、防患于未然的态度,也要强化对关键核心技术的掌握,避免竞争者获取相关的关键技术能力和资源。

科技意识形态竞争还有一个不确定趋势,即竞争有可能随着科技创新在国家经济社会发展的作用持续加强，而进一步在全球范围内扩散。前述事件及分析表明，国际科技意识形态的竞争，不再是一国或几国之间的问题，而是世界发展的新热点新趋势。这种竞争存在着衍变为冲突的可能，并有可能本土化、政治化和泛安全化，不利于全球范围内的产品、技术、人才和数据等科技创新要素的自由流动。目前，各国科技产业链虽然仍高度捆绑，但在少数国家以科技限制作为外交筹码不断对他国施压的情况下，更多国家为避免其科技产业链和关键技术受制于人，会强化追求科技自主和科技安全，避免在新兴产业和前沿技术上对他国形成依赖。例如，在美国限制中国企业获取涉及美国技术的芯片后，欧洲、日本等也开始重视半导体技术和产业的独立与安全问题，纷纷加大技术研发投资，并吸引企业在本土建厂。这样不仅有可能改变科技发展主要基于比较优势和要素跨国合作的现状，还有可能造成全球性的冲突。

二 科技意识形态由竞争走向冲突的实例

面对新的科技革命和社会发展要求，各种不同类型的科技意识形态之间，存在着激烈的竞争。且不说在政治意识形态对垒的冷战时期著名的"斯普特尼克时刻"了，即使是冷战结束三十年后的当下，在传统的政治意识形态相似的国家之间，都有可能因为各自的国家科技意识形态在目标上的竞争或资源的争夺而引致摩擦。

（一）美欧的数字税之争

美欧数字税争端是有历史原因的。一方面，是因为美国的一些跨国互联网企业将欧洲总部落在税制宽松、税率偏低的欧盟成员国（如爱尔兰以及东欧的波兰等国）以实现合理避税；而另一方面，是因为美国利用这些互联网平台对欧洲的社会进行了广泛的控制与渗透。因此，在2018年3月，欧盟委员会公布了相关的立法提案，拟对包括谷歌、脸书、推特等在内的美国互联网企业征收新税，引发了美欧之间的数字税之争。[①]

2019年7月，法国参议院批准了向跨国互联网企业征收3%的数字服务税的法规后，美国随即展开了对法国这一征税行为的"301调查"。就在美国对所谓的欧洲"盟友"发出严重警告之后，欧盟方面也迅速妥协，并与美国达成了围绕"数字税"的全面解决方案。直到2021年10月21日，美国与奥地利、法国、意大利、西班牙、英国才宣布就数字服务税争端达成妥协，在经济合作与发展组织推动的国际税改协议生效后，欧洲五

[①] 陈博：《美欧"数字税"之争影响全球经贸复苏》，《经济日报》2020年6月23日第8版。

国将取消征收数字服务税，作为回报美国将放弃对这五国的报复性关税措施。

事实上，美欧之间的数字税之争，主要还是由于美国的互联网企业严重地影响了欧洲的社会舆论和政策导向。这一事件如果从国际科技意识形态竞争来看，可以看作是欧洲大陆型科技意识形态国家为了摆脱美国过深的社会思想与意识形态影响而采用的一种对抗措施。但由于双方的实力差距，以及美国在互联网、数字技术领域的强势地位，欧洲方面不得不妥协退让。这实在是因为科技实力与经济实力差距而无可奈何之举。

（二）阿尔斯通遭遇《美国陷阱》

法国的阿尔斯通公司（ALStom）曾经被认为是法国工业的明珠，其最辉煌的时候囊括了从水电设备到高速铁路等多项世界第一，巅峰时年营业额达160多亿美元。然而，就是这样的一颗工业明珠，却在2014年4月24日将所有能源业务以远低于实际价值不到130亿美元的价格卖给它的主要竞争对手——美国通用电气公司。这一桩让世人为之瞩目的交易，背后有着诸多不可公之于世的原因。2019年法国阿尔斯通公司国际销售副总裁弗雷德里克·皮耶鲁齐出版了《美国陷阱》一书，透露了在这个过程中他的遭遇。

事件起源于2013年4月14日。阿尔斯通公司的国际销售副总裁弗雷德里克·皮耶鲁齐在美国肯尼迪国际机场刚下飞机，即被美国联邦调查局逮捕。逮捕的理由既不是皮耶鲁齐在美国干了什么坏事，也不是皮耶鲁齐对美国犯了什么罪，而是因为在2003年，皮耶鲁齐向印度尼西亚的国会议员和国家电力公司官员进行了"行贿"，从而成功竞标了苏门答腊岛塔拉罕地区的发电站项目和雅加达附近的淡水河口电站5期项目。就是这样一个跟美国八竿子打不着的项目招标，却被美国利用，以《反海外腐败法》控诉皮耶鲁齐密谋洗钱罪等10项罪名。如果诉讼成立，其将面临共计125年的监禁。① 至此皮耶鲁齐才明白美国"围猎"的真正目标是阿尔斯通。

为了迫使阿尔斯通与美国司法部合作，在2014年春天，美国当局至少又在全球其他地方逮捕了3名皮耶鲁齐的前同事。此外，美国还通过收买关键人员获得"秘密录音"之类的间谍剧内容，拿来作为围猎阿尔斯通的重要武器。2014年4月23日，阿尔斯通的第四名高管——公司的亚洲

---

① 胡一刀：《隐秘的经济战争——阿尔斯通是如何被美国肢解的》，《大观周刊》2019年第49期。

区副总裁劳伦斯·霍金斯（Lawrence Hoskins）在美属维尔京群岛被捕。迫于压力，在阿尔斯通亚洲区副总裁劳伦斯·霍金斯被逮捕的第二天，阿尔斯通宣布准备将自己的"掌上明珠"能源业务（在公司总业务中占比70%）出售给其主要竞争对手美国通用电气公司。通用电气不仅仅是一家世界跨界巨头，它还与美国司法部反腐败部门有着密切的联系，为转行困难的检察官提供合法的管理职位（美式旋转门）。及至2014年，据传有多达15个前检察官在通用电气任职。而早在2000年，通用电气就已将狩猎的对象瞄准那些与"腐败案"有牵连的公司，而阿尔斯通只不过是计划中的第五个。①

法国总统曾经为营救阿尔斯通作出过相当的努力，但在阿尔斯通最终花掉了十多亿美元打官司、正常业务被迫停止后，不得不将其出卖。而当时的德国西门子、日本三菱公司都是有意向竞购的前两名，但在美国司法部也向这两家开出巨额的罚款后，这两家公司只好放弃竞购。所以，这次收购自始至终明显不是市场行为。阿尔斯通被通用电气收购后，美国司法部就立即与之达成和解，罚款也随之撤销。

不管是法律还是道德，都既是约束，更是武器。对于全世界的跨国高科技企业来说，皮耶鲁齐的故事就是一记警钟：当你对美国的优势地位发起冲击的时候，一定要小心脚下的陷阱和那长长的手臂。而更重要的是，竞争的形式已经发生变化，不同于之前的收购与反收购，也不同于更早时期的枪炮相加，现在更多的是网络世界的"舆论公关战"，还有为舆论公关战提供"依据"的"法律战"。

有历史学家甚至认为，第二次世界大战中，美国总统罗斯福对法国戴高乐将军领导的法国抵抗运动冷嘲热讽、态度消极和极度不信任，是二战后法美关系风风雨雨、起伏不定的根源。但是深入其中，我们就会发现，其实法美之间的这种冲突是具有相当的科技意识形态竞争背景的。因为，要协调那么多的部门和机构参与其中，没有意识形态的协调作用，是很难实现的。

首先，法美两国在传统文化上的差异较大。尽管法国文化和美国文化都归属于西方文化的范畴，然而两者却在许多层面上存在着本质区别。天主教伦理在法国居于主导地位，而美国则举着新教的旗帜，两国在思想意识和行为方式上缺乏文化上的完全认同。加之法国历史悠久，是欧洲大陆的老牌强国，具有高度的历史文化自信。法兰西文明是令法国人极为自豪的文明；而

---

① 张通：《法律的名义——通用电气收购阿尔斯通案始末》，《中国工业和信息化》2019年第7期。

反观美国，历史极为短暂，缺乏文化积淀。这在法国人看来与暴发户和乡巴佬别无二致。加之，法国自近代以来，启蒙思想家辈出，为人类社会的进步奠定了坚实的思想基础。因此，法国对于英美文化本身就有一定的优越感。这里值得说到的一点就是，近年来，资本对科研的影响日益增强，许多美国科学家为了获得科研经费，不得不绞尽脑汁地想一些"高大上"的项目，这很为法国的科学家们所不屑。① 法国的科学家在国有资金的支持和自由思想的影响下，在只做自己认为重要的东西方面有着足够的坚持。

其次，法国拥有相对独立的工业体系与国家科技创新体系。② 法国自拿破仑时代就强调工业立国，并极为重视理工科建设，并确立了以"大学校"（Grandeécole）为核心的高等教育体系。而"大学校"汇集了法国最丰厚的智力资源和最强的科技生产力，在日后的二百年里撑起了法兰西工业。除了精英科研外，还匹配了合理的工业人事制度创新。法国完善了历史上的学徒制，确立了精英设计路线，强化了经济资源优先向理工领域倾斜的国策。二战后，在戴高乐的强力支持下，法国始终保持着相对独立的工业体系，特别是国防科技工业体系。

法国有着自由的思想和独立的工业体系，自近代以来本身科研力量就一直处于前沿。法国的科研主体大都以国有为主，而且企业"国有化"的基础也很好。加上法国是受社会主义思潮影响较大的欧洲左翼国家，二战后对一些曾经与纳粹德国有关联的私人控制的大企业展开了一系列的"国有化"活动。此活动受到民众的广泛支持。到密特朗总统主政时，法国经济的国有化程度达到不逊于社会主义国家的水平。虽然近年来受自由主义影响，私有化了一些机构和企业，但总体上还是与美国的由华尔街和大企业控制一切的状况有很大区别。而在前述事例中的阿尔斯通，虽然美国通用电气（GE）收购了阿尔斯通，而法国工业部长阿诺德·蒙特布赫也宣布取得了胜利。因为该交易的一个关键条件是法国政府将收购阿尔斯通20%的股份，成为阿尔斯通的最大股东，在企业国有化上又迈进了一大步。③

---

① 美国科学界的行为不端现象并不比其他国家少，甚至更为严重。尤其是涉及一些充斥新概念的貌似高端的项目，都与申报经费密切相关。这种状态在企业与国家实验室的情况都相差不多。参见约翰·卡雷鲁《一家被看好的创业公司的挣扎》，《华尔街日报》2015年10月15日。

② 有关法国国家科技创新体系的内容在本书的第五章第二节中有更详细的描述。

③ 法国工业部长：《阿尔斯通收购案"是法国的胜利"》，中国新闻网（https://www.chinanews.com.cn/cj/2014/06-24/6315002.shtml），2014年6月24日。

源自文化传统的差异，加上国家所走的"国有化"的方向以及独立自主的科技创新体系，后来还通过欧盟实现了货币主权和资本的相对独立，法美两国在科技意识形态上最早地成为竞争者。而美国的互联网企业对欧洲数字经济生产和货物及服务贸易的新垄断，不仅给法国带来"税基侵蚀"问题，也使法国成为最先对美国互联网企业开征数字税的国家。而美国利用各种法律和规则"陷阱"来打击法国高科技产业的发展，包括20世纪以来打击空客的市场竞争，也让人看清了美国能占据世界产业链顶端，科学技术竞争仅是表面，本质上还是它那贯彻着霸权主旨的国家科技意识形态，他充分利用手中所掌握的市场规则和社会舆论影响力，操纵游戏规则，将一切可能超越它的产品扼杀在摇篮里。然而，天道轮回，2021年11月，为了肢解阿尔斯通不惜"绑架"人家高管的通用电气，竟然自己也被"肢解"了①，充分说明了物极必反，盛极而衰的道理。

（三）美国政府遏制华为公司——中美科技意识形态竞争实例

近年来，中美科技战日益激烈。2019年美国政府打击华为，是这一场特殊的竞争的起点。② 华为公司在美国受到全面打击前，拥有10万余件各项专利，每年苹果、高通等公司都要向华为缴纳不菲的专利费用，全球有将近200个国家和地区、1/3的人口都在使用华为的设备。有句话说得好，只要有太阳升起的地方，就有华为。2018年美国《财富》杂志发布报告，华为排名72位，全年的营收额相当于阿里巴巴、百度、腾讯的总和，其纳税额也相当于这三家公司之和（即337亿元）。从通信业务来看，华为是国内乃至全球最大的通信公司，很多网络技术和设备都离不开它。中国正是得益于华为等通信公司掌握了领先的技术，5G网络建设领先世界。

更重要的是：华为是一家强大而又特殊的企业。它特殊在哪里呢？特殊在于华为既不是一个家族式的企业，也不是一个拿了巨额的华尔街风险投资的企业，更不是任何个人股东的企业，而是一家基本上全员持股的民营企业。截至2019年华为员工持股计划参与人数达到十多万，也就是说，华为公司一半以上的员工都是这个公司的主人。事实上，华为最早注册时是"社会主义劳动群众集体所有制企业"。而集体企业强调全体成员是这个企业财产的共同所有者和经营者，生产资料所有权和经营权都应属于他们。只是按照后来《公司法》改革，社会主义劳动群众集体所有制企业这

---

① 《129年通用电气解体：当年亲手肢解阿尔斯通，如今被阿尔斯通反杀》，网易（https://www.163.com/dy/article/GPIJ9SDL0511BCOA.html），2021年11月24日。

② 2023年8月29日，华为推出了5G制式的Mate 60手机，宣告了这一场科技竞争的阶段性结果。

一企业类型被取消了,不存在了,华为才改成现在的有限责任公司。华为名义上改为了有限责任公司,但工会委员会占股98%,创始人任正非占股不到2%。至2022年6月,股比仍然是工会委员会占股99.25%,创始人任正非占股不到0.75%。所以华为从始至今也不是纯粹意义上的私营企业,而是仍然保持了集体所有制精神的非典型民营企业。虽然社会主义劳动群众集体所有制企业现在不被《公司法》认可,但《公司法》没有规定股东身份是否可以是工会,对股东身份要求也没有明确规定。因此,华为的股东仍然是工会和任正非①,这是一种特殊的机制存在。

要了解华为很难,但也很简单。因为华为有一部公开的《华为基本法》反映了企业的价值观,它也是其企业文化建设的根基。其中第一百零二条写道:"华为公司的接班人是在集体奋斗中从员工和各级干部中自然产生的领袖",是的,这不是一个以血缘来继承所有者的现代企业。在第一百零三条还指出:"每十年基本法进行一次修订。修订的过程贯彻从贤不从众的原则。""从贤不从众"的原则决定了企业未来的掌舵人是站在高处对企业了解至深、把握全局的"贤者",而非企业中容易被拉走选票的"大众"。这与西方的选票式民主有着根本的区别,可以说又是一项大胆的对人类未来文明的超前尝试。

《华为基本法》中还特别强调了"在独立自主的基础上,开放合作地发展领先的核心技术体系"。事实上,在华为的发展历程中也一直践行着这一点。独立自主使企业做大做强,在现实中将自己发展成了一个拥有中国特色的自主创新科技意识形态的企业版本,成长为一个令世界最强的国家都无法忽视的存在。透过《华为基本法》,我们看到了中国改革开放以来最成功的市场经济条件下发展起来的创新主体的价值观!

据说就在《华为基本法》制定的2003年,美国的摩托罗拉公司拟收购华为。经过6个月的谈判,收购条款也基本上敲定了。但在任正非带着高管就等签完字去沙滩上"嗨皮"时,当时新任的摩托罗拉CEO爱德华·詹德否决了这次收购。被拒绝收购之后,任正非与高管们就地开会对公司的未来作出了决议。会议结束前,任正非对参加会议的成员说:"迟早我们要与美国相遇,那我们就要为和美国在'山顶'上交锋做好一切准备。"2003年的话在16年后得到了印证。②

---

① 《华为公司的股东会和持股员工代表会》,华为公司官网(https://www.huawei.com/cn/corporate-governance#the-shareholders-meeting-and-the-representatives-commission)。
② 《做好一切准备和美国在"山顶"交锋》,2019年5月21日,华为创始人任正非接受《人民日报》等20多家媒体的联合采访。参见华声在线(https://news.voc.com.cn/article/201905/20190522091231627.html),2019年5月22日。

爱德华·詹德否决收购不仅是摩托罗拉的决定，同时还是由美国资本的性质决定的。因为，在《华为基本法》第十六条表达了华为对资本的态度，那就是："我们认为，劳动、知识、企业家和资本创造了公司的全部价值。"并在第十七条作了详细的说明和阐述。显然，华为的逻辑与资本的逻辑是相悖的。在华为，"劳动、知识、企业家和资本"的出场顺序是正序的；而在华尔街看来，正确的顺序应该是与之相反的，虽然他们也经常宣扬"科技以人为本"。

美国在其科技意识形态里特别喜欢宣传其作为移民国家的开放性和冒险精神。所以，美国可以面向全球以大资本优势吸引人才；"撒克逊新教"敢于风险投资的"神话"实则赋予其大资本在世界范围内冒险投资的勇气。但在华为这里，大资本为之却步了。因为华为的企业价值观从根本上冲击着其科技意识形态的基础。华为不像所谓"BAT"那样的科技公司，通过获得美国的风险投资形成资本优势，进而控制所在地相关科技产品的本地市场，再通过返回美国资本市场融资上市 IPO 扩大规模，以控制所在地的垄断利润回报于美国资本。华为完全不一样！华为通过资金与人才的内部积累实现华为的成长。《华为基本法》让员工真正成为企业的主人，员工为企业的成长尽心尽力，并在与华为共同成长和资本积累过程中获得资本规模效益，分享自己的收益。这种模式保证企业的最后收益不外流给外部资本，而将更多的利润留在企业以促进企业更快成长。这种企业内生式的发展路径，与中国的工业化道路何其相似！这是很了不起的成就。我们都知道，中国的繁荣富强和民族复兴不是通过战争、殖民，而是通过内部积累来实现。所以说，几代中国共产党人带领中国人民所创造的中国式现代化理论，是最先进的国家科技意识形态，是人类文明的新形态。华为沿着中国特色现代化的道路的文明方向发展自己，可以说是无往不胜。所以，按照华为的发展理念和成长方式，风险资本没有一席之地。一旦收购，势必按照资本的逻辑重构企业的股权结构、重排收益的优先顺序。那华为本身的竞争力和凝聚力也将不复存在。这样的企业收购来又有何价值呢？！

选择决定了道路。虽然艰难，但华为还是成功了。成功的不仅是华为科技的实力、华为产品的市场占有率，最重要的是华为的企业价值观。华为成功后不是将最大的收益简单地分配给资本，甚至包括创始人，而是持股的工会。这对美国资本市场的分配原则提出了极大挑战。如果全世界的优秀人才在创业时不再想到华尔街去"找钱"并回报华尔街，那美国以美元和金融控制全球科技精英的套路不就失灵了吗？美国的优势和霸权基础不就被彻底推翻了吗？因此，在美国的那些"精英"眼里，华为必须被消灭，不仅是因为华为的5G技术领先，更是因为产生那些领先技术的企业运作机制和企业价值观，映射着社会主义性质的国家科技意识形态。华为的价值对于中国特色的社会主义现代化建设来说，具有不可估量的作用。华为堪称改革开放以来，中国摆脱苏联的传统模式，从市场经济中成长起来的非国有企业科技创新代表。对于中国的科技创新从业者来说，华为从技术到企业精神都在创新，是中国传统文化"互利共赢、和合共生"精神与当今国家科技意识形态中"独立自主""合作共赢"理念的"中国合伙人"代表！

事实上，近年来国际科技意识形态竞争走向冲突的案例很多，以上的事例只是影响较大且受人们关注的典型。科技意识形态竞争，乃至更为严重的科技安全问题，正在越来越多地走到公众的面前。

第三节 科技意识形态竞争的经济本质与直接标的

意识形态的竞争，就是对国家制度的合理性与话语权的竞争。科技意识形态的竞争，就是以国家科技创新体系竞争力为主要目标的国家科技体制、创新能力与发展水平的全面竞争。科技意识形态竞争乃至冲突的根源就是各国科技产业与经济的竞争，实质就是科技创新收益分配之争。话语权是科技意识形态竞争的核心标的，而以国际互联网为主渠道的国际融媒体空间，则是当今国际科技意识形态竞争最直接的场域。

一 科技创新收益的分配：科技意识形态竞争的根源与本质

曾经，人们认识到，科学要发展就不能局限于国界。因而，技术民族主义一度被认为是将科技这一实现人类美好生活的最有力的工具用于为极少部分人的收益服务，因而是狭隘的、民粹主义的，是不利于人类社会进步的。曾经，有人认为国际科技意识形态竞争由良性竞争走向恶性冲突的情形，同样是源于技术民粹主义。因为这样的技术民粹主义将带来国家间进一步的科技发展分化，更难实现科技创新资源的公平分配，更不利于科技创新资源的合理流动。技术民族主义既不利于科技水平仍然较低的发展中国家，也不利于科技水平领先的国家。但是，经过了数百年的风雨，人们也认识到，科学虽然没有国界，但科技创新政策和结果是有国界的，特别是科技创新产生的经济利益分配是有国界的。列宁曾引用一句著名的格言："几何公理要是触犯了人们的利益，那也一定会遭到反驳的。自然史理论触犯了神学的陈腐偏见，引起了并且直到现在还在引起最激烈的斗争。"① 全球范围的科技意识形态竞争在本质上与各国的科技研发竞争、科技产品竞争、科技产业竞争乃至国家军事科技能力竞争都是相通的一体多面，表现为各国的国家利益、社会利益以及企业、群体、产业的利益分配的竞争。科技意识形态的竞争既是科技竞争、科技产业竞争等国际科技创新领域现实的"反射"与"回声"，同时也为科技竞争、科技产业竞争提供理念指导与价值观支撑，为科技竞争、科技产业竞争提供话语权和影响力，为科技竞争和科技产业竞争提供战略依据、制度规则与非制度规范。

当今世界，一些国家基于自身的霸权思维与唯我独尊的"上帝选民"的观念，在国际科技竞争中，以自身的科技意识形态价值优越及科技产业利益优先分配为准则行事。这种做法扭曲了市场公平原则，限制了各国科技企业在全球合理地分布其产业供应链的选择自由，也破坏了各国的创新环境，延缓了前沿技术的创新应用和产业化进程。尤其是对发展中国家而言，很可能失去先进技术的市场来源，或独自承担技术迭代成本，从而在科技革命的进程中放慢前进的脚步，最终会伤害到发展中国家既有的资源禀赋和产业竞争力，进而拉大与发达国家之间的差距。

以上我们从技术民族主义的视角分析了当今世界科技竞争关系。但是，如果单纯地认为那样的冲突仅是技术民族主义所致的话，那我们就很难解释美国向中国、欧洲乃至日本挥舞"科技制裁"大棒的实质了。所以，我们还需要从科技意识形态层面来认识科技竞争，即真正从科技发展是为了谁、服务谁，也就是科技发展的价值根本所在进行讨论。当我们从"为什么要创新、为谁创新、由谁创新、怎样创新、创新的重点是什么"这些科技意识形态的根本内容来展开思考的话，我们就会对这种冲突的本质有了更深刻的理解。

马克思在《路易·波拿巴的雾月十八日》第三版序言中指出："一切历史上的斗争，无论是在政治、宗教、哲学的领域中进行的，还是在其他意识形态领域中进行的，实际上只是或多或少明显地表现了各社会阶级的斗争"②。美国在新一届政党轮替后仍然继续推动产业链回流政策持续把中国作为主要技术竞赛对象，源于美国的科技创新政策和科技意识形态是为美国的大金融资本服务这一核心价值。在以华尔街为首的国际金融大资本推动下，数字化网络平台成为全球跨国垄断新形式，使得各国的科技创新

---

① 《列宁选集》第2卷，人民出版社2012年版，第1页。
② 《马克思恩格斯全集》第28卷，人民出版社2018年版，第247页。

的利益分配优先倾向于美国的金融大资本，因而激化了各国的利益矛盾。

美国是当今全球科技领域国际规则和争端解决机制的主要设计者和参与者，其主要目标是：在当今这个全球信息化、网络化、数字化的时代，保持自己在全球范围内的数字霸权，进而保持科技霸权，从而保证对其国家的创新收益分配优先。正是这样的逻辑，构成了当今全球化时代的科技意识形态竞争乃至冲突的根本原因。按此推理，出于对自身利益的综合考虑，以及基于自身历史文化和发展理念的科技意识形态竞争要求，世界各主要科技强国都有可能竞相推出类似措施。各国因此将以邻国为壑，令第三次全球化走向尾声。但是，这种倒退只能是暂时的。历史向前发展的潮流不会改变，网络全球化时代，大科技的开放性要求和全球经济一体化趋势都在将各国联系在一起，只是在国际政治因素诱发下，出现了科技创新的区域化发展新趋势，形成了另一种范围的即区域性的开放式竞争与合作的新格局。全球化与区域化本就是一对矛盾关系，二者存在着螺旋式发展的辩证关系。区域化是国家的政策选择，直接体现相关国家的发展利益，其深度与广度都远高于经济全球化。科技创新的区域化发展在一定程度上是以科技创新全球化退潮为代价，但又是为新型的科技创新全球化作铺垫的。虽然按照亚当·斯密等工业时代经济学家的观点来看，只有世界市场才能称得上是最优市场规模，但是在一个科技创新引领经济社会全面发展的知识经济时代，适合科技创新迭代发展规模的市场就是最优的市场规模，并不一定是全球性的市场规模。

历史上，任何一个大国推动全球化的态度都取决于其内部政策的变化，也就是说大国是通过改变自己来改变世界的。作为上一轮全球化进程的核心引领者，美国国内的新自由主义政策极大地推动了数字大资本与金融大资本的融合发展。其国内的数字大资本与金融大资本相结合造就的国际垄断平台经济，在全球范围加深了资本主义生产方式的基本矛盾，加剧了这些垄断平台资本与工业制造资本之间、垄断资本同母国政府之间、跨国垄断资本之间、发达国家政府之间及其与发展中国家之间的诸多矛盾。数字大资本与金融大资本融合体过于庞大，其在世界范围的布局使得本国的核心技术和产业竞争力出现相对衰落，特别是国内民众难以通过科技创新获得新的收益增长。此时，以技术民粹主义为导向的新的"区域合作"和与竞争者"脱钩"，就成了确保在相对可控的市场空间内维护其技术和产业竞争的相对优势和地位的科技政策手段。而这将会对科技发展形成新的影响，特别是技术体系变革和科创中心的变迁，产生更大范围的影响。

自进入大航海时代以来，几乎每一个大国的崛起或衰落，都与技术体系变革和科技创新中心的变迁密切相关，而技术体系的变革与科技创新中心的转移与发展的驱动力来自科技成果转化的市场收益。所以，科技竞争通常表现为贸易竞争。美国特朗普政府总体的科技政策以斗争为主，这不仅将继续削弱第三次全球化的合作基础，还会因其敌对性的自我优先主义行为，引发中国等其他所有具有自主科技意识形态国家的反制。而拜登政府延续甚至强化了特朗普的竞争策略，使得中美两国的半导体产业已经出现了事实上的"脱钩"。短期内，中国的相关产业的发展会受到破坏，但随着中国推动形成的基于自主创新体系的国际生产分工体系和国际科研合作体系的不断完善和创新能力增强，相关产业和技术应用的市场空间和规模也将会进一步拓展。

新的发展阶段将以新发展理念为指导，进入新的发展格局。在中国共产党第十九届五中全会上，中国提出了"构建以国内循环为主、国内国际双循环相互促进"的双循环发展战略格局。该战略的核心就是构建更强有力的自主创新体系和可控的国际科研合作体系以激发国内市场的潜能，完善内部市场建设和产业布局以提升国内市场带动新的国际分工体系的能力。该战略强调以国内循环为主体，就是在强调国内科技创新体系的主体性，以促进基于内部产业链的体系化建设。在新发展格局下，国内巨型市场规模有利于国家拓展外部市场空间分工，与各个区域的国家建立新的联系。一方面，中国与东亚、东南亚和中东欧等地区正日益形成紧密的以国内市场为主体的产业链网络联系。这些区域大多以中小规模经济体为主，拥有相似的经济发展需求，经济利益联系较为紧密，经济合作受政治环境影响相对较弱。未来，这种联系将随着中国与东南亚陆路运输体系的完善而进一步增强。另一方面，以中欧班列为主题的欧亚区域内铁路网络成本优势逐步显现，中国与广阔的亚欧内陆地区的经贸关系日益紧密。中欧在国际科技竞争中的地位相近，加之技术发展的领域性差异与市场的地理空间错位，使得双方科技意识形态的冲突因素较少，具有广泛合作的基础。

在未来，大国间的竞争将以"科技竞争"为主要形态。不同政治制度和文化背景的大国之间，即使双方意识形态对抗的主观意愿，也很难避免竞争的客观事实，甚至可能导致竞争双方陷入恶性竞争循环。因而，科技竞争需要双方科技意识形态的正确指导。科技意识形态决定了竞争的标的与走向，决定了区域经济发展范式，也决定了竞争的结局。苏联解体，拉美国家掉入中等收入陷阱，正是在不适当的科技意识形态指导下的必然结果。哪怕是竞争发起方，如果科技意识形态的立足点过于狭隘，最终也只是损人不利己。如美国针对中国发起的贸易冲突，不仅拖慢了中国经济发展的脚步，也让美国的企业和民众承受巨额的损失和成本，还扰乱了世界政治经济的秩序。但也以此为契机，将引出以保护科技创新为导向的新区域主义政策，进而重塑全球化发展格局。美国科技政策因素是这一变革的主要变量。随着中美科技竞争的日益显性化，中国作为最大的发展中国家，将对世界市场格局和未来新一轮全球化产生重大影响。彩虹总在风雨后。世界迎来了百年未有之大变局，为人类社会寻求建构新的秩序和格局，推动人类社会向更公平、公正、合理的合作共赢提供了历史性的条件和契机。

二 话语权：科技意识形态竞争的直接标的

话语权本质上是意识形态的统治权。[①] 话语权有助于强化政治影响力、经济利益和文化引导力。毛泽东曾明确指出："凡是要推翻一个政权，总要先造成舆论，总要先做意识形态方面的工作。革命的阶级是这样，反革命的阶级也是这样。"[②] 因此，话语权可以说是国际科技意识形态竞争的最直接标的。各国增强科技意识形态的话语权，就是要充分运用国际社会舆论的力量，提高本国科技意识形态的吸引力与信服力，从而更好地推动国家利益的实现和本国经济社会的发展。

（一）当今世界的许多权力特别是金融霸权都是建立在科学技术所构筑的话语权力基础之上的

1. 主流意识形态话语权的内容

主流意识形态的话语权在话语理论看来，主要体现在话语主体、话语内容、话语方式、话语环境以及话语效果这五个方面。不同的话语使用者采取不同的阐述策略，就会获得不同的效果。[③] 这里有一个在这五个方面的不同选择下产生话语权的不同效果的比较实例：在 2015 年底，马斯克的可回收火箭技术研发成功之时，全世界都在为之瞩目。那极致科幻的场面不仅为其后期带来了充足的再研发资金，也为美国的科技强国形象加分不少。然而，就在不久后的 2019 年，由中国的一群年轻人创办的翎客航天同样实现了火箭回收的技术，可以说是中国航天科技的一项重大突破。可是，与马斯克回收火箭的消息充斥互联网的景观不同，翎客航天的火箭回收成功一事在互联网上却没有掀起波澜。除了时间在其后因而失去了首

---

① 侯惠勤：《论马克思主义学术话语的方法论基础》，《安徽大学学报》（哲学社会科学版）2014 年第 6 期。
② 《建国以来毛泽东文稿》第 10 册，中央文献出版社 1996 年版，第 194 页。
③ 汪微微、刘志勇：《主流意识形态话语权的构成要素及其原则分析》，《科技视界》2016 年第 18 期。

创的影响力之外，还因为那只是一群年轻创业者在小火箭领域的一次成功。当我们把这个事例用主流意识形态话语权来加以分析的时候，就知道翎客航天在宣传上到底缺失了什么。

在主流意识形态话语权中，话语主体即所谓"谁在说"。该主体"将其（话语内容）意义传播于社会之中，以此确立其社会地位，并为其他团体所认识"①，也就是说，拥有话语权的主体通过话语实践，在证明自己的社会身份之同时，说服和控制他人的思想，并构建区别于他人的特质以维护自身的权力。在当今互联网新媒体特别是一些自媒体平台中，每一个有言论权利的公民都构成了话语主体。但并不是所有人的话语权力都是一样大的。"从横向看，有政治家、理论家、介于二者之间的智囊团、其他实际工作者等多个方面。从纵向看，有领袖个人、领导集体、广大干部直至普通群众等多个层次。"② 不同的社会角色，或者说这些媒体平台里的不同角色，其话语权力差异也很大。一般来讲，政府和其他在现实社会占优势的角色，都存在通过对话语的运用来构建自身的权威和影响力。在上述事例中，一方是闻名世界的科技创业成功人士马斯克，而另一方则是一群名不见经传的中国创业青年。二者的身份地位即决定了他们的话语权力从一开始就不在一个层次上，更遑论影响力了。

话语虽然受主体影响很大，但最重要的还是话语内容，也就是常说的"说什么"。通常，话语内容是意识形态的主体内容与核心思想，它表达了意识形态对一定社会所面临的社会问题与时代课题的解释和回答。③ 在上述事例中，马斯克是一位非常理解话语权精髓的企业家。他从一开始，就把回收火箭技术的开发，作为一个前所未有的重大科学探索的主题来展开，所以，一次次的试验失败，不仅没有影响他的资金链，更是他的项目估值不断得以提升的一次次宣传！而中国青年们，在花费最少的回收领域做文章，用的是小火箭，不仅没有发掘出发射卫星的收益渠道，还被不太懂行的人认为小火箭技术水平低，不值得投资。可见，吹出的"泡泡"越大，越让人"信服"，而泡泡灭了之后的社会损失的大小，人们却缺少比较甚至不予关注。所以，世人常说的是：千里马常有，而伯乐不常有。

话语方式就是所谓话语的表达方式，也就是通常所说的"怎么说"的

---

① 王治河：《福柯》，湖南教育出版社1999年版，第37页。
② 董德刚：《当代中国根本理论问题——科学的马克思主义观研究》，河北人民出版社2009年版，第213页。
③ 杨昕：《中国共产党意识形态话语权的构成要素及其实现》，《湖北行政学院学报》2013年第3期。

问题。一般而言，在现代社会，意识形态主要通过三种方式实现对其从属话语的控制权，即评论原则、作者原则和学科原则。所谓评论原则，是指具有话语权的主导话语，其表达是条文、范本和仪式化的话语，从属话语主要是对其进行复述、强调和有限的转换。而作者原则，则是指主导话语代表着话语意义的来源，从属话语不能超过其所确立的范畴。所谓学科原则，则是指话语必须在满足一定的学科规定的领域、内容、规范和要求等。① 在上述火箭回收的事例中，两个团队在话语方面最大的差别在于：马斯克把每一次的试验都变成了一场"秀"，所有的英美媒体都为之而欢呼造势，影响力遍布世界。这种话语的表达方式，可谓强大。

话语环境简单地讲就是话语表达时所处的环境和状态，它决定了话语权能否实现的问题。而话语效果则是指话语发出之后所产生的说服力、形成的影响力，是话语的权威性与控制力的表现。② 通常，如果话语内容能够与受众形成心理"共情"，则可以达到更好的话语效果，同时还可以增强话语的解释力和说服力，维持并增强话语主体的权威。当然，为了体现主流意识形态话语的力量刚性，可以通过控制话语方式和话语环境以及话语表达等，形成话语权力。在上述火箭回收事例中，马斯克通过花更多的传播经费，采用更精致的传播话术，甚至是影响数字平台的"后门"，塑造话语环境产生更强效果，把整个项目变成了美国科技团队话语权的展示会，自然也获得了美国社会和各界的大力支持。而中国青年团队可能更具技术水准的研发，却很难进入世界媒体的传播视界。话语权的差距，从话语的环境开始就被拉开了。

2. 科技实力优势构筑科技意识形态的话语权

要获得主流意识形态的话语权，通常需要从话语内容和话语方式入手，不断提升话语的权威和影响，增进受众的依赖感和信任感，同时规范话语表达环境秩序，增进话语的控制力和影响力。而要实现这样的话语权，必须遵循先进性原则、人本性原则、开放性原则和实践性原则，强调话语传播和引导的感性化、个性化和平民化，做到和风细雨、润物无声。当然，所谓的先进性原则也可以理解为经济实力优先，人本性原则可以理解为先入为主，开放性原则可以理解为渠道控制，而实践性原则有时也表现为谁的嗓门大，但最终还得以实际结果为准。

---

① 〔法〕米歇尔·福柯：《话语的秩序》，《语言与翻译的政治》，肖涛译，中央编译出版社2001年版，第25页。
② 汪微微、刘志勇：《主流意识形态话语权的构成要素及其原则分析》，《科技视界》2016年第18期。

当今世界，借助文化产品的输出和媒体的传播，意识形态的渗透与反渗透、操控与反操控的文化战争已经成为一种常态。经济上占优势的西方国家其精神生产力和传播能力也较强，因此在意识形态竞争中天然具有优势。正如马克思所指出的："占统治地位的思想不过是占统治地位的物质关系在观念上的表现，不过是以思想的形式表现出来的占统治地位的物质关系；因而，这就是那些使某一个阶级成为统治阶级的关系在观念上的表现，因而这也就是这个阶级的统治的思想……而这就意味着他们的思想是一个时代的占统治地位的思想。"① 而思想上的统治地位更加稳固其在全球政治、经济与文化中构建国际秩序的能力和话语权。

知识社会，知识权力日益强大，政治的魔方将日益控制在拥有信息强权的人手里，信息强权者会利用手中掌握的信息发布权，利用自身强大的文化语言优势，达到暴力和金钱无法征服的目的。西方发达国家利用自身技术和设备上的优势以及在国际政治经济社会中的主导地位，以及在第三次工业革命中的先行地位，建立起一个庞大的世界经济秩序与交往关系，又利用对经济全球化的控制以及媒体影响，强化其全球技术和经济的主导地位。而这样的循环或者说共振，主要是建立在这种科学技术优势所构筑的综合话语权之上。现代经济中最关键的金融权力与这种话语权基本上是一脉相通。也就是说，如果不是因为强大的电影等新文化技术，不是因为网络空间技术的发源地，不是因为大量地投资以控制或有力地影响世界各国的新媒体平台，美英等盎—撒体系国家也不可能具有如此强大的话语优势，也就不会拥有如此强大的金融霸权，也就不能像马斯克那样，以一种近于纯粹不考虑成本烧钱的方式来进行昂贵的航天科技开发了。②

（二）科技意识形态的话语权强大与否，最终取决于思想体系的科学性和以之为指导的科技创新实践的成功与否

话语体系（意识形态内容）的说服力和影响力虽然与话语表达的方式有关，但最重要的决定性因素还是话语体系所反映的意识形态本身是否具有吸引力，特别是其价值观是否先进，而这根本上取决于思想体系的科学性和以之为指导的实践的成功与否。在这一方面，中日两国的科技水平的竞争及舆论变化可谓经典。

曾几何时，在中国民众的心目中，日本一直以一个科技强国的形象压

---

① 《马克思恩格斯选集》第1卷，人民出版社2012年版，第178—179页。
② 在笔者看来，美国当今仍存在霸权实际上高度依赖于这种"金融霸权—科技话语权"循环的支撑。这也是美国高度警惕所谓"斯普特尼克时刻"和一年一度的诺贝尔奖的原因。

中国一头。日本曾通过政府主导和企业参与的模式实现科技快速发展。但是进入21世纪后，受美国科技政策及其意识形态的影响，日本改变了原本的创新主导模式，不仅严重影响了其科技产业的发展，更是带来了一个接一个"失落的十年"。相反，中国在21世纪初建立了相对完备的国家科技创新体系，中国特色的科技意识形态也在这个过程中成形。经过数十年的积累开始厚积薄发。在科技引领与开放创新的双重因素作用下，中国经济快速发展，并在2010年经济总量超过日本。紧随其后，中国的总体科技产出也逐渐超过了日本。虽然，因日本政府及相关企业多年来在舆论宣传上形成的影响，时至今日，日本的科技强国的印象还存在于许多中国民众心目中，但历史发展的事实却是中国已经在科技领域全面超越了日本。

以科技论文为比较对象，中国的基础科学研究能力和水平取得了质的飞跃。从1981年到2015年的数据来看，只有中国基础科研成果的世界份额整体处于快速上升的状态，而美、日、欧都呈下滑趋势。1981年，日本作为世界基础科学研究强国，其论文被引用次数占全球的大约5%。而当时的中国，其论文被引用次数不到全球的1%。及至2015年，中国发表的科技论文被引用次数占到了全球的13.5%左右，跃居第二。而从1981年到2015年的这段时间里，日本不仅国家地位经过了"过山车"式的起伏，其科技成果的产出也经历了一个先盛后衰的过程，其论文被引用次数重新回到占世界论文引用数的3.5%左右的位置。从2011年到2015年，中国的科研产出显现直线式快速上升，而日本的国家科研产出占世界的比例下降尤其突出。时至今日，中国已经在科研产出总量上显著领先日本。

虽然在中国的互联网上，还存在一批"日吹"在继续夸大日本的科技实力，而日本也还在一些领域如精密加工、半导体等领域拥有一席之地，但是从整个国家的科技创新能力与产出来看，中国已对日本形成了全方位的超越，而这种超越已为更广大的人民所接受，从而影响着人们对日本国家、产业及产品的态度。

国家科技创新体系的能力是一个国家科技意识形态话语权的最直观反映。近年来，中国在世界范围的话语权不断增加，一个重要的因素就是我们的国家科技创新体系变强了。如2022年4月11日，中国航天员在空间站与美国小学生进行了对话，对美国人民产生的影响力很大。① 白俄罗斯

---

① 《中国航天员与美国中小学生开展"天地对话"，嘉宾为何选这几个美国人?》，环球网（https://baijiahao.baidu.com/s?id=1729806803443641061&wfr=spider&for=pc），2022年4月11日。

总理戈洛夫琴科在回应西方的制裁威胁时说："当然，我们被迫放弃西方的商品和技术。我们有意改用亚洲的技术，亚洲技术数十年来飞速发展。根据初步的统计，光是中国技术就可以取代90%的欧美技术。而且还有俄罗斯技术也在积极发展。"① 因此，我们在重视话语权的掌握过程中，核心仍然是放在自身能力建设和实力提升上来。中国的科技创新能力不仅正在给中国以力量，而且为世界各国提供更多的选择和发展机会。而随着这个力量的扩大，一定会扩大中国相应的科技意识形态的话语权。

三　国际互联网络空间：当前国际科技意识形态竞争最直接的场域

网络空间是现代信息网络技术为人类拓展的一个全新的生存空间，这个空间也被称为数字化空间。网络空间是物理世界的投影，生产与流通着全球性的物质与精神产品。人类意识形态的交流因为网络空间媒体的传导而增强，从而也使得网络空间成为国际科技意识形态竞争最直接最重要的场域。

（一）网络空间是国际意识形态竞争的最重要场域

网络就是我们常说的国际互联网，更准确的说法是以国际互联网为主渠道的全球网络空间。自20世纪90年代以来，网络空间等新媒体发展迅猛，持续改变着原本的意识形态和舆论环境生态。"在新的历史条件下，互联网已经成为舆论斗争的主战场。在这个战场上，我们能否顶得住、打得赢，直接关系我国意识形态安全和政权安全。习近平同志多次讲，过不了互联网这一关，就过不了长期执政这一关。管好用好互联网，是新形势下掌控新闻舆论阵地的关键。掌控网络意识形态主导权，就是守护国家的主权和政权。"② 虽然我国意识形态领域的马克思主义指导地位没有丝毫改变，但随着网络空间多元化社会思潮的发展，确实对我国主流意识形态的安全产生了挑战，网络空间的意识形态斗争形势十分复杂。

网络空间这个"舆论斗争的主战场"，需要从不同的视角加以审视并策略对待。从国际方面来看，由开放的技术规则而引致的信息便捷流通以及思想的传播，形成了新的全球化影响，使得不同意见的舆论斗争受到国界的限制较少，能够迅速在全球范围内流动。许多国家内部的事件经过网络空间的传播，很容易形成全球关注事件。由于网络空间的技术规则和信

---

① 《白俄罗斯总理：中国技术可以取代90%的欧美技术》，新华网（https://baijiahao.baidu.com/s?id=1701886071697191424&wfr=spider&for=pc），2021年6月7日。
② 《坚定文化自信，建设社会主义文化强国——学习〈习近平关于社会主义文化建设论述摘编〉》，《人民日报》2017年10月16日第7版。

息管理规则都起源于美国，加之网上的信息内容大多由西方人用英语写就，因此，不论是西方还是中东甚至是我们东南亚的邻国，也都出现了从西方的视角来认识中国的情况。且其他国家也都有类似的被西方视角化的认识。这强化了以美国为首的西方国家客观上对网络媒体和舆论的"话语霸权"。另外，从国内方面来看，由于改革开放不断深化，社会结构呈现多元化变革，网络媒体特别是自媒体中参与的人员和身份各式各样，虽然有利于不同的意见传播，但也使得一些对社会主流意识形态存在不同认识的人同样拥有一定的话语机会，从而使网络空间的舆论斗争更为复杂。

（二）互联网内涵的新文化是网络科技意识形态话语的核心内容

随着互联网时代的到来，网络空间进入了人们的生活世界，很快就成为我们生活中不可分割的一部分，成为满足人们认知需要的一个全新世界。在当今迅速变化的时代和日益复杂的社会中，那些曾经属于人的更高层次的认知需要，也已成为人们的一种基本需要。在各种信息交汇的当今时代，人们要对某一信息进行识别，以消除不确定性，则需要更多的信息来辅助。"从一定意义上说，网络空间好似一个巨大的、随时开放的、平面的、非常便捷的、提供新知的图书馆，人们可以随时随地搜寻自己所需要的知识或信息。"① 科技知识在网络空间中，得到了最大限度的传播；而科技意识形态的价值和作用，也得到最大限度的加强。

及至21世纪20年代，新一代互联网技术在全球范围内进一步发展和应用。大量的全球性的物质、信息乃至精神内容的生产与流通依附于网络技术所提供的平台空间。尤其是网络空间里，无论是思想生产还是知识与科技的生产模式，都发生了一个巨大的变化：除了精英之外，社会大众也参与了思想与知识的生产，这种过程是开放性、互动性的，也是透明的，也就是人们所说的开放创新方式，或者是云创新模式、块创新模式等等。这样一种开放的群智创新环境有助于产生积极的导向，即开放、协同、共享的氛围与更广泛的创新模式，其最大的作用在于形成了多样化的思考角度和评价分析体系，不仅激发人们更加努力地进行分析和思考，而且促进对各种思想的甄别和鉴定，以及对各种技术路线的探索与试验。科技创新活动将不再仅仅局限于建制化国家与组织的推动，那些非建制的社会群体的思想碰撞的创新集聚也将成为一种常态，创新成果将越来越来源于建制化和非建制化的科技创新活动参与者的交流与

---

① 李庆英：《网络对思维方式及思想发展的正负面影响——基于哲学、社会学、传播学、文化学的分析》，《北京日报》2012年4月23日第18版。

互动。一种与开放创新相关的科技意识形态也在此间凝聚并扩散,形成网络空间特有的一种文化。

（三）把握科技意识形态竞争特点,有效应对网络空间的认知争夺

随着5G、大数据、人工智能等前沿技术的深化发展,特别是社交机器人技术的广泛使用,网络空间各种科技思想和科技意识发生碰撞和交流。在网络全球化进程中,经济和技术上处于优势地位的"数字霸权"国家越来越多地利用其网络空间中的"科技意识形态话语权"来保证其在国际社会中的创新收益优先分配权。

网络空间中的"科技意识形态话语权",是指网络空间中占技术和语言优势的话语主体所享有的话语自由和权力。话语主体通过以科技意识形态为主要内容的思想和理论制造与传播,获得互联网络空间中的人们"经验认同""情感或关系认同"及至"价值认同"①,进而获取潜在的对现实社会、产业甚至企业的科技创新实力和科技竞争的影响力,即建立在国家科技创新实力基础之上的科技意识形态的"软实力"或"巧实力",并利用此力量压制其他领域的话语表达,进而获得对现实社会的思想、舆论及至政治的现实权力。②

所以说,科技意识形态在网络空间中的话语权不仅是一般的媒体话语或者网络话语权利,还会影响到各国促进科技创新的有关政策、社会环境和机制,即科技意识形态的话语权。网络空间的意识形态话语权的形成大致有三种方式:一是借助某个网络平台本身积累所形成的有关科技创新话语生产的"流量",而有关科技创新的话题和新闻,通常都是网络空间的"顶流"内容。二是具备利用网络平台进行意识形态话语引导和调控的能力和影响,就是通常所说的"导流"能力。而科技产业和科技企业大多具备较强的导流能力,特别是一些数字科技企业。三是通过网络平台实现国家科技意识形态目标的效力和权益,也就是所谓"变现",譬如吸引世界范围的优秀科技人才。因此,国际科技意识形态竞争虽然最终是通过科技实力和科技手段围绕着科技创新、数字化与网络化技术展开,但其中的许多条件是可借助意识形态的渗透与控制渠道来完成的,譬如"认知争夺",即网络空间环境中各类信息通过多种方式对个体有限的认知资源进行竞争

---

① 喻国明、郭婧一:《从"舆论战"到"认知战":认知争夺的理论定义与实践范式》,《传媒观察》2022年第8期。
② 郑元景:《当代我国网络意识形态话语权的变迁与重构》,《社会科学辑刊》2015年第6期。

式抢夺，实现对其有利的竞争局面。①

中国共产党高度重视互联网这个意识形态斗争的主阵地、主战场、最前沿。习近平总书记强调：要过得了互联网这一关，其核心就是要把握网络空间的话语权。国际互联网络空间中的许多核心话语本身都是科技意识形态的内容，因此对互联网中意识形态话语权的争夺和控制，需要灵活地按照科技意识形态的特点来展开话语权的竞争与控制。也就是，要把握科技意识形态的根本特性，充分发挥自己的网络化技术优势，争夺网络空间话语权，以有力、有效引领多元化社会思潮，巩固、夯实我国意识形态安全；要充分运用、创新各种资源、各种路径、各种方式，及时有效地向人民供给、传递中国特色社会主义文化，使社会主义核心价值观的影响像空气一样无处不在、无时不在。②

---

① 喻国明、郭婧一：《从"舆论战"到"认知战"：认知争夺的理论定义与实践范式》，《传媒观察》2022年第8期。
② 钱晓丽：《深刻领会习近平新时代文化思想》，《大众日报》2017年11月17日第4版。

第七章 中美科技暨科技意识形态竞争分析

在人类文明的进程中，以中美贸易冲突和新冠疫情为表征，中美科技暨科技意识形态竞争将是改写当今世界百年未有之大变局的重要节点性历史事件。中美科技竞争是战略性竞争，是两种科技意识形态的竞争，是两种现代化模式的竞争，也是未来引导权的竞争。这一趋势是不可逆的，也是难以避免的。中国的克制不会降低美国的打压力度，也不能期望美国对中国的实力视而不见。可以说，只要双方不发生根本性的实力变化，或者直接爆发冲突，美国都会不断加大对中国包括科技"脱钩"在内的各种遏制措施。这些措施完全有可能不再是"基于规则的秩序"，并有可能背离美国自己曾经提倡的国际、国内法律的约束。因为，在这一轮科技竞赛中，起关键作用的虽然是市场的因素和商业的逻辑，但背后更深刻的矛盾还是意识形态的差异。政治意识形态的影响体现在双方对本国政治秩序、他国政治秩序和国际政治秩序的担忧上；而科技意识形态的竞争，则将这种忧虑转换到双方科技意识、国家科技创新体系能力以及科技产业与企业的竞争能力的对比上来。

第一节 中美基于科技价值认同差异的科技意识形态竞争态势

中美两国虽然还有不少的竞争是基于政治意识形态领域的，但更多的已经转换到科技意识形态领域的竞争。而两类科技意识形态竞争的深化与演化，又使得中美竞争的总体态势发生了显著的变化。美国政府在意识形态上针对中国的目标不再是寻求改变中国的基本制度（非是不愿，实为不能），而主要是为了应对作为"长期的重大挑战"的科技竞争，更准确地说，主要是基于科技竞争。这些变化不意味着双方的竞争会走向缓和，也并不意味着中美科技领域的恶性对抗和冲突必然到来。中美双方都要更准确地把握对方的战略意图，保持自身意识形态的谦虚，保持一定的意识形态交流，努力为人类的未来去实现一种有限度的良性竞争。中美两国社会科技价值认同的差异是这场长期竞争的意识形态根源。

一 中美两国社会科技价值认同的差异

事实上，科技意识形态早已是中国国家意识形态的核心部分。《中华人民共和国宪法》总纲第十四条指出："国家通过提高劳动者的积极性和技术水平，推广先进的科学技术，完善经济管理体制和企业经营管理制度，实行各种形式的社会主义责任制，改进劳动组织，以不断提高劳动生产率和经济效益，发展社会生产力。"在宪法中赋予国家以"推广先进的科学技术"责任，这在世界范围内并不多见。第十九条指出："国家发展社会主义的教育事业，提高全国人民的科学文化水平。国家举办各种学校，普及初等义务教育，发展中等教育、职业教育和高等教育，并且发展学前教育。国家发展各种教育设施，扫除文盲，对工人、农民、国家工作人员和其他劳动者进行政治、文化、科学、技术、业务的教育，鼓励自学成才。"第二十四条："国家通过普及理想教育、道德教育、文化教育、纪律和法制教育，通过在城乡不同范围的群众中制定和执行各种守则、公约，加强社会主义精神文明的建设。国家倡导社会主义核心价值观，提倡爱祖国、爱人民、爱劳动、爱科学、爱社会主义的公德，在人民中进行爱国主义、集体主义和国际主义、共产主义的教育，进行辩证唯物主义和历史唯物主义的教育，反对资本主义的、封建主义的和其他腐朽思想。"这些都表达了国家对科学技术的特殊情感与定位。

这些规定明确表明中国社会的科学理念和科技价值观。首先，"科学"知识本身和对一个理论是否具有"科学性"的判定，在中国具有不可替代的重要价值标准。马克思主义被认为是科学的世界观和方法论，其科学社会主义理论因为是"科学"的也因而是真理。而一切从人民的需要出发来推进科学发展，开展科技创新，推动经济社会发展，是整个中国特色的国家科技意识形态的核心价值。中国将"国家提倡……爱科学……的公德"作为我们的科学价值观。科技价值观是现代社会的基石和象征，是一个国家是否进入现代社会的一个重要标志，对社会意识形态各个部分都具有重要的影响。正是这种真正的以人民的需要作为核心的科学精神和价值观，被融入国家、社会和经济发展的方方面面，才促成了新中国成立以来各个阶段不同的具体发展方式，国家与民族的复兴才指日可期。

没有悬念，中国的科技理念肯定会受到西方学者的异议，在他们看来这只是一种技术民族主义的表达。西方学者这样的观点，代表了美国的科技意识形态，来自"美国例外"的思维惯性。

与中国不同，美国的科技意识形态受新教教义和"美国例外"的影响较重，其国内的主流意识形态中更强调自己的特殊文化观、价值观与使命感。"美国例外"的思维可以追溯到1620年由一批搭乘"五月花号"的欧洲清教徒签订的一份被视为美国精神基石的"五月花号公约"。在这份"公约"里，这些人提出了要"弘扬上帝的荣耀，尽己所诚推进基督之信仰"，并要求"今同舟而共济，必将以契约之形式组建促进自我完善的政府"。经过二百多年的发展，美国社会意识形态中宗教信仰的独特性与独特的地理、历史和发展相结合，形成了自己的认识，认为："因上帝的庇护我们来到这希望之地，我们必须将其建成山巅之城。全世界的人民正凝视着我们，我们受恩于上帝，必不能欺骗上帝，否则我们只能承受上帝不再眷顾的恶果并被世人所耻笑。"①

事实上，基督教对美国社会的影响极为深远。据统计，美国建国之后的46位总统均为基督教徒，其中44位为新教教徒。"17世纪英国和美国的新教，对于推动近代科学的发展有独特的贡献。"② 不同于天主教，新教教徒提倡"不依赖传统和权威，而是依靠个人的判断和经验，努力研究和理解《圣经》和上帝创造的自然界"③。也就是说，基督教的信仰与科学没有基本上的冲突，解释圣经的叫作神学，解释自然的叫作科学，二者之间反倒是互相促进的作用：神是圣经的作者，神也是自然的作者。

正是由于新教徒在这种精神指导下的生活态度，重视和奖励尊崇理性的科学教育，促进了近代科学在英美的研究和发展。不仅在17世纪的英国科学中坚人物中的新教教徒占有很高的比例，而且正如一些美国学者认为，在坚持政教分离的国家中，"美国是最宗教的，也是最世俗的国家"。西奥伯翰·麦克沃伊－利维称"美国例外论"是一种"'准意识形态'，使美国的文化价值观明显有别于其他国家，美国担负着特殊的历史使命与价值引领责任，在美国历史的各个阶段对其国内外政治、经济、军事与外交产生了巨大的影响"④。

---

① 金家新：《美国对外意识形态输出的战略与策略》，《毛泽东邓小平理论研究》2018年第12期。
② 罗肇鸿、王怀宁主编：《资本主义大辞典》，人民出版社1995年版，第742页。
③ 罗肇鸿、王怀宁主编：《资本主义大辞典》，人民出版社1995年版，第742页。
④ 可非：《美国：最有宗教情怀的世俗国家》，《世界知识》2006年第9期。

正是源于基督教宗教改革及其所发展的近代科学技术，使得美国具备了自我摹画独特性与优越性的条件。加之，作为一个民族国家，美国是先有国家，后有民族，其民族独特性典型地表现为"国家创造民族"。新教徒依据新教思想制定新原则而创建新国家，美国人由此能够以自立且平等的"新民"姿态出现。再加上，美国惯常于用盎格鲁—撒克逊优越于其他民族的信条进行思维和话语表达，刻意制造与他国之间价值观的"视差"，致使其"例外"思想更为突出。二战后，美国的军事实力、制造业能力与全球贸易水平显著提高，国力迅速增强。特别是20世纪90年代冷战结束，美国社会认为他们再次成为胜利者，以科技霸权为核心的"美国中心主义"得到强化，以"美国例外论"为特征的意识形态也得到了进一步确证。①

中国科技创新引领经济社会发展的思维框架，对美国科技意识形态的思维惯性与价值观无疑是一种冲击。因此，在对不能真正认知的事物进行理解的情况下，美国的政治领导层完全是按自己的理解方式来出招。2017年12月，特朗普政府发布了上任以来的首份《美国国家安全战略》。在该报告中，提出美国要综合地回应"印太"地区在政治、经济、军事与安全等各方面的挑战，并为美国利益的最大化服务。该报告还将中国与俄罗斯称为"修正主义大国"，正在"利用包括技术、宣传与胁迫等方式塑造迥异于美国价值与利益的世界"②。并据此启动了与中国的贸易战和其后的科技战。是的，在美国社会看来，"塑造迥异于美国价值与利益的世界"才是所有问题的关键。

中美竞争的核心就是科技创新竞争，也是中美的科技意识形态竞争。中美两国社会科技价值观的差异是这种竞争出现的根源。但现实情况是，美国从19世纪发展进入快车道以来，还没有面对过这样的一个竞争对手。如果说以前更多的是中国感受到美国政治意识形态压力的话，那么现在则反过来，美国已开始感受到来自中国科技意识形态的竞争压力。

从第一次工业革命以来，美国以资本为核心的科技全面引领经济社会发展的盎—撒科技意识形态无往而不胜。如今，当它面临的是一个完全不同于自己，却又表现出强大的科技发展能力、意愿和战略的国家和社会时，感到的是一种深层次的焦虑。

---

① 李东明：《重评福斯特对"美国例外论"的批判》，《求索》2017年第11期。
② 《美国国家安全战略报告》全文中英对照，安全内参网（https://www.secrss.com/articles/351），2018年1月17日。

中美科技进入正面竞争始于在 5G 移动通信领域的技术较量。在这场科技竞争中，那个大张旗鼓地启动这场竞争的首发者，其实是为了捍卫其自领导第三次工业革命以来在关键核心技术领域的世界前沿地位，但也因此暴露了其社会科技价值观的弱势一面。对此，我们可以从科技意识形态的价值维度，来分析中美两国在 5G 移动通信领域一起一落的反差的原因。①

首先，从中美在 5G 通信领域发展的关键事件的处理方式上，可以看到中美两国政府领导力量在对待科技制造业以及科技产业发展的态度差异。美国在科技制造业方面的落后其实从著名的美国电话电报公司（AT&T）被拆分就已开始。在 3G 之前，美国是全球第一大通信业市场，著名的 AT&T 不仅是全球最大的通信服务运营商，也是全球最大的通信设备制造提供商。其旗下的贝尔实验室被认为是通信业乃至 IT 业的研发龙头。当时的 AT&T 可谓是全球通信业历史上的奇迹，一度引领了整个通信业的发展方向。② 但是，主导美国经济的金融资本认为，通过提供服务和出售产品获利的 AT&T 挣钱太慢，他们想到了将公司拆分上市来挣快钱的好办法。于是在 1984 年，美国政府打着反垄断旗号将 AT&T 拆分上市。毋庸置疑，华尔街的投资银行是此事件中最大的获益者，而 AT&T 却因此元气大伤，市场业绩在经过最初的暴涨之后出现持续下滑，旗下的贝尔实验室也逐渐失去了足够的研发资金支持，驱动其创新发展的核心动力减弱，AT&T 辉煌不再。而同一时期，一系列的通信制造业巨头，包括摩托罗拉移动、朗讯科技，以及美系的加拿大北电，破产的破产，被收购的被收购。以至于现在美国的通信制造业，也就只剩下思科一家了。但思科并不是专门的通信制造企业，它被人称道最多的身份是 IT 业巨头。与美国政府相反，中国政府高度保护本国的通信业，不仅在 20 世纪 90 年代扶持了"巨大中华"（即巨龙、大唐、中兴、华为等四家著名通信设备公司），而且在 21 世纪初各种力量围绕中国加入 WTO 进行超级博弈时，顶住了各方压力，坚持不允许外资绝对控股国内电信设备商，不允许外资垄断通信业，从而让华为、中兴通讯等企业有了生存空间和发展环境。中国在经过 2G、3G 的跟随式发展之后，终于在 4G 时代进入了前沿阵地。及至 5G 时代，中国的中兴和华为已经成为该领域内的领军企业。而此时的美国，连

---

① 《美国 5G 落后于中国背后的真正原因是什么？》，搜狐网（https://www.sohu.com/a/408331012_120712229），2020 年 7 月 18 日。
② 周尊丽、高显扬：《美国贝尔实验室兴衰及启示》，《合作经济与科技》2018 年第 1 期。

一家可以生产基站的企业都没有了。要知道，即使是现在的日本，都还保有NEC和富士通这样的公司仍然可以生产5G基站，虽然没有什么市场份额，但毕竟维持着完整的产业链。

其次，有关5G频率的优先使用领域的选择，体现了中美两国科技的价值取向。现在最主流的5G频率是C波段，这个频率的5G设备也是全球最成熟的，不仅是中国，欧洲、日本、韩国等国主要采用的都是这种频率的基站。而在美国，美国军方和卫星公司占用着这一波段的无线频率资源，使得美国的5G主要是基于毫米波的。以一国之力去培育毫米波频段的制造业，和全球其他的国家培育的C波段产品竞争，结果不难想象。再加上美国的电信运营商都是私企，为了更高的利润，主要在人口密集的区域建设基站。运营商的性质不同，使得美国无法在利润不丰厚的地区部署5G网络，更难以为本国的5G通信设备制造业提供支持。中国的运营商都是国企，工信部基于社会经济发展的总体需要，要求运营商部署5G，中国的运营商就得部署5G，不仅覆盖要广，速度还要快。中国的通信基础设施，不全是为了运营商赚钱的，或者说，不是为了运营商当下赚钱的，而是和修公路、拉电线、造高铁一样，是经济社会的"新型基础设施"。而在美国，政府没有给予电信运营商在社会效益输出方面的政策引导和支持，以致运营企业在技术上不思进取，在基础建设上得过且过，到了5G时代，只能利用"光纤宽带+WiFi"来假装一个"基于软件"的5G。

不同科技意识形态的科技发展价值观的差异导致了中美两国对待5G频谱的使用优先权分配不同，而正是这个选择的不同，成了压垮竞争平衡的"最后一根稻草"，极大地影响了这场竞争的结局。而类似这样的例子，还在不可阻断地持续发展着，譬如美国高端制造业的代表波音飞机公司[①]，以及美国费尽心机从中国台湾"抢"过来的高端芯片制造业，等等。这些原来因为实力差距而掩盖的东西，将随着中美两国整体实力差距的不断缩小而更多地暴露在世人的面前。

二 中美科技意识形态传播推广行为准则差异

科技意识形态是一个国家和社会与传统文化结合最紧密受传统文化影响最深的现代主流社会意识形态部分。而在科技意识中对于科技成果水平、科技发展能力和科技产业的传播，不同的国家有不同的内容。中国与

---

① 陈欣：《波音公司的困境，是美国高端制造业衰弱的典型》，观察者网（https://www.guancha.cn/chenxinjiaoda/2022_05_17_640053.shtml），2022年5月17日。

美国作为东西方两种文化代表,在科技意识形态传播行为准则方面差异甚大。而这种不同,有时也表现为两国不同的传统文化与思想意识的传播准则差异。

从中国的传统文化视角看来,人们应遵循的交往与行为准则是:"己所不欲,勿施于人。"所谓"己所不欲,勿施于人"的意思就是"自己所不想要的事物,就不要强加给别人",源自《论语·颜渊》:仲弓问仁。子曰:"出门如见大宾,使民如承大祭。己所不欲,勿施于人。在邦无怨,在家无怨。"① 这一行为准则对中国人的传播行为影响极大。

然而,美国主流的西方文化特别是基督教的黄金定律却是《圣经新约》中的一段话:"己所欲,施与人。"英文说法是:"Do to others what you would have them do to you."意思就是"你们愿意人怎样待你们,你们也要怎样待人"。按照西方的解释,所谓的黄金律,就是要积极地(Actively)、有意识地(Consciously)、集中精力(Concentrate)、付诸行动(Initiative)、有时甚至要付出代价(Pay the price)去做你认为正确的事。

以上两种行为准则,体现了中美两国的民族品格在文化根源上的差异。按照美国基督教的黄金律,要"己所欲,施与人",而中国的传统文化却认为,"己所欲,未必是他人的欲",所以,施与人,旁人未必接受。因此,中国虽然一直坚持自己特色的社会主义,但却坚持不把自己的政治意识形态强加于任何国家和区域。而以美国为首的西方国家,却是在数百年以来,始终坚持不懈地将其体制和价值观输向其他国家。其中的根源,很大程度上在于各自的文化传统。

"己所不欲,勿施于人"作为中国传统文化的重要思想,集中体现了儒家文化的"克己复礼"精神,被认为是基于自然人性的"王道"。与中国儒家"克己复礼"具有相似地位是西方的《罗马法》,二者既有相同之处,也有不同。相同之处在于:二者都强调人们应该尊崇一定的社会律法。不同之处在于:罗马法则是要求人们尊崇现行的法律行事,是对制度规范的被动遵从;而儒家更多强调人们应该克制自己的欲望,强调的是内在德行的修养,体现的是非制度规范的约束力,体现了对自然的敬畏,以及对人与人关系的合理性安排,使得人类的社会建设过程中,体现实践理性与自然价值的和谐。

然而,近代科学没有产生于曾经领先世界上千年的东方,而是在欧洲率先得到了快速的发展。这样的历史事实,使得西方国家形成了优越感,

---

① 《论语新解》,陈开先注译,人民出版社 2019 年版,第 238 页。

并延伸出了对其他地区和民族进行殖民和统治的"合理"心理，给其他地区和民族带去了灾难与毁灭。① 而在今天，这种心态还表现为他们总是想方设法地把他们认可的观念，特别是政治意识形态强加给其他地区和民族，后者如果不服从，他们就会用他们掌握的先进科学技术制造的武器，来迫使他们屈服，甚至将其进行肉体上的摧毁。

构建和谐的人际关系和社会发展过程，是古代东西方思想家的共同追求。李约瑟批评当代美国以及盎—撒联盟国家，"什么都不缺，只缺善良的愿望"②。缺乏真正满足"人民的需要"的思想，是其社会政策的根本缺失。面对新冠疫情和持续通货膨胀的严峻考验，美国以及盎—撒联盟国家的社会治理已经出现了各种乱象。通过挑起俄乌冲突搞乱欧洲，虽然暂时为美国的资本市场"回血"，但美式"民主神话"和"灯塔形象"已然破灭。尊重他人，平等待人，"己所不欲，勿施于人"的准则不仅适用于人与人之间，更应该成为国与国之间的交往原则，也是正常的国际竞争之正道。

三　国际科技意识形态竞争视阈中的中美抗击新冠疫情对比

无论是科技成果的比较，还是科技产业发展的态势，当前，"两超多强"的世界科技新格局已经呈现，而中国与盎—撒两类泾渭分明的科技意识形态的竞争也在全面展开。2020年的新冠疫情成了这两种不同制度背景的科技意识形态竞争的"显影剂"，各自的优势与劣势、长处与短处都得到充分的展现。

（一）双方政府在抗疫应对中体现出两种截然不同的科技理性

在整个抗疫的过程中，中国政府始终贯彻着尊重科学的理念和按照以人为本的核心价值观念。首先，人民至上、人民的生命健康权高于一切，构成了中国抗击疫情的核心逻辑，也是整个社会能够集举国机制全面投入各种资源并在短时间内控制住疫情的最重要原因。③ 其次，建立科学的组织与管理机制，全国一盘棋，联防联治。在武汉发生严重疫情时，集全国

---

① 王孝俊：《李约瑟眼中的欧美危机与中国智慧——再读李约瑟〈欧亚之间的对话〉》，《光明日报》2022年9月24日第8版。
② 王孝俊：《李约瑟眼中的欧美危机与中国智慧——再读李约瑟〈欧亚之间的对话〉》，《光明日报》2022年9月24日第8版。
③ 虽然在2022年底，经过三年抗疫后，在新冠病毒毒性大幅降低、疫苗和特异性治疗药已有相当准备且世界其他国家已有较长时期证实后，中国秉持科学精神、科学态度，坚持一切从实际出发，调整了疫情防控的各项举措。这并不是否定前期的政策和人民的精神，相反，是因时因势而做的防控与社会管理的科学合理的平衡，是同一精神的延续。

之力支援武汉。同时，全国每个地方的每一个基层单位摸底排查，及时切断传染源。最后，本着抗疫救援人人平等的科学伦理思想和原则，不放弃每一个病患。无论是婴儿，还是百岁老人，都全力抢救，且费用全部由国家承担。

而美国政府在此次疫情中极大地体现出了其"以己有利"的原则，一切决定和宣传皆以选举为中心，不重视民众的生命健康权。不仅错过最佳的早期防控期，哪怕在疫情严重时，还企图在病毒毒性还很高、没有有效的疫苗和治疗药物的情况下，以事实上的被动"群体免疫"来处理疫情。扩散后，不是忙着改进措施，而是急于"甩锅"，推卸责任。与此同时，地方防疫差别极大，一些地方很重视，而另一些地方却极不重视，政策指向不是保护民众的生命安全，而是党派政治要求。而且，在疫情中区别对待不同种族与族群，进一步激发社会不平等矛盾。

而更令人费解的是，持续的疫情波及了经济与民生，给美国民众生活造成了经济困难。为了减缓民众的生存压力和可能到来的反抗，美国政府采取了"直升机"撒钱模式。直接通过所谓的无限量宽松，也就是印钱，来给所有民众发钱。这种天降的财富，事实上是利用美元的国际货币地位（即所谓美元霸权）来收割全世界人民的财富。其直接和间接的危害，将在今后的几年不断发酵。

（二）抗击疫情之中美民众科学观念素养对比

曾有学者认为，有什么样的民众就有什么样的政府。在抗击疫情过程中，中美两国民众表现出来的科学素养与对科学的信任观念也差距很大。

疫情中，中国普通民众表现了优良的品德与科学观念。不仅涌现了一批又一批英勇的医护工作人员、后勤保障人员，更能在战胜疫情的前线和后方实现全国总动员，上下一条心。很多医护人员志愿请战，发挥以社会为己任不怕牺牲的精神积极投入一线救援当中，一些医护人员还因此献出了自己宝贵的生命。同时，普通民众也配合国家的号召，全民戴口罩、配合核酸检测、隔离和集中救治，体现出了团结、顾大局的精神和民众对科学的尊重意识。

而另一边的美国民众在疫情面前依然主张个人自由高于一切的权力，有权拒绝戴口罩，不停止大规模聚会，导致疫情扩散。就在各国不断研制新冠疫苗之时，美国的反疫苗力量却向全世界展现了美国民众的特殊的科技观念。长期以来美国生物医药资本对美国政府政策的强力管控导致民众对生物医药资本极度不信任，因而催生了在中国人民看来不可理解的反疫苗运动。反疫苗运动的本质不是反对疫苗的科学性，而是因为民众与控制疫苗科技的资本的阶级对立和对资本操控科技的反感。虽然，这种资本与民众利益的冲突是市场经济国家的必然现象，但是政府作为"看得见的手"在这个时候需要站出来，协调和平衡市场的各方利益。但在美国或者说盎—撒类型的国家，政府却在资本集团的"游说"作用下对此不积极作为。美国科技意识形态固有的阶级对立所形成的内耗必将损害其科技创新竞争能力。

（三）中美围绕抗疫展开的认知争夺及启示

自新冠疫情发生以来，中国政府坚持人民至上、生命至上，从自身国情出发，制定符合最广大人民利益的防疫政策。根据疫情出现的新变化，政府适时优化防控措施，采取适度放开的策略，确保更好地平衡疫情防控和经济社会发展的关系。然而，这个调整也受到美国一些政要和媒体的攻击。无论中国政府怎么做，在美国政要和媒体的宣传中都是"错"。一场围绕着疫情防控的"认知争夺"早在中美之间不知不觉地展开。

疫情之初，攻击中国政策不透明；当中国在抗疫中取得了口罩生产和疫苗研制的胜利之后，又攻击中国大搞疫情外交，收买人心；当新冠病毒变异之后的毒性降低、我们的防疫政策开始转为适度放开时，西方特别是盎—撒类型国家及其控制的日本与台湾地区等，又混淆逻辑，将中国应对疫情本身的变化说成是"放弃以前的错误政策"，是"顺应世界潮流"，企图全面抹杀我国三年来的抗疫成绩，以此打击我国政府在人民心目中的形象与地位。然而，舆论操弄虽然有可能在一时一事上欺骗一部分人，但不可能长久地欺骗所有人，反而致使那些操弄舆论的国家在谎言被揭穿的时候，自己走入了进退失据之地。

美国与它的一些追随者作的一系列的运作，其实质仍然是为了搞乱人心，争夺意识形态的话语权。基于不同的文明历史和国家理想的两种科技意识形态，在这场抗疫中，得到了最大程度的呈现，话语权的竞争也是日益激烈。中国秉持人类命运共同体理念，强调与世界各国并肩作战、共克时艰。而在地球的另一边，一个真实的美国为世人所清晰地看到。以强大的科技实力控制着世界主要媒体的美国，经常向世人传递那种自我擘画的独特性与优越性，刻意制造与他国之间价值观的"视差"，都在这场带有点历史宿命的疫情面前成了虚幻。那些以前因为发展差距而形成的对美国各种社会问题的遮蔽也将随风而逝。它让我们看到了美国社会"民主"与"科学"的真面目，了解到一个更加真实的美国，也给国人上了一堂很好的思想政治课和科学精神课，让国人坚定了社会主义的制度自信、民族自信和科技实力的自信，为直面科技意识形态领域的竞争与挑战提供了很好的教育素材。曾预言苏联解体的约翰·加尔通（John Galtung）于2009年出版的《美帝国的崩溃》一书中大胆预测："美帝国将在2020年崩溃。"如果说这种崩溃主要是其所营造的"神话"形象幻灭的话，现实中的2020年确实达到了。

但是，面对这样的崩溃，美国显然不可能坐以待毙。它也在"积极作为"，利用自己掌握的国际媒体优势，对世界各国特别是它认定的最大的竞争对手——中国展开"认知争夺"。其手法一如在网上热传的美国前总统奥巴马在斯坦福大学的演讲中所说的那样，即"你只需要在公共平台上泼足够多的脏水，提出各种问题、散布足够多的谣言以及植入大量阴谋论，以至于人们不知道该相信什么。一旦他们失去对领导人的信任，失去对主流媒体、当局和彼此的信任，失去对真相可能性的信任，目的就达到了"①。事实上，美国就是用这种手段和方法在对世界许多国家进行着"认知争夺"的。实质无外乎利用人们的认知误差制造混乱，特别是利用在不同知识能力水平的人们在一些具体的科学知识和问题的了解和理解上的差异，制造分裂舆论，破坏他国的稳定。然而，美国的这些卑鄙手段或许曾在某些国家奏效过，但在吸取了苏联"亡党灭国"教训的中国人民面前，在强调科学与理性的中国人民面前，美国对中国的"认知争夺"是绝不可能得逞的。

美国政客们低估了中国广大民众的科技理性与认知的水平，高估了自身的影响力，所以其制造的舆论没有得到搞乱中国的效果。但是，我们也必须高度警惕这种以科学认知差异为主要攻击点的"认知战"，高度重视对国际互联网中科技意识形态竞争的核心标的（即话语权）的把握，防止这些杂音与乱音破坏我们的团结、扰乱我们的理性、打乱我们的发展节奏。

四 科技发展的价值观差异导致网络意识形态话语的悖论、科技创新着力领域以及发展速度的不同

科技意识形态中科技发展的价值主导差异，不仅导致不同国家在运用科技力量和发展科技产业方面的差异，在国家科技创新着力领域，以及科技产业发展速度方面，都存在着诸多不同。

国际科技意识形态话语权竞争的主战场——网络空间暨国际互联网（INTERNET）首先诞生在美国，美国也是世界上互联网最发达的国家。及

---

① 钧正平：《如何搅浑他国舆论场？此国可谓"行家里手"》，光明网（https://m.gmw.cn/baijia/2022-06/09/35799786.html），2022年6月9日。

至互联网成为世界的潮流，美国更是充分发挥其技术与资源内容的优势，力图将互联网打造成其"软实力"的核心"硬件"。"阿拉伯之春"验证过了其能力。但是，互联网构筑的一种号称以分布式、平等、去中心、自由的虚拟空间，与资本的控制之间，并不总是完全合拍。互联网的自由参与和平等交流的文化、网络技术带来的新工作形态、新社交方式、新消费模式和新的经济运行方式，并不是资本所期望的，反而与社会主义为了人们更加幸福与美好的生活要求更为贴近。本是想借助科学知识消除竞争，而获得新工具新思想的全人类，对于获得解放的渴望，使得资本主义的"祛魅"难逃。[1] 互联网，不再只是美国政府得心应手的政治工具，而正在演化出新的资本主义发展悖论。

由于科技意识形态差异，使得中美两国在科技创新重点领域方面的差异也在逐渐显现出来。中国虽然在科技领域取得了很大的进步，甚至在一些领域已经处于领先地位，但替代美国的优势地位看起来还有较长的时日。[2] 美国"大动干戈"地遏制中国的科技发展，却不完全是因为战略上过于敏感。按照本书第六章引用的中国科学院科技战略咨询研究院所发布的《2020研究前沿热度指数》，虽然在11个大学科领域美国最为活跃，其研究前沿热度指数得分为226.63分，位居全球首位。而中国以151.29分位居第二。但是，根据近三年的持续数据分析，就可以发现几个趋势，一是中、美得分持续接近，二是中国与英、德等国拉开距离，三是美国的优势持续减弱。而且在11个大学科分领域分析中，中国在农业科学、植物学和动物学领域、化学与材料科学领域、数学领域和信息科学领域等四个关键性领域排名第一。之所以有这样的格局，在于两国的科技发展的价值主导差异。中国的整体经济仍处于高速发展期，因此，更关注化学与材料科学领域、数学领域和信息科学领域等可能在近期产生新的产业和应用成果的领域；而美国一方面是长期的积累所形成的优势，另一方面也是当前的关注所致，其在生物科学领域和临床医学领域的优势比较明显。美国联邦数据显示，在新冠疫情和阿片类药物使用过量导致死亡人数上升的拖累下，美国人的预期寿命2021年再次下降，至1996年以来的最低水平。[3] 也就是说，美国在生物医药领域的科技优势，没有变成美国人民的生存与生活优势。

---

[1] 汝绪华、汪怀君：《数字资本主义的话语逻辑、意识形态及反思纠偏》，《深圳大学学报》（人文社会科学版）2021年第2期。
[2] 鲁传颖：《中美科技竞争的历史逻辑与未来展望》，《中国信息安全》2020年第8期。
[3] 《受两大因素拖累 美国人预期寿命降至25年来最低》，中国新闻网（https://baijiahao.baidu.com/s?id=1729516701521819503&wfr=spider&for=pc），2022年12月23日。

第七章　中美科技暨科技意识形态竞争分析

事实上，科技实力下降和国际格局调整所带来的霸权地位岌岌可危，是美国要在科技领域对中国的话语权全面施压的主要因素。正是由于中国科技意识形态的优势，给了中国在新兴数字科技领域等创新性发展以机遇，快速地缩小了中美两国的差距。而数字科技作为当今社会的基础技术，对整个世界的经济与社会发展都具有特殊的影响。为了继续保持在国际社会的优势地位，美国的战略专家达成了共识，要采取多种手段打压中国的数字科技发展，打压中国科技意识形态的话语权。由此，我们对将持续数十年的中美科技和科技意识形态话语竞争，也就有了清晰的逻辑与思维脉络。

当然，美国的科技发展及其支撑的科技强国战略是基于为资本服务的资本主义性质的科技意识形态的价值主导，它与中国的为人民服务的社会主义性质的科技意识形态相比，天然缺少向心力和凝聚力。因而其科技创新发展虽然同样采用了"国家任务集中发展的模式"，但是，这种模式以资本为逻辑，只有靠"砸钱"的高成本的方式才能达成其目标。美国科技发展的高成本也体现在其对人才政策方面。因为美国的人才来源同样存在着与自身文化相悖的一面。正如本书在美国"盎—撒"科技意识形态类型分析中指出的那样，美国的科技创新优势是建立在对全球各国各种信仰背景各色人种的科技人才的吸引之上的，而美国的科技意识形态核心却是"美国例外"的"撒克逊新教"文化，二者的矛盾在美国作为世界一超的鼎盛时期被掩盖了。而在当今的多极化已露头角之时，这一矛盾就暴露出来了。一方面，外来的人才难以融入美国的文化，受不到应有的尊重和平等地对待；另一方面，美国在竞争中也自断了"才"路，将人才挤出国门，造成美国科技发展后继缺人的局面。所以，在美国的科技意识形态的影响之下，美国的科技发展本身面临着可持续和低成本等方面的瓶颈。况且在此之时，美国还要与中国展开一场持久的科技竞争，其成本之高，对于当前的美国的现实财政情况和国际负债来说，将是其不可承受之重。

而作为后起的中国，它的崛起不靠强权不靠侵略，其最大的优势就是具有一个先进的科学的科技意识形态。在为人民谋福祉的宗旨下，在实现共同富裕的强国目标下，在中国共产党的领导下，将全国上下所有的力量拧成一股绳，克服了美国科技意识形态在举国体制和人才吸引上的高成本不足，实现了后发优势。所以说，令中国在科技发展的道路上后起直追的不是科技本身，而是先进的科学的科技意识形态。中国首先在科技意识形态上超越了其他国家，然后才能发挥举国创新的优势推动科技创新，并以创新为驱动带动整个社会的发展。将科技看作国家发展的战略支撑力量，在用好用足市场经济的优势的同时，加强对资本的管控与引导，不断优化社会的资源配置，营造出更好的创新环境氛围。一种更具市场化的新型的科技举国体制，正在中国持续不断的改革中逐渐加以明确，显示出了相对美国更有力的解决全局性科技问题的制度安排能力。所以，美国忌惮的也不是中国的某些科技成果，而是能产出这种科技成果背后强大的意识形态的观念力量。所以，美国对中国的科技竞争，绝不是谋一域的科技竞争，而是谋全局的科技意识形态竞争。在美国看来一定要将中国的意识形态自信打压下去，放弃中国制造2025，主动放弃未来科技强国战略的第二个百年奋斗目标，才能算是其引领的科技意识形态竞争的真正胜利。而这一切设想必将在中国人民的伟大文明复兴过程中被彻底粉碎。

第二节　脱钩的动力与反作用力：科技意识形态竞争的策略与方法

自2018年特朗普发动"贸易战"以来，基于产出利益和科技价值观差异的科技竞争成为中美长期竞争的关键领域。在美国看来，中国各行业对美国都存在不同程度的技术依赖，虽然依赖度自2016年以来有所下降，但目前这种转折仍然只是开始，美国还有机会在这一关键时点，通过中美科技脱钩来延缓或阻碍中国创新能力的持续增强，延缓甚至扭转美国霸权的衰落态势。①当然，还可以利用和加剧这种"脱钩"，将美国现有日趋激烈的内部社会矛盾，进行"外部归因"。

一　"脱钩"对于当今世界各国来说都是一个超高成本的政策选择

美国政府一些政客积极推动与中国的"脱钩"，出台或酝酿出台许多相关政策。这些措施包括但不限于：通过禁令将中国公司排除在美国主导的科技产品供应链之外；更严格地限制中国对美国技术的投资；限制半导体和人工智能等新兴技术甚至是产品的出口；以知识产权保护为名对中国企业展开恶意诉讼；强迫美国学术和研究机构打击"学术间谍活动"；以及对在中国企业工作的个人威胁或进行制裁；等等。2022年5月，国际知名学术期刊《自然》杂志登出了一份让不少国际科学界人士感到担忧的数

---

① 石光：《中美科技脱钩的可能与应对》，《财经》2020年第19期。

据，即在过去 3 年里发表的学术文献中，与中美两国的学术机构都有从属关系（Dual Affiliations）的作者人数，正呈现出断崖式的下降。①

实际上，就像特朗普发动的"很容易"的"贸易战"一样，这些推动"脱钩"的手段大多是高成本的做法。用中国的传统说法就是"杀敌八百，自损一千"。当今全球化时代，中美之间有着许多经济和技术的复杂相互依赖关系。这些关系及其发展状态，即使是当代最先进的复杂系统理论和技术加以处理，也不太可能厘清。从实际效果的角度来讲，美国采取的这些措施和手段不仅不具备真实的经济可行性，而且还将会对美国自身的科技发展带来严重危害，甚至波及全球的科技生态。

首先，"脱钩"是基于错误假设情况下的错误策略。以常用的国际互联网为例，当今的国际互联网（INTERNET）不仅是美国自己大力推动建设的信息高速公路，也是全球化的互联网。其最初是美国军方为了防止遭受军事打击造成通信瘫痪而设计的分布式通信网络。就像希望全球的所有资源都接入互联网一样，美国鼓动与华的"脱钩"，希望全球的所有资源与中国完全断绝关系，只能是对过去错误的另一种方式的重复。虽然，国际互联网诞生在美国，但它已经由世界共建并共有。无论是技术上还是规则上，美国都无权也无法将任何国家"踢出互联网"。如果美国政府仍然自以为是地将互联网视为美国资产而横加处置，其结果有可能就是美国互联网独立成为一家之网，而国际互联网仍然由其他的国家共同联合存在。

其次，美国的基于科技意识形态的竞争不仅是与中国的竞争，同样，对于拥有强大科技实力且创新体系相对独立完整的法、德等国而言，也是要高度警惕的。事实上，不提曾经遭受"广场协议"打击的日本，作为美国重要盟国的法国，曾经一度是全球范围内受到美国"外国投资审查"最多的国家，法国的许多企业曾经遭受过美国的各类"科技政策"打压。如今，这样的对象不过是换成了中国而已。美国过去之所以能够在竞争中占据优势地位，最终让对手退让，关键的原因是它在与相同制度的实力差距较大的国家在竞争，对方国家也不具有科技意识形态上的竞争优势。如今，在与中国的科技竞争中，让美国过去竞争成功的历史重演，恐怕更多的是美国一厢情愿的想法。事实上，就在美国政府要求美国企业"回到美国"的时候，美国企业却还在不断增加对华投资。美国政府高调的国家安全话语，仍然敌不过市场和商业本身的逻辑。

---

① Editorials, "Selective Prosecution of Scientists Must Stop", *Nature. Phys*, Vol. 17, No. 419, 2021, https://doi.org/10.1038/s41567-021-01231-1.

当然，如果美国政府强行推动"硬脱钩"，其结果更多的可能是加速美国的衰落。从客观的角度来看，全球化时代各国技术相互依存是必然趋势，中美技术关联程度的总体趋势是不断深化，两国在对方持有的专利数量在增长。① 全面脱钩必然会带来新的知识产权格局，不仅将会给美国一般企业的发展带来巨大损失，还将长期损害美国高科技企业的竞争力。

所以，最可能发生的，就是中美科技可能存在"局部脱钩"。但这种脱钩在实际的效果上最多是让中国相关领域的发展方式有所变化。甚至在更多的时候，实际上造成的结果是本具有技术优势的美国企业在相关领域让出了宝贵的市场，为中国的企业获得基于市场需求的发展机会。例如中国半导体产业国产化率持续上升，2025年实现70%国产化率目标在望。而这种基于市场需求的机会，通常是一个科技企业在其产业发展过程中可遇而不可求的机遇。但是，在与中国科技局部脱钩后，对于日渐萎缩的实体产业，美国政府哪怕投入更多的资源在一些重要领域，但也只能是延续相关企业的存在状态，难以形成真正有市场规模的需求。对于中国来说，更像是美国主动让出市场，反倒有助于倒逼中国相关领域加速科技创新。而且对于一个经过70余年打造的中国特色国家自主创新体系来说，还不存在完全被迫从头研发的领域，不存在对中国完全封锁的科学知识内容。而另一个关键性因素是，每年毕业的"STEM"② 中国学生，几乎是美国本土的十倍！也许"STEM数据"不代表发展质量，但"量变导致质变"是真实的人类社会进步的规律。

总结而言，虽然美国最近的两任政府都在采取各种手段打压中国的科技产业发展，但是，无论从哪个角度来讲，在持续不断增加的成本面前，美国政府的"脱钩"话语叙事都很难持续。③

二 "脱钩"的应对：科技意识形态竞争的作用力与反作用力

明知"脱钩"是一件不可为的事，那为什么美国还有那么多的势力力图为之呢？实际上，这是出于美国国家战略的需要，也是力图保持自身制

---

① 石光：《中美科技脱钩的可能与应对》，《财经》2020年第19期。
② 所谓STEM，指的是科学（Science）、技术（Technology）、工程（Engineering）与数学（Mathematics）这四门学科的英文首字母缩写。
③ 2022年5月，卡内基国际和平研究院发布名为《美中技术"脱钩"：战略和政策框架》的报告，其中分析认为，美国和中国在技术上长期处于密不可分的状态，已经构成了一个庞大的技术网络，"脱钩"并重新构建新的技术网络将导致危险和混乱的结果。报告提出了九种美国和中国技术"脱钩"的策略方向，并建议美国政府采取更多"进攻性"措施，强大自己，而非更多限制中国。

造业发展的需要,以及在科研领域保持领先地位的需要。而作为可能被"脱钩"的一方,中国在这一过程中,并没有因为科技产业仍然对美国有一定的依赖而陷于惶恐之中。除了自身已初具实力之外,也跟科技意识形态在科技竞争过程中的作用有关。面对"脱钩"威胁的科技竞争,很多人在思考未来会怎样发展,会是一个什么样的趋势。其他国家是否会站队呢?会如何站队呢?对于很多国家来说,都不想面对这样的选择。但人们希望,在科技领域,应该有更多的竞争。对于世界各国来讲,无论是人工智能的发展还是新冠疫苗的开发,竞争都是好的事情,过程虽然痛苦,但它的影响也有可能是全面地推动发展。

(一)技术体系的引领与掌握是科技意识形态推动创新与发展的重要方式

所谓技术体系是社会中各有关技术之间相互作用、相互联系且按一定形式组成的整体性的表现形式。通常将某一个具体时代由各种技术有机联系而形成的具有特定功能的统一体,视作该时代的技术体系。而时代技术体系的更迭就是技术革命。当然,这种革新也可以发生在具体的科技领域,如机械技术体系、农业技术体系或数字技术体系;也可以是某一个有特点的具体技术类型,如内燃机汽车技术体系、新能源汽车技术体系等等。时代技术体系的更迭构成科技创新价值更新的主要内容、方式和途径。一方面,人们要适应新的技术体系,更新知识,适应新规范;另一方面,新的技术体系作为生产力中最活跃的要素为整个社会生产、生活甚至社会规范带来新的变化,促进整个社会文明的跃迁。技术体系同时表达着一种技术文化体系。特别是在当代,每当新的科学理论获得突破,就会转化为一个庞大的技术体系,进而构成密集的技术价值信息库,更新着人们的价值意识和文化理念。

不同的技术包含不同的价值,一个技术体系通常也就是一套价值体系。技术体系的变迁通常意味着价值观念的转换。正如恩格斯所说:"没有机器生产就不会有宪章运动",马克思说:"蒸汽、电力和自动纺机甚至是比巴尔贝斯、拉斯拜尔和布朗基诸位公民更危险万分的革命家。"① 在科技意识形态的竞争中,通过技术体系更迭的引领与掌握,是最重要的竞争策略和方法。科技意识形态通过把握技术价值的转换,改变人们的价值观念,从而实现对商品价值的控制,把握技术体系的迭代进程,创造新的生产方式、生活方式和文化情境。这样的逻辑其实可以作为所谓"李约瑟

---

① 《马克思恩格斯全集》第12卷,人民出版社1962年版,第3页。

之问"的答案。因为，传统中国农业社会的自然经济高度发达，当时的技术供给完全能够满足经济和社会的需求。民间的资本力量，没有形成新的市场需求。而没有新的技术体系创造，也就缺乏社会变革的动力与需求。

与此类似，如当今世界的新能源汽车发展，也面临着相似的情况。欧、美、日等在内燃机汽车时代具有领先世界的优势，并且形成了一套完整的汽车文化。中国的汽车发展如果仍然延续内燃机汽车路线，很难看到赶超的机会。因此，中国很早就将新能源汽车作为战略重点，提出了在汽车制造业"弯道超车战略"①。近年来，首先是"新发展理念"的提出，从整个国家意志层面强化了绿色发展和创新发展的导向，并发布了一系列的产业政策以支持新能源汽车的发展，如《财政部 工业和信息化部 科技部 发展改革委关于进一步完善新能源汽车推广应用财政补贴政策的通知》《关于加快建立健全绿色低碳循环发展经济体系的指导意见》等。这一系列的政策对中国的新能源汽车发展起到了极大的促进作用。因此，才有了国际能源机构（IEA）2022年5月23日发布的报告指出的发展态势：2021年全球的电动汽车（EV）和混合动力汽车（PHV）的总销量达到近660万辆，而中国占了一半，再次刷新最高纪录。② 2022年5月30日特斯拉首席执行官埃隆·马斯克在推特上的一条回复称：中国在可再生能源发电和电动汽车方面处于世界领先地位，这是事实。③

（二）当今数字技术体系时代科技意识形态竞争的作用力与反作用力

在当今信息化时代，由网络技术、能量转换技术和信息控制技术三个基本体系支撑的现代技术体系，具备比以前任何时代、任何技术都强大的生产力。正如到了大机器时代，人们再也回不到农耕时代的优哉游哉、息交绝游、小国寡民、老死不相往来的生活方式一样，在信息化2.0的数字化时代，"脱钩"这样开历史倒车的事情，首先就会受到这种技术体系的强大反作用力。这种源自技术体系的作用与反作用，就是在科技意识形态竞争策略选择中必须考虑的新的战略竞争考量。近年来，中美在所谓"量子霸权"领域的竞争，可以为其他领域的科技竞争提供解决思路。

量子科学无疑属于时代最前沿的领域，实力强大的国家都在这个领域投入"兵力"，现在这个领域能够正面竞争的，仍然是中美两个大国。进入21

---

① 也有人认为更准确的说法是"换道超车"。
② 《日媒：2021年全球的新能源汽车销量再创新高 中国占一半》，人民网（http：//japan.people.com.cn/n1/2022/0524/c35421-32429355.html），2021年6月22日。
③ 《马斯克：中国电动汽车领先世界 这是事实》，凤凰网（https：//i.ifeng.com/c/8GQR6LJeMdM），2022年5月30日。

世纪后，以量子通信和量子计算机为代表的"第二次量子革命"处于科技革命的临界点。而在量子技术最核心的两个领域，中美两国各有所长，但互有竞争。时至2019年，在量子计算机方面，美国处于领跑状态。而在量子通信方面，中国则稍微领先。从技术的本质上来讲，量子计算机具有进攻性，而量子通信更贴近防守。现在的情况是美国拿着"矛"，中国握着"盾"。虽未正面硬刚，但也各占先锋。从技术原理上讲，量子计算机颠覆了传统计算机，其算力与传统计算机存在数量级的差别。而数字化时代，算力即权力，谁先夺取"量子霸权"，谁就能主导未来的发展方向，所以，这是一场中美两国在"深渊下的较量"，也是一场谁都不愿认输的竞争。但是这场竞争，只有双方形成价值共识的条件下，才会出现实质性收益，这又可能像新能源汽车一样，迫使双方形成价值共识。

对于一个国家来说，先进的技术始终是其核心资源，国家天然有权力决定如何使用它。但是，美国利用其手中把握的核心技术，从那些高依赖其核心技术的中国产业入手，展开科技战，却又不得不权衡"脱钩"的成本，这主要包括市场成本和产业链成本。因为，对美科技高依赖的行业一定是美国企业竞争优势的行业，"脱钩"首先损害的是中国的科技安全和产业安全，但同时也在损害美国的竞争优势企业收益。

美国的"脱钩"对中国这样已经建立了完整的科技创新体系和科技意识形态体系的国家来说，其作用是极为有限的。与中国"脱钩"，只会在现有主要社会基础技术——信息技术（数字技术）的技术体系中[1]，通过基础技术体系的控制来强化对社会结构、社会意识形态的限制，来遏制发展的需求。但是，对于中国这样拥有完整产业体系、庞大科教队伍和坚实科创能力的国家而言，只会促使中国更加完善自己的技术体系，甚至迭代出更新一代的技术体系，而不太可能遏制中国的发展。譬如鸿蒙操作系统的出现，虽为此增加中国的经济社会发展成本，却也增加了中国未来的发展后劲和收益。科技意识形态的特性，使得中美不太会像政治意识形态斗争所造成的兵戎相见或者长期的"冷战"（当然，主要原因是双方都是核大国），而是会有更多的基于技术体系的竞争，使得双方的竞争存在走向非恶性竞争的机会与理由。

---

[1] 美国在2022年8月9日签署的《2022年芯片和科技法案》（Chips and Science Act 2022）及其后宣布10年禁令，限制拥有"先进技术"的公司在中国建厂，在数字技术的基础领域芯片制造领域对中国"脱钩"。

第三节　中美科技意识形态竞争的中国策略

面对美国咄咄逼人的"脱钩""卡脖子"等攻击性竞争政策，中国的策略不是简单的"以其人之道还治其人之身"，而是强调"打铁还需自身硬"，从内部找问题，用更高水平的科技自立自强沉着应对。正如本书第六章第四节所说，中国的具体策略是抓住中国经济社会发展的根本要求，深入优化完善科技体制改革，构建新型举国体制，强化中国国家科技创新体系建设，持续提升我国的战略科技创新能力，不断加速科技与经济的紧密结合，以科技创新驱动经济与社会快速发展。"党的十九大以来，党中央全面分析国际科技创新竞争态势，深入研判国内外发展形势，针对我国科技事业面临的突出问题和挑战，坚持把科技创新摆在国家发展全局的核心位置，全面谋划科技创新工作。"[①] 通过创新机制与体制，以新型举国体制，应对美国的科技竞争和科技意识形态竞争。

一　正视中美科技竞争中的态势与"卡脖子"问题的根源

正是在"自主创新"这样的国家科技意识形态的指导下，我国的科技实力实现从量的积累迈向质的飞跃、从点的突破迈向系统能力提升，科技创新总体态势出现"少部还在跟跑，大部并跑，部分领跑"，取得了新的历史性成就。习近平总书记在 2021 年 5 月 28 日的中国科学院第二十次院士大会、中国工程院第十五次院士大会和中国科学技术协会第十次全国代表大会上所发表的《加快建设科技强国　实现高水平科技自立自强》重要讲话中总结为：基础研究和原始创新取得重要进展；在战略高技术领域取得新跨越；高端产业取得新突破；民生科技领域取得显著成效；国防科技创新取得重大成就；等等。[②] 特别是在国防科技领域，随着东风-17 导弹研制成功，使我国在高超声速武器方面走在世界前列，被公认为是"东方国家"数百年来第一次在主要作战武器领域取得技术领先。

虽然我们在国家科技创新体系的建设和科技创新发展方面取得了很好的成绩，但应当看到，我国的科技实力还需要实现质的飞跃、实现系统性能力的提升，科技创新总体态势还需要彻底改变，特别是一些"卡脖子"

---

① 习近平：《加快建设科技强国　实现高水平科技自立自强》，《求是》2022 年第 9 期。
② 习近平：《加快建设科技强国　实现高水平科技自立自强》，《求是》2022 年第 9 期。

的关键技术亟待解决。为此，习近平总书记提出了"加快建设科技强国、实现高水平科技自立自强"的重点任务。事实上，所谓"卡脖子"技术，正是一些我们的产业链里缺乏的部分。这些东西以前可以通过全球化的资源配置来解决，但随着逆全球化、贸易保护主义和霸权主义抬头，这些技术就会被某些国家恶意地"卡脖子"，达到其遏制中国经济发展和产业升级的目的。因此，要实现高水平的科技自立自强，首要的任务就是解决这些"卡脖子"的问题。

事实上，造成"卡脖子"问题的原因很多，其中，一个重要的原因是我们的基础性研究做得不够，我国科学界对一些深层次的科学技术还掌握得不够，在一些较"冷门"的领域前期投入的研发力量不够，造成不能在短时期里快速解决一些关键性的技术问题。如果某项技术或产品虽然很重要，但如果我们在短时期内组织自己的科研队伍打突击战就能解决，也就成不了"卡脖子"的技术了。而造成那样的结果，有我国科技深层次的根源——历史原因，也有科技意识形态建设的问题。主要表现为：首先，相关企业甚至全产业在一些技术基础研究和研发上有投机主义的倾向，没有做大的准备，不肯在一些最根本性的科技攻关问题上下大气力、下狠功夫，而政府在投入和管理上也有限，没有形成整体带动效应。这里有企业意愿的问题，也有能力的问题，还有保护成果的环境问题。只有全社会都意识到如果不在一些最根本性的问题上下大气力、下狠功夫，并由此形成一些新的机制，就难以实现真正的产业升级，就只能在产业链的末端搞些低层次的工作，就不能真正获得科技创新的红利。其次，从科技意识形态的"科技从业者精神"来讲，我们的科技工作者的"工匠精神"还需要强化。事实上，许多"卡脖子"的技术不是科学原理层面的问题，而是长期的工艺积累、系统性技术集成和大数据积累的成果。这些技术的突破，或者是产品的制造，没有捷径可走，需要加强包括决策者在内的全体科技工作者从业精神的建设，在全社会范围内鼓励一种追求极致、追求完美的心劲和精神。最后是我们的科技管理水平有待提高，存在着对科技发展路线分析不清布置不明的空白地带。①

总的来说，"卡脖子"技术的出现，并非纯粹的技术问题，而是隐藏着深层次的体制机制问题，需要科技意识形态层面的正确引导。正是基于对这

---

① 郑金武：《刘忠范院士：建议加快完善国家科技创新体系》，《中国科学报》2021年3月8日，转引自科学网（https://news.sciencenet.cn/htmlnews/2021/3/454133.shtm），2021年3月8日。

一问题的清醒的认识，在党的二十大报告中再次明确"坚持创新在我国现代化建设全局中的核心地位"这一历史性的战略决策，提出了一系列新的举措要求，并明确提出"完善党中央对科技工作统一领导的体制，健全新型举国体制，强化国家战略科技力量"。

二 标本兼治以新型举国体制沉着应对科技竞争

由上，我们充分认识到"卡脖子"技术并非纯粹的技术问题，隐藏着深层次的体制机制问题甚至文化问题。因此，我国在应对这一问题时，既要提出一些有针对性的措施，如更大规模的产业投入和更精准的产业政策导向；同时，还强调标本兼治，在完善党中央对科技工作统一领导的体制下，以新型举国体制沉着应对。

首先，要在"坚持把科技创新摆在国家发展全局的核心位置"的同时，"全面谋划科技创新工作"；要在已经建立起来的国家科技创新体系的基础上，紧抓科技意识形态的建设并强化其优势这条线，进一步优化国家层面上对国家科技创新体系进行组织、管理和调控等顶层设计，进一步强化国家科技创新体系评价、资金分配体制和机制建设等具体改革与制度创新。

其次，要在全社会形成重视基础科学研究和工业技术（IE）长期积累的氛围，要在社会科技发展意识领域，强化"加强基础研究是科技自立自强的必然要求"的理念，为国家调整资源配置提供舆论支持。同时，也要处理好"增量"与"存量"的关系，要明确定位，尽可能减少各自角色定位上的过度重叠。

再次，要注意解决国家科技创新体系建设中出现的一些根源性的机制性问题，在深层次制度改革方面多下功夫。当然，国家科技创新体系存在的弊病，根源也在于社会系统本身及其改革开放过程中的复杂性，这在一定程度上是难以完全避免的。也正因为社会是开放复杂巨系统，克服这些弊病不存在立竿见影的办法，也只有通过不断深化改革来逐步克服。譬如，在我们的教育和科研领域都存在越来越行政集中化和过度市场化的两个极端化的弊端。行政化是旧体制遗留的弊病，市场化是新体制不成熟造成的弊病，两者并存，奇特地结合为一体，成为一种顽症，这给创新体系的运行带来巨大的人为的复杂性。从思想方面说，一个重要原因是错误地鼓吹个人利益最大化。在社会系统中，个人或单位的利益最大化只能靠化公为私、损人利己、以邻为壑来实现。这是早期资本主义奉行的原则，现代资本主义已有若干修正，更不能用于社会主义市场经济。当然，创新需要有激励机制，构成创新体系的各组成部分都应该通过创新获得丰厚的回报,但不能过于提倡个人利益最大化,应当强调的是整个体系的利益最大化。这体现了特有的矛盾复杂性。科技创新的重要动力是创新体系要素之间的竞争,或称博弈。一个成熟的社会应该是共赢博弈居于主导地位的系统,它不可能建立在个人利益最大化的思想基础上。

最后,正如习近平总书记所指出的:"自力更生是中华民族自立于世界民族之林的奋斗基点,自主创新是我们攀登世界科技高峰的必由之路。"①"自力更生"和"自主创新"为我国科技创新的主要特征,我们将继续秉承这一精神的精髓,以新型举国体制为依托,强化科技意识形态的建设与传播,把握时代的科技话语权,力争在2035年实现关键核心技术的重大突破,进入创新型国家"前列"的目标任务,并"着力推动工程科技创新,实施可持续发展战略,通过建设一个和平发展、蓬勃发展的中国,造福中国和世界人民,造福子孙后代"②。也即在深刻把握时代科技创新的主要特征、主要途径和阶段目标之时,实现"造福中国、世界人民和子孙后代"的终极价值目标。

及至2022年5月,在中共中央宣传部就经济和生态文明领域建设与改革情况举行的新闻发布会上,有关部门的领导介绍:自党的十八大以来这十年,是我国科技进步最大、科技实力提高最快的十年,我国全球创新指数③排名十年间上升了22位④,在2021年达到了全球第12名的高位,是世界各国中唯一持续快速上升的国家。我国的科技创新经过多年的持续发展,已经在整体上发生了整体性的历史性的变化,成功地跨入了创新型国家的行列⑤,展现了具有新时代特点的整体发展态势。

面对来自美国几乎是多方位的科技竞争,我们所应该做的就是下大力

---

① 习近平:《在中国科学院第十七次院士大会、中国工程院第十二次院士大会上的讲话》,人民出版社2014年版,第10页。
② 习近平:《让工程科技造福人类、创造未来——在2014年国际工程科技大会上的主旨演讲》,《人民日报》2014年6月4日第1版。
③ 全球创新指数(Global Innovation Index, GII)是世界知识产权组织、康奈尔大学、欧洲工商管理学院于2007年共同创立的年度排名,衡量全球130多个经济体在创新能力方面的表现,被认为是全球政策制定者、企业管理执行者等人士的重要参考。其开展的2021年全球创新指数是基于对132个经济体的创新生态系统表现进行排名,同时强调了创新的优势和劣势以及创新指标方面的具体差距。
④ 《全球创新指数排名10年上升22位——专家谈新时代中国创新之变》,《聊城日报》2022年9月2日第8版。
⑤ 习近平:《高举中国特色社会主义伟大旗帜 为全面建设社会主义现代化国家而团结奋斗——在中国共产党第二十次全国代表大会上的报告》,《人民日报》2022年10月26日第1版。

气改进自身的机制与体制中存在的问题，苦练内功，自强不息，以新型举国体制努力实现关键核心技术自主可控，努力成为世界主要科学中心和创新高地，从而把创新主动权、发展主动权牢牢掌握在自己的手中，引领人类命运共同体的可持续发展。

第四节　可能的未来：科技的发展为中美科技意识形态全面竞争提供了可协调的空间

中美科技竞争已经是世人注目的国际新闻热点，对于中美科技意识形态竞争是否必然走向激烈的对撞呢？人类的命运一定会掉入"陷阱"吗？战争，一定是竞争的归宿吗？我们的回答是，有可能，但也不尽然。

一　从政治意识形态斗争转换到科技意识形态竞争是一种改进选择

因为文化传统的不同，不同的国家在处理同一问题时，有着不同的方法。有的人认为如果一个问题出现了，那么就一定能找到办法解决那个问题；而有的人却认为，问题不可能获得所谓的根本性解决，每一个解决方案都会引发新的问题，因此，求同存异是一种必需的竞争策略选项。这也许就是基辛格所说的中美两国在解决问题的思维方式上存在的差异。

如果中美激烈竞争成为世界秩序的主要问题，很有可能出现冲突，甚至走向失控的危险。也就是所谓大国竞争的"修昔底德陷阱"，又经常得到"墨菲定律"的加持。不过世人都应该意识到，在现代军事技术条件下，大国冲突的爆发，有可能会彻底摧毁人们此前所建立的秩序，因此，极端的对决是双方都在努力避免的。美国政府在意识形态上针对中国的目标不再是寻求改变，而主要是为了竞争，更准确地说，是为了科技竞争。中美科技意识形态竞争在某种程序上避免了双方直接进入"安全困境"之中。也就是说，双方存在某种程度的"防御性的意识形态竞争"的科技意识形态竞争，而非像冷战期间那样的"进攻性的意识形态对抗"的政治意识形态斗争，使得双方的竞争走向存在非恶性的机会与理由。

自二战以来，人类社会进入了大国均衡的时代，从政治意识形态斗争转换到科技意识形态竞争。科技意识形态竞争作为超越政治意识形态斗争的新式竞争范式，本身就是一种人类面对发展的机会竞争时的策略改进。

加之，科技意识形态的竞争不仅是话语权的争夺，还是科技创新技术体系以及技术标准和产业供应链的争夺。囚徒悖论理论告诫人们，博弈双方都能利益最大化的状态（局势）是不稳定的，没有持存性；系统能够稳定持存的是所谓纳什均衡，一种双方都远离利益最大化的系统状态。放大范围来看，两个囚徒的利益同时最大化恰恰最不利于社会系统整体的状态，而最有利于社会整体的也是双方颇不满意的纳什均衡。也就是说，竞争的双方或多方，为了维持整个生态体系的最优，自身作为其中的组成部分，就必须有所付出。这个结论原则上也适用于国家间科技及其意识形态竞争。

因此，中美间的科技竞争和科技意识形态竞争首先是对过往的边缘政治斗争和政治意识形态对抗的一种改进选择，它天然就没有注定的结局。

二 中美科技意识形态竞争即使导致全面"脱钩"也并不是灾难

人类社会从可能造成新的世界大战的政治意识形态斗争转换到科技意识形态竞争，本身就是一次巨大的历史性跨越，是大势所趋。虽然中美科技意识形态竞争在科技的器物、制度和意识等各个层面全面展开，科技领域及科技产业供应链出现"两套体系"的情况将会越来越多，但人类的价值理性会始终将其限制在"斗而不破"的状态中，双方甚至多方都是在这个看起来脆弱不堪的框架下进行着各种"极限运动"。

在中美科技意识形态竞争的进程中，一个新的情况正在出现，那就是据美国乔治敦大学安全与新兴技术中心研究预测，到2025年，中国培养的STEM博士将达到美国的两倍。[①] 回顾中国的国家科技创新体系建设，一个基本的模式就是通过艰苦的工业化建立产业基础后，将庞大的人力资源转化为教育资源优势，进而通过体现国家意志的自主创新，围绕全产业体系打造全科技创新体系，才能将教育的资源优势转化为科技创新的人力投入优势，从而实现科技创新对经济与社会发展的良好支撑。有这样的基础，面对可能的未来，结论有时是明显的。一句话，"脱钩"，或者说"全面脱钩"，对于中国整体来说，并不一定是一个灾难，对于需要更多科研岗位的中国博士们来说，更多的可能是机会。

实际上，在这轮"脱钩"论之前，中美曾经有过完整的"脱钩"实例，那就是北斗导航系统的故事。1991年，海湾战争拉开了全球信息战的序幕，全球各个国家都纷纷意识到卫星导航系统的战略意义。当时，只有

---

① 《中国培养STEM博士多于美国 2025年将达美国两倍》，中国新闻网（https://www.chinanews.com.cn/gn/2021/08-10/9540251.shtml），2021年8月10日。

美国和俄罗斯拥有相对成熟的卫星导航技术，而美国根本没有任何可能与中国分享这一高新技术。当时，欧盟也正在准备搞一个卫星导航系统。经过多次沟通，中国在 2004 年 10 月签署协议，正式加入欧盟的伽利略计划。但是，美国却在背后开始偷偷使绊子。2006 年，美国要求欧盟以公共监管服务安全为由，决定将伽利略卫星导航系统欧盟化，只允许欧盟成员国参与投资，中国被迫出局。而中国在退出伽利略项目后，就开始把全部精力用于自行研发的北斗导航系统，并最终研制成功。而中国向国际电信联盟组织报备的卫星发射频率，恰好是欧洲"伽利略"系统准备公共服务所用频率。当前，中国的北斗成为与美国的 GPS 并驾齐驱的卫星导航系统，中国获得导航科技与经济两个领域的大丰收。

无数的实例都已证明，科学技术的发展不应是为了寻求霸权，也不应该直接转化为其他政治形式的权力。著名的科技史学家李约瑟在深入分析了科学、伦理及民主观念的关系内涵后，在其所著的《欧亚之间的对话》中提出，首先要厘清"科学究竟为谁而存在"，这才是"民主最深刻的意义"。并明确表达了：如果科学不能为人民服务，所谓民主就没有任何意义。当前美国岌岌可危的科技优势，不会持续多长的时间，也不再会为"民主的灯塔"提供多少资源。与中国这样一个已经完全建构起独立自主的科技意识形态与科技创新体系的国家进行科技竞争，"脱钩"的战略并没有多大价值，"新冷战"不会带来胜利。特别是在数字化还在深化，而以量子计算为首的新的技术革命即将到来之时。面对这样的新技术革命，保证本国持续的技术体系创新能力才有可能为各自的经济和社会发展提供更广阔的空间。当然，如果美国的政策制定者们硬是要制定出更离谱的措施，那也只会得到更强有力的回击。

三 科技发展为科技意识形态的总体竞争提供了协调的新空间

基辛格在 2018 年的彭博创新经济论坛中引用了 19 世纪一位哲学家所说的一句预言："总有一天，和平将在全世界范围内实现。人类所面临的挑战在于，这种世界性的和平要么是通过人类之间的互相理解实现的，要么是通过一场毁灭性的战争实现的。"[①] 并以此警言中美两国在当前的国际竞争中，要有足够的意愿避免因科技的高速发展而造成的毁灭性核战争。当然，这样的意愿一定是双方的，美国不要期望在当代的中国共产党人

---

① 《95 岁基辛格在新加坡：对中美避免摧毁当前世界秩序相当乐观》，观察者网（https://www.guancha.cn/internation/2018_11_06_478536.shtml），2018 年 11 月 6 日。

中，还会产生新时期的宋襄公。

随着现代科技的发展，不仅诞生了核武器，也诞生了科技意识形态的新竞争形式，更重要的是，这种科技意识形态的竞争还会促进科技本身的发展，使人类生存的空间得到持续的增长。如20世纪的能源技术，不足以支撑30亿具备汽车消费能力人口的地球，而进入21世纪后，人们已不再将核聚变电站作为"30年后可能突破的技术"。2021年12月30日，中国利用东方超环实现了7000万摄氏度下长脉冲高参数等离子体持续运行1056秒[1]，这是人类首次实现人造太阳持续脉冲过千秒，对世界的可控核聚变发展来说具有里程碑的意义。如果一切顺利的话，2035年前后中国就能研制出第一个可控核聚变装置，届时可控核聚变带来的近乎无限的电力，将让中国乃至全人类彻底实现所谓的能源自由。

类似的，还有一项科技的突破发展为世界争取到了更多的规避冲突的空间。2021年9月24日在国际学术期刊《科学》发表的中国用二氧化碳人工合成淀粉的成果，被国际科技界公认为是一项具有影响世界历史进程的重大革命性创新。该成果是继20世纪60年代在世界上首次完成人工合成结晶牛胰岛素之后，中国在人工合成方面取得的又一重大原创性突破。淀粉是食物中最重要的营养成分，据相关研究表明，淀粉提供全球超过80%的卡路里，同时也是重要的饲料组分和工业原料。中国每年生产了近20亿吨谷物粮食，其中12亿—14亿吨是淀粉。而人类持续了上万年的农业种植，就是迄今为止生产淀粉的唯一途径。而农业种植的关键，就是土地，就是人类有史以来为之战争的最主要因素，也是地缘政治竞争的最主要目标。而这项人工合成淀粉的成果，由于将能量转化效率提升3.5倍，突破自然光合固碳系统利用太阳能的局限；从60多步到11步，突破自然界淀粉合成的复杂调控障碍；突破天然淀粉合成时空效率不高的限制，因此，一旦实现产业化规模化，将有可能节约90%以上的耕地和淡水资源。人类，将不用再为食物而争夺土地，也可以不因土地而发生战争。

正是这种科技本身的不断突破，使得科技意识形态竞争这种新型的意识形态竞争，既是严峻的，同时又可以是审慎乐观的。从更大范围和更长期限看，科技"脱钩"，这样的行为方式是典型的囚徒困境中的最差选择，将对全球的技术进步和相关产业的供应链布局带来的不利影响，但对于中国以及世界而言，却并不是什么过不去的坎。中国建设国际和国内的经济

---

[1] 《EAST装置实现1056秒的长脉冲高参数等离子体运行》，中国科学院网（https://www.cas.cn/syky/202201/t20220104_4820592.shtml），2021年12月31日。

双循环，就是为应对这样的局面而提前作出的战略部署。英国剑桥大学与美国哈佛大学在 2021 年 12 月发布一份名为《伟大的竞争：21 世纪的中国与美国的较量》的报告。该报告对过去 20 年以来，中美两国之间的科技竞争进行了整体趋势性分析，并对美国在竞争中的结果并不看好。其实，大可不必太在意结果。事实上，中国的发展并不以超越美国为目标，而是面向"星辰大海"，不断提升自己、超越自己。"太平洋足够大，容得下中美两国。"① 而未来的科技革命空间之大，足以为人类的幸福提供足够的资源和空间。

---

① 《习近平同美国总统特朗普共同会见记者》，《人民日报》2017 年 11 月 10 日第 2 版。

第八章　当前科技意识形态建设与竞争面临的新挑战与新机遇

科学技术是一种革命性的力量，是构筑现代社会乃至世界体系基本形态和架构的基础。科技创新，并不只是一个中立的科技进步问题，它同时也还是一个意识形态问题。① 科技的大发展必将带来人类意识的改变，以及世界体系认知的重构和世界格局的重塑。当今世界，第四次工业革命序幕已拉开，科技发展到前所未有的"大科技"时代，全球科技创新加速，科学知识更新加快，科技成果产出迅速增长，从科学发展到技术实现及至产业化应用的创新周期越发缩短，新产品、新技术的换代更新节奏明显加快。技术群落的交叉融合与创新性应用正带来高度不确定性的颠覆性影响和社会重构，从而不断重构全球实力的版图，在百年未有的变局中，我们正面临一个科技创新快速直接地改造社会和人类自身的新时代，科技意识形态建设与竞争面临着前所未有的新挑战与新机遇。

第一节　当前科技意识形态建设面临的新挑战

"我们只能在我们时代的条件下去认识，而且这些条件达到什么程度，我们就认识到什么程度。"② 当这个条件发生变化，我们的认识也将随之变化。科学的革命引发了技术革命，带来了产业革命和社会变革。科技成为经济发展中的核心生产力，成为文化创新的活力源、精神文明建设的新支撑，最终成为社会发展的重要推动力。基于科学技术的高度交叉融合，不同的科学技术因素与思想也在不断整合，并以一种前所未有的姿态出现在人们面前。与以往不同，我们如今进入了大科技时代。在这个大科技的时

---

① 李三虎：《论马克思主义中国化的科技创新话语变迁》，《岭南学刊》2011年第5期。
② 《马克思恩格斯选集》第3卷，人民出版社2012年版，第933页。

代,各门学科之间、技术之间相互交叉渗透,自然科学和人文社会科学之间日益交叉融合。科技创新成为经济社会发展的核心驱动力量,深度数字技术向各领域加速渗透融合,颠覆性创新呈现几何级深度扩散。以人工智能、量子科技、空天飞行技术、生物基因技术和新材料技术为代表的新科技革命带动了新业态、新模式、新产业和新治理的不断涌现,带来了新的产业革命和社会变革。那些具有原创性的前沿技术、具有颠覆性的高端技术以及交叉性的大科学技术,在深刻影响着人民生活福祉的同时,也在改变着国家前途命运,决定着人类未来的格局与变局。

一 基于大数据与人工智能的科学研究成为科研的新范式

自近代科学独立发展以来,科学的发现主要是基于观察法、实验法和推演法等科学研究方法来开展的。在这个过程中,对新现象做深入人工观察,通过科学实验对各种假设进行求证检验,是整个科学研究的核心部分。自进入现代以来,科学研究的方法、工具和环境不断优化,科学研究的范式也在不断加速迭代发展。继实验科学、理论分析和计算机模拟之后,数据科学正在成为新的科研范式。科学研究中的人工观察或分析,正在被各种直接产生数字数据的传感器和大数据分析迭代,科学研究的重点转向了对数字、数据的再分析和再建模。图灵奖得主科学家吉姆·格雷称之为科学研究的"第四范式"①,即数据密集型科学发现(Data-Intensive Scientific Discovery)。

这种科学发现方法是从各种各样的数据入手,用新的人工智能或者称为神经网络的软件系统,对海量的"粗糙"的数据——即所谓"大数据"进行挖掘,寻找其中隐藏的关联和规律,并利用这种关联和规律进行新的创造。2021年7月,美国DeepMind公司在《自然》杂志上发表了人工智能系统AlphaFold根据氨基酸序列预测蛋白质三维结构的研究。该人工智能系统的准确性可与使用冷冻电子显微镜、核磁共振或X射线晶体学等实验技术解析的3D结构相媲美。②

---

① 2007年1月11日,吉姆·格雷在美国加州山景城召开的NRC-CSTB(National Research Council-Computer Science and Telecomunications Board)大会上,发表了题为"科学方法的革命"的面向世人的最后一次演讲,提出将科学研究分为四类范式,即实验归纳、模型推演、仿真模拟和数据密集型科学发现(Data-Intensive Scientific Discovery)。其中,最后一类的"数据密集型科学发现"范式,就是通过数据分析实现新的科学发现。

② 《〈自然〉深度:人工智能预测蛋白结构,这革命性技术将走向何方?》,腾讯新闻(https://xw.qq.com/cmsid/20220505A01WEM00),2022年5月5日。

与科研数据化发现类似,在科技创新组织开发过程中,也呈现网络化、数字化和平台化趋势,使得科学研究信息和数据的获取与处理极大便捷化,科学研究活动的组织方式方法、科研信息和成果的分享与传播、世界各地的科学研究人员的协作与交流等,也都发生了深刻而深远的变化。这种高度数字化的科技创新无论是速度、程度、广度、深度,还是规模、数量等,都远超以往任何时代。在这个新的大科学与数字化时代里,数据成为新的科研和生产的基础资料,算力将是新的生产力,云计算中心则是这种生产力的最主要载体,而人工智能就是其中最有力的新生产工具。

尽管利用大数据的科学发现目前还只是一种初步探索,尚未全面证实并全面采用,但是人类智力结合大数据所形成的智慧力量是超越前代任何工具的。在这样的条件下,科技犹如一颗深埋在创新土壤里的种子,被赋予了一种全新的生命力,等待未来的某一天结出更丰硕的果实。在这个全新的领域,在我们称为"数字科学"或"数字化科学研究"的新范式条件下,数字技术将随着社会性网络的发展,为科技创新打开了又一扇窗户,为我们今日所赖以生存的开放创新世界开辟一个全新的局面。

二 文化技术与智能制造构建新的生存与生产方式

科技之所以能对现代社会发展起到全面带动和核心驱动作用,是因为科学技术本身具有文化特征和意识形态属性。当今时代,科技的新发展除了更新科学研究的范式,更与文化深度融合,为我们营造了一个全新的文化技术世界。在文化技术的环境下,物质在被不断地文化化;文化也在被不断地物质化。我们所看、所吃、所用,一面是技术,一面是文化。① 在这个全新的文化科技时代,文化科技成为世界的主要建构因素;元宇宙、Web3.0 以及数字空间更是将人们的生活带入了一个全新的数字化时代,进入一个由数字化技术来整合虚拟与现实的世界之中。

在这个宏大的虚拟与现实深度融合的场景中,电脑、手机、智能手表等机器是我们随身携带甚至是穿戴的信息化装备,平台、App、小程序、公众号等则是我们每天穿梭其间的信息空间,远程和数据随时生成与交互则是我们数字化的主要方式;智能设备随时监测着主人的呼吸心跳,并把生成的健康报表实时呈现;无接触网购成为一种消费时尚;办公、教育、会议等实现了远程;大数据出行、预约就医、信息化管理已经成为生活常态。如今,又在社会经济生活的数字化进程中先行一步,先行试点数字货

---

① 任丽梅:《现代文化技术的本质与特征》,《自然辩证法研究》2009 年第 5 期。

币的普及。这些数字化转型与创新，让我们真切地感受已经置身于数字化生存的时代，而且也日益感知到科技的变化及其意识形态的强大主导力量。

与数字技术深入融合文化以改变人类生存方式相类似，深度数字化技术与新能源、新材料和先进制造技术的深度融合正在形成新一代的智能制造技术，被认为有可能成为第四次工业革命的核心技术。① 这些智能制造技术还推动了基于智能制造的数字服务创新成为新型数字经济发展的主导模式，在破解了经济发展服务化过程中劳动生产率的提升局限后，为整个社会的持续数字化和经济效率提升提供了强大的支撑。

三 区块链等新科技改善生产关系与社会治理

过去，科技进步主要应用于提高生产力来引领经济社会发展，而最新发展的区块链以及"区块链+"等深度数字技术带来的主要技术进步则被认为不仅能用于提升生产力，而且可用于改善生产关系，重塑企业、机构和社会经济运行模式，形成全新的财富创造机制，构筑全新的经济形态。而大数据分析等应用于社会治理，则将算法与社会意识形态紧密结合的未来呈现出来。

在大科学的新时代，需要创新链、应用链和价值链更顺畅地贯通，以重构产业的组织与协同生态，推动更大范围的集成创新和融合应用发展。但是，横亘其间的首要难题就是数据共享和互信的问题，而这些问题的根源又是不同主体之间的利益差别。作为新一代互联网技术的核心应用技术，区块链技术面向所有的使用者即互联网络节点构建了一个去中心、可追溯、不可逆的数据库，并采取了不可删除、可通过共识进行认证和追溯的数据记录方式，从而解决了数据共享使用和互信直接建立的问题。通过技术化的手段而实现信任，区块链技术有可能有效解决创新生态系统和开放创新平台发展中的信息不对称所产生的高昂成本，从而保证经济更顺畅地运行、社会更低成本地管理。

如今，区块链技术已成为数字时代的核心技术之一，其应用延伸到物联网、智能制造、供应链管理和数字资产交易等许多领域，"为打造便捷高效、公平竞争、稳定透明的营商环境提供动力，为推进供给侧结构性改革、实现各行业供需有效对接提供服务，为加快新旧动能接续转换、推动

---

① 周济：《智能制造是第四次工业革命的核心技术》，人民网（https://baijiahao.baidu.com/s?id=1700783182835061238&wfr=spider&for=pc），2021年5月26日。

经济高质量发展提供支撑"①。未来,"区块链+"具有极大的拓展空间,区块链的数据共享模式可以安全而便利地实现跨部门、跨区域的政务数据共同维护和利用,为人民群众提供更便利的"只跑一次"甚至全线上的更智能、更便捷、更优质的公共服务,也为更广泛的社会共治共享创造了条件。此外,区块链技术可帮助社会实现更有效的信息与业务监管,乃至适度的算法监督。随着人们对区块链技术等深度数字技术的进一步了解和深化应用,其内涵的共享、互信的思想与理念将深入人心,并进一步优化生产关系,解放出更强生产力,并带动整个社会向着更高效、透明和诚信的方向发展。

四 互联网开源软件等新科技生成新思想与新模式

当代科学技术不仅自身在加速发展,更在发展过程中形成大量新的思想理念与科技意识,其中,自由软件技术即在技术上促成了开放与自由的思想理念与科技意识。1984年,麻省理工学院(MIT)的研究员理查德·斯托尔曼提出:"一个程序的源代码通常会像生产手段一样发挥作用,这就是那些资本家控制的公司企图严密控制源代码的原因。应该将这些生产手段放到每个人的手中,这样人们就能够自由地做他们想做的事。"②他所倡导成立的自由软件基金会(Free Software Foundation,FSF)实施的 GNU 计划成为最大的开源软件社区。而著名的软件通用公共许可证(General Public License,GPL)则是一份与软件著作权思想截然相反的协议。经过 GPL 通用公共许可证的授权,软件开发者允许其他用户自由下载、分发、修改和再分发其开发的软件源代码,并有权在新分发软件的过程中,根据双方的议定收取适当的成本和服务费用。这一思想核心的一条就是:不允许任何人将该软件的知识产权据为己有。经过三十多年的发展,GNU 计划涉及的软件领域极广,涵盖操作系统和开发工具等多种类型产品。

当前,全世界范围内已广泛接受自由软件的思想,并拥有数以千万计的志愿开发者,随着众多的系列自由软件被志愿开发者们推出,开源软件形成了自有的一套体系,能够基本满足广大用户的各种信息处理应用需求。这些自由软件具有两大基本特征:一是可以免费使用;二是开

---

① 习近平:《把区块链作为核心技术自主创新重要突破口 加快推动区块链技术和产业创新发展》,《人民日报》2019年10月26日第1版。
② [美]彼得·韦纳:《共创未来——打造自由软件神话》,王克迪、黄斌译,上海科技教育出版社2002年版,第167页。

放源代码。使用的用户可以修改成自己的版本。自由（开源）软件的发展最重大的变革不仅在于软件领域出现更多新产品，而在于科技创新的组织与管理思想变革，人们重新认识了知识作为资产的形式与内容，更新了知识资产的确认与传播方式。而且它推动了创新模式的创新，科研不再是专业人员的封闭的圈内活动，而是面向整个社会、面向全世界开放的社会化协作。由之引发的开放创新思想发展，构成了21世纪科技创新大发展的理念之源。

综上，当今社会，科技成为至关重要的发展因素，科技意识形态日益成为社会主流意识形态。数字技术贯通下的社会将出现巨大的变化，不仅会出现像基于大数据与人工智能的科学研究的新范式，还会将价值观与算法选择相互联系，特别是将价值观与市场经济的核心要素——信用的生成算法直接联系，出现"牵一发而动全身"的新的局面；不仅会因为文化技术与智能制造的结合而构建新的生存与生产方式，还会出现利用区块链等新科技直接改善生产关系与社会治理。新时代的创新，将是科技主导型的创新，因科技而生的科技意识形态，将因科技的快速发展而需要迎接更多的挑战。

第二节 未来科技意识形态竞争的新热点

"权力争夺重点的转变在很大程度上源于科学技术的进步，因为国家利益和国际权力的内容都是随着科学技术水平变化而变化。"[①] 可以预见的是，新技术的应用和新标准的争夺将是未来权力争夺的重点，进一步影响各国科技意识形态的发展，而科技意识形态的发展又反过来作用于各国的科技政策、经济和政治的机制与体制变革。真正的社会革命必然是意识形态的革命。[②] 不建立在意识形态革命基础之上的社会革命包括改革，都不可能成功。最终能在国际竞争中胜出，获得关键核心技术，突破现代化发展瓶颈，取得经济与社会可持续发展和形成世界性影响力的国家，其科技意识形态的发展和完善必然是正确和成功的，必然是把握科技发展新方向的。

[①] 阎学通、阎梁：《国际关系分析》，北京大学出版社2008年版，第87页。
[②] 侯惠勤：《真正的社会革命必然是意识形态革命》，《世界社会主义研究》2018年第2期。

一　数字空间：科技和科技意识形态竞争的下一个重点领域

大科技时代，数字技术和互联网技术成为人类社会的基础性技术：互联网打破了国界，数字技术引发多域多维空间融合。例如，有数字技术加持的绿色低碳技术改变了自工业革命以来的碳循环模式，分布式新能源的智能化使用与存储为新能源最终代替化石能源奠定基础，实现全新的能量空间与信息空间、物理空间的融合；太空探索正将人类的活动空间从地球向临近空间、地球高空间、月球、火星延伸，暗物质、暗能量的研究将打开宇宙另一物理空间的大门，从而推动太空空间与地球空间的融合、临近空间与地球空间的融合；① 基因编辑和合成生物学的发展，使得生物诞生的作用空间从生命体内部空间拓展到体外空间和信息空间，而在这一领域将重点表现为深度数字技术全面切入生物学的全程研究，实现数字空间与生物空间的融合，等等。总之，这场由深度数字化技术引发的多域多维空间融合之后的新空间，将成为未来人类生存重要的数字空间。② "数字技术正以新理念、新业态、新模式全面融入人类经济、政治、文化、社会、生态文明建设各领域和全过程，给人类生产生活带来广泛而深刻的影响。"③ 在这个空间，各国的差距也将有可能因各自所掌握的数字技术而进一步拉大，国际格局进入崭新发展阶段。

目前，世界范围内不同类型科技意识形态的国家之间在数字治理领域形成错综复杂的竞合局面，各国围绕数字治理议题而构建的合作网络推动了国家数字化的发展。未来掌握大量数据和半导体工业基础的国家会在数字时代竞争中获得更多的数字权力。首先，掌握大量数据之后，国家就可以利用庞大的用户数据在前期训练机器上进行深度学习，并可能会在生物信息识别、人机互动界面以及自动驾驶等智能决策领域取得领先地位。其次，拥有较强的半导体工业基础和精密仪器生产能力的国家更具优势，因为从特征来看，半导体产业的工艺复杂并且高度依赖高精度机床，后发国家很难短期内在芯片、光刻机、集成电路等领域进行"弯道超车"。而投

---

① 一个典型的项目是美国马斯克的"星链"，该项目不仅是美国卫星技术的表现，还是其特有的科技意识形态的标识性产品。
② 数字空间通常指把真实空间的认知与应用通过数字化搬到网络之中所构建的虚拟"空间"，有点类似于钱学森所说的"灵境"。在具体名称上，从不同的角度看有不同的称谓。中国科学院魏奉思提出是由天基、地基观测数据驱动，以科学认知为依据，空间通信网络、大数据、云计算等现代信息技术为手段，是集空间科学、空间技术、空间应用与空间服务为一体的重大空间基础设施，等等。总之，这是一个还在发展中的概念。
③ 《习近平向2021年世界互联网大会乌镇峰会致贺信》，《人民日报》2021年9月27日第1版。

资半导体产业需要国家和社会的足够的人力物力和财力支持。

中国、美国、欧盟作为当今国际数字化发展的主阵地,加之三地又分属不同类型的科技意识形态引导着国际数字治理的发展方向,并在相互竞争与彼此依赖中塑造着国际数字治理新格局。在竞合过程中,谁能最终成为那个"领头雁",谁就能在全球数字化治理体系中掌握更大的主动权。胜出者不仅要在数字技术中占领前沿,而且要让自己的科技意识形态得到最大程度的认同。因为数字化建设是一项具有复杂性、全局性、系统性的巨大工程,尤其是算法在许多时候不完全是基于技术先进性来实现的,其中更体现了设计者的价值取向,或者说,算法的权力平衡,将进一步凸显科技创新引领经济社会发展的协调与改革能力的必要性。国家需要以科学的发展理念来科学地规划,统一布局,并发挥举国体制协调各方面力量共同发力,才能推动整个数字化工程向着我们希望的方向发展。尤其是当数字空间的竞争上升到国家层面的时候,国家的战略力量和科技理念就成为决胜的关键。

数字时代,作为科技意识形态的数字思维将取代地缘政治思维,成为影响大国决策的主要战略思维。数字科技带来了生产方式的变革,冲击并革新着既有的经济模式、文化思想、政治模式以及国际交往模式,既有的权力体系和话语体系也在解构和重建的过程中,发展自己的数字技术。

数字时代全球范围内的权力不平等总体呈上升态势,以数据、硬件和智能应用软件为代表的数字资源多集中于中国、美国以及欧洲等主要大国,亦即大国拥有更为先进的智能武器,在数字经济平台、网络社交软件、数字货币支付等领域,中国和美国领先于其他国家。随着中国和美国力量的接近,中国和美国在各个领域的数字权力竞争加剧,其中以数字跨国企业和产业链领域的竞争最为激烈,其次是在网络安全和数字主权货币方面的竞争。

面对竞争,中国和美国依据各自的科技意识形态选择了两种完全不同的竞争路径。美国采用的主要是竞争大于合作的方式,尤其是对中国,采用围追堵截的方式来延缓竞争者的数字化进程。近年来,中国的数字科技企业发展迅速,开始拥有较强的自主研发能力和品牌营销渠道,都不亚于美国企业,在与美国企业的合作中也处于对等或强势地位。在面临他国产业崛起的挑战时,美国政府在科技产业上的固有合作模式发生改变,就会动用经济外交手段打压对手,通过与企业联合打造一个基于技术、金融与市场的全球产业生态保护系统,确保美国的产业控制地位不受挑战。美国政府打压华为等中国5G高科技企业,目的就是通过对数字科技相关硬件产品的把控和渗透，既能影响文化产业的发展，又能把控意识形态的传播渠道。拜登政府抛弃其竞选时的说法延续了特朗普打压政策，其根源就在于此。①

事实上，只要美国不放弃对单极霸权的诉求，其对华科技封锁的措施就不会消失，区别不过在于"何时何地以何种理由和方式实施"。2022 年 8 月，美国总统拜登签署了被本国媒体描述为"美国在 21 世纪竞争的最佳利器"的《芯片与科学法案》（以下简称《芯片法案》），以提升美国竞争力和保护国家安全为"幌子"，禁止获得联邦资金的公司在中国大幅增产先进制程芯片，对中国进行技术封锁，遏制中国及其他国家在高科技领域的崛起。且不说这一法案是否具有实际的效果，单是波士顿咨询集团的一份报告就提出，如果美国政府在半导体领域进行"硬脱钩"，美国企业将失去 37% 的市场收入和 18% 的全球市场份额，并导致 1.5 万—4 万个国内高技能就业岗位流失。②《芯片法案》可能不会像一些人所期待的那样，成为美国重返全球半导体行业主导地位的跳板，损人不利己。

与美国相反，中国在全球数字化方面则以合作共赢为基本原则。面对美国的限制打压，中国积极拓展合作渠道以应对美国以"贸易战"形式对中国实施的技术封锁，并已陆续通过《全球数据安全倡议》《二十国集团数字经济发展与合作倡议》《"一带一路"数字经济国际合作倡议》等一系列数字经济发展与合作倡议，在电子商务合作与跨国信息共享等多个领域赢得广泛共识。在数字贸易协议方面，中国通过《区域全面经济伙伴关系协定》（RCEP）建立了数字贸易合作关系，于 2021 年 11 月正式提出申请加入《数字经济伙伴关系协定》（DEPA），并在 2022 年 8 月正式加入 DEPA 工作组，同时也有意加入《全面与进步跨太平洋伙伴关系协定》（CPTPP）。通过广泛建立和加强同东亚地区各经济体的合作，克服当前东亚合作中的非结构性问题，积极推进东亚命运共同体建设，打破美国在东亚地区的"长臂管辖"和技术封锁。推动数字经济伙伴关系网络不断拓展，中国—东盟信息港、中国—阿拉伯国家网上丝绸之路的建设全面推进，引导转向基于规则的国际体系和"人类数字命运共同体"方向发展。在有序、开放、安全、和平的原则下，积极建设和创新发展符合当前生产

---

① 叶成城：《数字时代的大国竞争：国家与市场的逻辑——以中美数字竞争为例》，《外交评论》2022 年第 2 期。
② How Restricting Trade with China Could End US Semiconductor Leadership, by Antonio Varas and Raj Varadarajan, BCG (MARCH 09, 2020), https://www.bcg.com/publications/2020/restricting-trade-with-china-could-end-united-states-semiconductor-leadership.

方式的各种多边合作架构，推动数字命运共同体的制度化，从而实现各国之间基于规则的良性数字竞争。从中美数字科技竞争的背后我们看到不同科技意识形态之间的竞争。

在人类社会数字化的进程中，各国重要的任务是提高自己的数字化水平，增强持续技术创新能力，通过改革协调社会发展力量为创新提供持久的动力，拥有赢得大国科技竞争的能力。

只有提高自己的数字化水平，提升数字治理的能力，才能在数字空间拥有更多的话语权，才能在全球数字治理体系建设中取得应有的地位，发挥应有的作用。只有尽快构建完成数字化生存条件下的先进科技意识形态，才能创造新的人类文明。数字时代的科技意识形态之争，就是数字空间的发展模式和发展理念之争，谁的科技意识形态所指导的发展模式更奏效，谁就将获得更大的声望，拥有更大的话语权，具有更大的影响力。

二　标准必要专利：科技意识形态竞争下一个新焦点

作为标准战略与知识产权战略交叉点的标准必要专利是未来国家科技意识形态竞争中制度层面竞争的新焦点，或者说是各国科技战略的重要目标。现有的科技优势国家特别是美国，正在大量地利用所谓的"技术多边主义"（排他性多边主义）框架构建"技术联盟"[1]，并全力争夺这些技术联盟或技术标准联盟的主导权。然后以其科技意识形态支持塑造新的技术规则与标准体系，从而争夺技术标准优势和国际权力主导权、话语权，继续维持其"金字塔"结构的霸权体系。[2]

客观上，技术标准能带来很多好处，譬如提升各厂家产品之间的互操作性等，还可以通过规模应用来大幅降低成本。而在所有的技术标准中，最有技术权力，或者说最有价值的就是标准必要专利。所谓标准必要专利目前并无统一明确的定义，大多数情况下是指从技术方面来说对于实施标准必不可少的专利，或指为实施某一技术标准而必须使用的专利。[3] 所谓标准，就是为了在一定的范围内获得最佳秩序，经协商一致制定并由公认机构批准，共同使用和重复使用的一种规范性文件。广泛应用的标准中如包含有必要专利，那它就具有非常重要的商业价值。因此不但行业巨头会

---

[1] 2022年8月，美国依据其国内法《芯片与科学法案》组建所谓的"chip 4"芯片联盟，可以说是这一方面的"经典"呈现。
[2] 唐新华：《技术政治时代的权力与战略》，《国际政治科学》2021年第6期。
[3] 《标准必要专利》，国家知识产权局网站（https://www.cnipa.gov.cn/art/2015/5/25/art_1415_133135.html），2015年5月25日。

积极参与标准的制定，许多关联企业也会因为经济利益而投入其中。而支持企业或行业机构通过参与标准必要专利的制定与升级，获得相关产业优势，更是一个国家科技政策争取自己应有权力与利益的竞争之道。移动通信标准就是一个典型的例子。

标准必要专利作为一类特殊的专利，具有一定的强制性，随着标准的实施推广，与专利的独占权利相结合，具有对相关市场的控制力，也就拥有了破坏正常的市场竞争秩序的能力。因而，国家标准组织的一项重要职责，就是在鼓励创新技术进入标准、使贡献者得到适当回报的同时，也要保护标准实施者的权益，维护市场的基本获益秩序。因此，标准组织都会对标准必要专利权人的权利作出一些限制，典型的如要求专利权人对于标准必要专利的信息披露义务，及对专利实施人的"FRAND"（公平、合理、无歧视）许可承诺。

但是，通常，从设想到实现总是会有一段距离。由于各国各公司出于对自身利益的考虑，以及标准组织的自身资源有限等原因，目前标准必要专利存在一些现实问题，如专利的 Hold-up[①] 与 Hold-out[②] 基本上是直接对冲。而标准组织对"FRAND"许可承诺的定义也并不一定明确，没有权威的统一规则化的理解，各公司在拟定自己具体的许可费率时，经常并不是真正的公允。这些行为，在盎—撒类型科技意识形态的国家的企业中特别突出。

一般正常的专利许可被认为是属于私权的领域，公权力应尽量避免介入，但由于标准必要专利还承载了一定的公共属性，且经常出现各方难以达成一致的情况，因此，公权力即司法仍然是解决问题的重要途径。但是，近年来，由于西方特别是盎—撒类型科技意识形态的国家，滥用公权力干涉国际标准的制定，对于标准必要专利更是"重点照顾"。过去，技术联盟基本上是以技术先进性作为标准选择的依据，但是，随着中国科技的全面进步，在一些技术联盟内，有人甚至提出要将标准制定与"人权"挂钩，要制定"基于人权的技术标准"，甚至出现"去中国化"的恶劣导向：只要是中国提出的，一概不讨论不支持。还有一些国家动用反垄断法，通过认定专利权人滥用市场支配地位来进行处罚。当然，那些充分发挥其国内司法权力，利用诉讼手段拖延以至逃避专利费用的情况，在盎—

---

① 专利劫持，指专利权人利用专利保护机制，向实施人索取不合理的高价，包括以申请禁令相威胁迫使实施人就范。

② 专利反劫持（专利阻延），指实施人通过拖延或躲避等方式，拒不支付合理的许可费，导致专利权人的合法利益无法得到保障。

撒类型科技意识形态的国家公然被作为一种基于"罗马法"精神的行为来鼓励，那就另当别论了。

基于标准必要专利的特殊性，许多国家已将其作为国家标准战略和专利战略的重点。典型的如移动通信标准。目前中国的 5G 已全面领先。而美国虽然一直叫嚣着要在 5G 方面与中国全力竞争，但由于 5G 的应用主要是工业互联网，或者说是智能制造等领域，而美国的制造"回流"经过多年的努力，成效甚微。因此其将主要目标放到 6G 上，并在"星链"的加持下，在俄乌战场上显现了优势。但美国的 6G 实际在技术方面并不占先，甚至出现还不如 5G 的局面。因此可以想象，到了 6G 标准真正制定的时候，将是一场真正激烈的竞争与较量！

第三节　国际科技意识形态竞争的新趋势与新机遇

以科技共识规范科技发展是国际科技意识形态竞争的新趋势与新机遇。虽然世界各国因不同的历史文化、政治制度以及发展水平，科技意识形态差异较大，而且在不同类型的科技意识形态之间，存在着较为激烈的竞争，但是，在全球范围内，人们在科技发展以及科技合理性等方面，也存在着共识。这些共识推动着全球的科技以及科技意识形态的合作，为各国的经济发展和人类社会的进步奠定了坚实的基础。当前最重大而又影响深远的一个国际性科技共识就是著名的"碳达峰、碳中和"，而未来下一个可能达成共识的领域是人工智能治理。如果说，"碳达峰""碳中和"是解决人类生存的外部环境问题的话，那么，人工智能领域的科技共识更多的是让人类解决如何面对科技的发展和自身的发展的问题。

一　碳达峰与碳中和是当前国际社会对科技发展方式与方向的共识

"碳达峰、碳中和"国际共识形成的背景是全球气候变化对全球人类社会构成了重大威胁。由于大量排放温室气体二氧化碳，全球气候气温逐年上升，造成了南极冰川融化、海平面上升、沙漠化面积增大、极端天气明显增多甚至病虫害的大量增加等问题，对人类社会的存在和人类的生命系统形成了重大的威胁。"碳达峰、碳中和"共识不仅深刻影响着当代世界各国的科技发展，更将影响未来几十甚至上百年的国际科技产业发展，影响各国的经济与社会发展速度、路径以及结果的变化。

(一) 碳达峰与碳中和全球共识的达成是一次良性的国际科技意识形态竞争实践

自 1896 年,瑞典化学家诺贝尔化学奖得主阿伦尼乌斯运用物理化学的基本原理计算得出二氧化碳是造成温室效应的主要因素这个结论以来,人们一直有各种各样的怀疑。但经过百余年来的研究,综合了大量的研究成果之后,在经过检验、校正并用建立起来的计算模型回算 20 世纪 50—90 年代的气候数据后,2018 年 10 月,联合国政府间气候变化专门委员会(IPCC)最终还是认定:为了避免极端天气的危害,世界必须将全球变暖的幅度控制在 1.5°C 以内。而要达到这一目标,就需要全球在 21 世纪中叶实现温室气体净零排放。事实上,联合国自成立以来,就应对全球气候变化的问题,组织召开了一系列全球气候变化会议,并逐渐达成了一系列具有国际约束力的公约,其中最为重要的是《联合国气候变化框架公约》《京都议定书》《巴黎协定》。近年来,越来越多的国家将"绿色""环保"上升为国家战略,提出了"无碳未来"的愿景,并在全球范围内逐渐形成了关于环保和减碳的"碳中和"共识。

中国经济在经过三十余年改革开放所带来的"高速增长"后,开始向"高质量发展"转变。人们的消费理念也在发生改变。"绿色""环保""循环再生"已成为人们对于可持续生产与消费的理解和期待。习近平总书记在第七十五届联合国大会一般性辩论上向国际社会作出"碳达峰、碳中和"的郑重承诺,在 2030 年前,二氧化碳的排放不再增长,达到峰值之后逐步降低,确立了在 2060 年前实现碳中和的战略目标。在中国提出"碳达峰、碳中和"目标之后,日本、英国、加拿大、韩国等发达国家也相继提出了到 2050 年前实现碳中和目标的政治承诺。

"碳达峰""碳中和"是党中央经过深思熟虑作出的重大战略决策,事关中华民族永续发展和构建人类命运共同体。实现"碳达峰""碳中和"是一个多维、立体、完整的系统工程,不可能由一个地区、一个行业、一个单位"单打独斗",必须坚持全国一盘棋,发挥地方、行业、企业和公众的积极性和创造性。同时,我们也要看到,要实现国家对碳达峰与碳中和目标的承诺,科技将是核心的支撑力量。为深入落实党中央、国务院有关部署,做好科技支撑碳达峰碳中和工作,科技部等九部门联合推出了《科技支撑碳达峰碳中和实施方案(2022—2030 年)》(以下简称《实施方案》)。相应的科技政策还在细化中。

"碳达峰""碳中和"最终成为人类社会共识,无疑是在科技意识形态影响下各种利益交织博弈的结果。其中,科技创新几乎是硕果仅存的最大公约数，即以科技创新推动可持续发展，携手深化国际科技交流与合作，是破解全球性问题的紧迫需要，是各国人民和科学家们的共同期待。

"碳达峰"被认为是经济体工业化进程中的阶段性数据，它通过考察排放量所形成的高峰区间何时出现来判断这个经济体的工业化进程。而"碳中和"则被认为是经济社会走上可持续发展道路的重要标志。实现"碳中和"是经济体对气候变化采取积极、全面应对策略的结果。对于一个较大规模的经济体而言，实现"碳中和"是以较为坚实的经济、技术、政策基础为前提条件的系统性工程。但是，无论是"碳达峰"还是"碳中和"，都只能是参考对已有发达国家现代化发展进程的一个分析和参考的结果。因为，已有发达国家现代化发展进程是不是后发展国家的未来，这本身就是一个现在就可以否定的经验判断。因此，"碳达峰""碳中和"的科学性判断要远低于价值性判断。

当今世界各国的科技意识形态各不相同，类型各异，但基本都能够在尊重科技本身运动变化和发展规律的同时，根据人的需要而来规范科技的发展的方向。人类社会发展的价值观，才是我们指导科技发展和科技创新的根本原则。我们完全可以将"碳达峰"与"碳中和"看作一次以国际社会的共同价值观来规范或指导世界各国科技研发、产业发展和创新发展的一次试验性的共同实践，也是人类社会在总体上处于科技意识形态竞争的条件下，通过形成意识形态共识，解决彼此间的利益冲突和政治权力分配的一次有价值的探索，是良性的国际科技意识形态竞争实践。

（二）良性的国际科技意识形态竞争仍然是具有两面性的竞争

良性的国际科技意识形态竞争仍然是有两面性的。它既给人类社会科技创新动力，但也有可能被强权国家利用来压制其他国家。"碳达峰""碳中和"战略目标的提出，促使高能耗高排放企业节能减排，大力使用新能源。这无论对新能源产业还是对传统能源产业来说，都是一种挑战，机遇与困难并存。而这对于能源技术相对落后的国家有时甚至是一种致命的压制。

首先，在技术路线选择层面。在"碳中和"这种政策强约束下的科技发展，存在着强技术以及技术路线的选择限制。这一方面有利于一些以前不太重视的科技的发展。譬如采集和处理二氧化碳的技术。我国把二氧化碳合成淀粉就是一个典型例子。由于在一般的条件下，将二氧化碳合成淀粉的工业化需求并不是很大，而"碳中和"对减少耕地面积的需要和减少二氧化碳的需要，使得这样的科技成果具备了革命性的价值空间和转化条件。中国属于世界高煤之国、高碳之国。2019年，我国原煤产量达到38.46亿吨，占世界比重为47.3%。要实现"碳达峰""碳中和"，就必须开发新的技术，来实现发电后形成的富集的二氧化碳的再利用。选择二氧化碳合成淀粉技术路线对于中国来说，无疑具备革命性的历史作用和地位。但是，另一方面，人们也要看到，在短期内，相关政策对经济和社会管理，如对火力发电厂的控制不可避免地提高了后发国家工业化的门槛，有可能带来一定的负担和负面影响。当然，随着人类的投入不断增加，科技的不断进步，从中期乃至长期来看，大多会产生更多有益的经济收益和社会收益。

其次，在国际范围内不同国家之间利益变化问题。一方面，随着政策的导向，新技术的加快进步，在技术上乃至在经济上，新的技术开拓出新的发展空间和就业，新的资源开发和利用成本降低，提供了更多的资源总量，甚至是推进了资源的全球范围的再平衡。譬如，在汽油车时代，中东的产油国是资源富国，无论是国民收入，还是社会福利，都远超其他国家。而当电动汽车时代来临，南美富有锂资源的小国就成了新的资源富国，其未来发展前景是完全可以预期的。但是，另一方面，"碳达峰""碳中和"有可能被一些国家利用成为其推行政治意识形态和政治利益的手段，进而对地缘政治产生影响，最终成为国际权益与国际经济竞争新格局的塑造工具。如个别国家在联合国气候变化相关会议中提议实施如碳边境调节机制等贸易壁垒，妄图通过碳排放领域实施"单边主义"，有针对性地通过碳排放来遏制后发国家的发展和崛起。

通过前述分析，我们应充分认识到，"碳达峰""碳中和"不仅是一个技术创新的目标，更是一场广泛而又深刻的社会意识形态变革。推动碳排放尽早达峰，积极应对以气候变化为代表的全球生态危机，需要人类社会超越欧美等传统意义上的工业化、现代化模式，引入绿色、生态等人类文明新模式，通过与西方碳减排政治的机会主义和"生态帝国主义"意识进行斗争而走向全球行动的团结。推动实现"碳达峰"与"碳中和"，需要一个推动构建人类命运共同体的全球视野和时代担当。共谋全球生态文明新时代，推进世界和平稳定发展。

二 未来需要且可能达成共识的领域：人类关于人工智能——人工智能的发展政策

随着科技的进步，通过科技共识来开展科技治理，正日益成为国与国之间协作的主要内容。除了环保而提出的"碳达峰""碳中和"，另一个广受国际社会关注的科技发展热点领域就是人工智能。

英国的霍金曾认为，人工智能可能是人类文明史上最糟糕的事件，如果人工智能不能得到监管和控制，那"它将轻易超越人类"，使人类"被边缘化"。而美国企业家、特斯拉和 SpaceX 公司创始人马斯克将其定义为人类"最大的生存威胁"，甚至认为人工智能对于统治权的争夺将有可能引发第三次世界大战。硅谷的一些公司和学者，甚至成立了"人工智能联盟"，强烈要求人类暂停关于新的大模型（ChatGPT 的核心技术）计算，等等。现实生活中，无人驾驶、快递机器、语音助手、人脸识别等人工智能技术，正全方位改变着人们的日常生活。2023 年初以来，"ChatGPT"代替了"元宇宙"，成为世界广泛关注的话题；而俄乌战争中的巡飞弹、无人机等，也正在颠覆人们对传统战争形态的认知。

一些关于人工智能带来"世界末日"或者"就业末日"的消息和评论越来越多，人工智能技术的全球治理成为新的焦点。联合国开始讨论如何应对"致命性自主武器系统"，联合国教科文组织也就人工智能伦理问题制定了建议文件。人工智能技术自诞生之日起就毁誉参半。在 20 世纪 90 年代，曾经出现过将人工智能定义为"伪科学"的时期。而当前新一轮人工智能技术主流的神经网络和深度学习算法，其本质还是运用计算机来模拟人类或动物中枢神经系统"神经元"的结构与功能。通过调整神经元之间的连接强度（或、与、非等数理逻辑计算），试图让计算机形成从信息输入到学习判断的思维过程。真正的人工智能科学研究人员都知道，相比于传统的数学方法，神经网络和深度学习虽然更接近人类系统性思考的方式，但是，这种结合模拟与数字化的计算方式仍未脱离计算模拟这一根本属性。即使突破所谓的"图灵测试"，人工智能仍然没有摆脱对人类智能方式和智能行为的简单模仿。目前这轮在神经网络和深度学习科学原理突破而构建的人工智能技术，代替不了人类，也超越不了人类。所以新生代智能技术依然可控。

但是，我们也不能完全忽略它可能带来的负面影响。因为，当前人工智能发展出来的一些应用，有可能对人类社会的正常发展产生致命性的破坏。例如"深度造假"技术生成的虚假信息泛滥，有可能让人们丧失分辨真伪的判断能力，引起社会恐慌，加深对政治和社会秩序的质疑。当今世界所谓"认知战"技术已经作为新的战争形式成为决策者手中可以随时调动的"棋子"。又如在经济领域，应用人工智能的经济监控、分析和交易系统相比传统方法更加先进，在市场博弈中容易占得先机。然而，在人工智能交易程序的系统中只有少数专业人士和少数大公司能够掌握此类技术的情况，却将加剧经济领域的"马太效应"，对市场的正常竞争产生重大影响。

人工智能的发展，除了带来新的人与机器之间的矛盾之外，其实人工智能所带来的巨大的生产力不能为当今主要资本主义国家的生产关系接纳，才是诸多问题的本源。人工智能合作与治理，正在成为国际论坛的主要话题。国际组织、政府部门和学术界代表等都强调，要在人工智能的国际合作、全球治理领域形成共识。但是，在人工智能领域占据先机的美国，虽声称自己是"负责任地发展人工智能"，但实际上却坚持"美国优先""以邻为壑"的利己主义政策，非但不愿与国际社会分享发展红利，保障人类安全，反而以地缘政治画线，挥舞单边制裁大棒"筑墙设垒""脱钩断链"，企图将中国和其他广大发展中国家排除在人工智能全球治理体系之外；欧洲对人工智能的国际治理喜欢采用所谓"人权范式"。不仅内容范围过于狭窄、过于抽象，也没有考虑文化和政治差异，难以被世界其他国家所接受。

对此，中国从构建人类命运共同体的视角，从保障人类共同安全的理念出发讨论人工智能的国际规范，为人工智能的国际治理与合作提出了中国智慧和中国方案，展现出了负责任大国应有的胸怀和担当。2021年9月，中国国家新一代人工智能治理专业委员会发布了《新一代人工智能伦理规范》。2023年3月，中国发布了《关于加强科技伦理治理的意见》和《关于加强人工智能伦理治理的立场文件》。并在国内，于2023年4月率先提出了《生成式人工智能服务管理办法（征求意见稿）》，在社会层面公开征求意见。

构建人类命运共同体是世界各国人民的期望，人工智能全球治理需要各国共同参与，任何国家都不应该被排除在外。中国的主张符合时代潮流和广大发展中国家的心声，坚持共同、综合、合作、可持续的安全观，与其他爱好和平的国家一道携手努力，落实全球发展倡议和全球安全倡议，推动人工智能的全球治理进程，保证人工智能的研究方向不是"控制"或"代替"人类，而是更好地赋能人类的美好生活。

第九章 走向国际科技意识形态竞争的新时代

世界历史在相当程度上表现为全球性大国的兴衰史。在当今这个科技创新引领经济社会发展的时代，一个世界性大国的影响力，主要表现为其对世界科技创新的引领能力和利用先进技术参与社会治理的能力。而让这个国家拥有这个能力的正是其科技意识形态。新时代，科技意识形态竞争的领域、焦点都发生了许多重大的改变，深入认识它、才能有效把握并完善它，才能让自己真正拥有持续的科技创新能力，占领科技前沿和科技产业优先位置，始终立于不败之地。

第一节 当今国际科技暨科技意识形态竞争的新态势

新一轮科技革命和工业革命在进入21世纪的第三个十年后日益明显。在全球化和人类共同应对重大挑战的背景下，世界科技强国格局再次出现重大调整的历史机遇。在机遇面前，我们可以断言，在当今世界多极和多元的发展趋势下，国际科技暨科技意识形态将出现新"三个梯队"竞争格局和"两强多极分区域竞争态势"。在学习和借鉴传统科技强国成功经验的基础上，准确把握世情、国情大趋势和新方向，加强科技战略谋划，培育有自己特色的科技意识形态，走适合自己的科技发展之路，才有可能成为未来的世界强者。

一 世界科技暨科技意识形态竞争格局中的新"三个梯队"

在当前，全球科技创新中心正呈现多元化分布发展的趋势，并随着经济全球化的进程而加快。新兴经济体的崛起，加速了科技创新资源在全球范围内的重新配置，也加速了全球科技创新力量的变化。传统科技强国依然具备雄厚的科技创新实力，但科技创新能力快速增强的新兴经济体也正在崛起，成为新的创新增长极。

人类历史在经历了三次重大的工业革命后，正步入第四次工业革命进程。虽然我们不能准确地预测第四次工业革命的全部内容，但是，我们可以根据近二十年来国际科技基础研究与应用技术研究成果及热点等来分析和判断。回望历史，英国、法国、德国、美国等科技强国在其建设与发展的过程中，充分利用科技革命和工业革命的机遇与互动效应，探索出了符合自身发展的强国道路，包括在社会范围内形成科技促进发展的机制。在此期间，日本、俄罗斯等国的兴衰演变，为科技后发国家树立自己的国家科技意识形态、奠定民族进步的科技基础、构建科技创新体系、实施有效的科技战略引导与科技参与国家治理等，提供了鲜活的经验和教训。

今天在基础研究领先国家，基本上就是未来第四次工业革命的优胜者；今天具备自身特点的先进科学的科技意识形态与国家科技创新体系的国家，就是明天的国际经济社会发展的领先者；今天具备较高科技人口体量或者愿意开展大量的 STEM 国民教育的国家，就有可能成为明天国际格局竞争的主角。

本书在参考著名的"全球创新指数"的最新报告、"自然指数"和中国科学院科技战略咨询研究院的"2020 研究前沿热度指数"等基础之上，根据各国的科技意识形态成熟度、基础研究与应用技术水平、未来科技人口数量规模、经济总量规模和是否掌握核武器等国家核心技术能力等指标，进行一个定性的分析，将未来世界各国的国家科技创新体系中的科技分量与发展程度重新划分为多个层次，得出了科技竞争的"三个梯队"：

第一梯队，是指那些具备独立自成体系的强大科技意识形态和国家科技创新体系的国家，目前中国与美国符合这个条件。

第二梯队，是那些具备相对独立自主科技意识形态和国家创新体系的国家，这个梯队的国家最多，分上中下三个层次。其中，法国、俄罗斯、印度是该梯队的上层，德国、日本、意大利、瑞典、英国、韩国、以色列、芬兰等位列属于中层，而西班牙、波兰、土耳其、巴西、马来西亚、巴基斯坦、朝鲜、伊朗、南非、新加坡、加拿大、荷兰、瑞士等国家则处于这个梯队门槛边缘之上的下层。

第三梯队，是那些仍然在构建、完善和发展自己的科技意识形态和国家创新体系或体量过小的国家和地区。站在这一梯队前端的重要的发展中国家如印度尼西亚、墨西哥、越南、泰国、阿根廷等，也有葡萄牙、新西兰等所谓"发达国家"。

以上这三个梯队的国家在全球科技创新的格局中发挥各自的作用，具有各自的特点与优势：首先，美国的绝对领先地位短期内仍难以超越，中国将挟宏大的研发人才优势和独特的科技意识形态优势，逐渐成为一个同等量级的竞争对手。其次，法国、德国等传统科技强国依然具备雄厚的科技创新实力，在世界科技创新格局中具有举足轻重的地位。更重要的是，法国、德国所构建的欧陆特色科技意识形态，具备许多社会公共价值，无论是科技产业发展还是科研成果产出，都表现出了自己的特点。不仅与中国特色科技意识形态、俄罗斯科技意识形态有所区别，甚至与英美所属的盎—撒科技意识形态也有很大的差异。这也是近年来美欧科技产业领域冲突不断的根本原因。但是，随着法国、德国数字经济的持续落后，欧陆社会受到盎—撒政治意识形态的压倒性影响使得其科技意识形态失败甚至崩溃的可能性增加。再次，一些曾经受到技术民族主义影响较深且初步实现工业化的发展中国家，如马来西亚、印度尼西亚、印度、巴西、土耳其、南非等新兴经济体国家和区域，也正在成为科技创新的活跃新区，在全球科技创新的收益"蛋糕"中所占份额在不断增长，对世界科技创新的贡献率也持续上升，并直接促进了其具有自身特色的国家科技意识形态的成长。其中的印度和土耳其将有可能发展成为有影响力的一极。但是，印度的文化中素来缺乏创新与变革的机制，其本土创新大多集中于IT等部分领域，而其最具创新能力和成果最强的创新人群要属移民欧美的印度裔人士，远没有带动社会的全面进步。

另外，还有诸如瑞士、以色列、丹麦、韩国等一些国家，其国家科技创新实力很强，但经济总体的体量规模不大，影响有限。一些拥有相当的经济实力、正在快速发展迎接新时代的国家，如沙特阿拉伯、阿联酋等，它们在建设科技强国和促进科技创新方面，由于其地理、人文等限制，往往需要另辟蹊径，形成自己的特色，因而也有很多探索经历与经验值得向世界推广。

总体而言，在当今世界，绝大多数国家都已经认识并认同科技在经济与社会发展过程中的决定性作用，坚持将发展放在第一位，将科技创新看作一个国家兴旺发达的根本。世界也因科技实力的分化而出现国力和国际政治话语权的差异。

二 "两强多极分区域竞争态势"：国际科技暨科技意识形态竞争的新格局

基于当前国际科技实力的阶梯分布，我们可以判定，全球科技创新格局已呈现全面扩散的趋势，这种扩散表现为由欧美地区向亚太地区扩散，由西方的大西洋区域向东方的太平洋区域扩散，由主要在西方发达国家向全球发展中国家扩散，正在走向"两强全面竞争，多极合纵连横，各国普遍发展，区域特色日渐凸现"的全新格局。

首先，中国近年来的崛起，无论是科技实力还是经济实力都给盎—撒类型国家带来压力。事实上，美国霸权的核心就是其科技霸权。一旦其丧失了科技霸权，失去了科技意识形态的绝对影响力，就会对美国霸权造成釜底抽薪式的沉重打击。同时，因为中国与盎—撒国家之间所存在的两种制度差别，所以，可以预见，未来两种科技意识形态不可避免会逐渐走向正面对抗，并带动经济等竞争。这是客观局势使然，不以人的意志为转移。从本书前述美国的《芯片法案》、对中国列出实体清单，以及发展G7来抗衡中国的"一带一路"倡议中就可以预见，未来双方的科技竞争以及科技意识形态竞争，将是极其激烈的，如果美国在这场输不起的竞争中放弃合作，那将不会有真正的赢家。面对这种局势，中国本着一贯"不愿斗争，但也不怕斗争"的原则和底气，发扬斗争精神，增强斗争本领，在斗争中求和平、求发展。

其次，具有各自成熟科技意识形态的法国、俄罗斯和印度将成为相对独立的"多极合纵连横"。其中俄罗斯与盎—撒之间的科技意识形态因其安全理念的冲突而走向更激烈的竞争，两者的科技意识形态表现上也相去甚远。而以法国为代表的欧陆科技意识形态虽因政治理念与盎—撒科技意识形态似乎更为接近，但二者也并不完全相融，且欧盟的科技发展也对美国的世界主导地位带来威胁，所以，二者之间一直是有竞争有合作，只是二者的竞争发展到现在呈现加剧的趋势。而印度，虽然在其科技意识形态类型上与俄罗斯同属一种类型，具有相向而行的历史基础，但在世界各国整体竞争趋势下，印度也将会更多地强调自身发展的独立性。综合而言，法国、俄罗斯和印度因其各自的优势，都有进入第一梯队的能力上升空间。俄罗斯具有科研基础和军事能力，法国具备突出的科技意识形态成熟度和经济规模基础，而印度具备的是未来进入第一梯队的经济规模和科技人口规模基础。但他们也同时存在着"软肋"，那就是俄罗斯的经济结构、法国的内部政治斗争和印度的社会种群分化。三国都将是未来世界范围内各类事务的主要参与者，并在与两强的竞争中起到不可或缺的平衡作用。

而第二梯队中的德、日、意，由于历史原因，这些国家政治权力的自主性受盎—撒国家的控制较深，因而难以在更高强度的科技竞争的真正关键时刻有所作为。但由于他们自身具有相对成熟的科技意识形态，国内的科技产业和国家创新体系相对完整，因此很有可能成为盎—撒国家国际科技意识形态竞争的马前卒，在与中国竞争过程中损耗自身的"功力"，以达到消耗中国发展动能的作用。

在第二梯队的其他国家中，有一些区域性的力量正在快速增长，如巴西、南非等。伊朗、土耳其多年受美国的打压，发展迟滞，但已经具备了快速上升的科技基础，一旦外压解除，其发展反弹力反而更强，比当前的一些看起来不错的发展中大国更有成长性。

还有一些刚进入第二梯队门槛的所谓发达国家，如加拿大和第三梯队的葡萄牙、新西兰、澳大利亚等国家，由于历史原因，将自身的发展路径与美国的国际发展战略进行捆绑。其依附式的社会意识、产业结构和过小的国家科技人口体量导致其无法形成独立的科技意识形态。但也正因为没有意识形态的冲突，所以它们没有源自竞争带来的经济遏制。事实上，没有与美国的国际发展战略的深度捆绑，它们或许将完全丧失对世界的吸引力和影响力，这是依附型的第二梯队国家所承受不起的。

不同于传统的政治斗争，在国际科技意识形态的竞争中，第一梯队对第三梯队的先进示范效应更大。第三梯队的国家在使用第一梯队国家先进的技术产品和享受科技服务的同时也接收到了其先进的科技意识形态，从而构建和完善自己的科技意识形态，并因此走上与第一梯队国家相同的发展道路。比如中国的高铁，通过"一带一路"，正在许多第三梯队国家落地。高铁不仅是一张中国的名片，还是中国"要想富先修路""发展才是硬道理""创新驱动发展""独立自主""自立自强"等科技意识的传播渠道，更是中国制造的形象代言。第三梯队国家对第一梯队国家提供的先进制造、先进产品与先进服务的良好反馈与宣传，反过来也会促进第一梯队国家的科技创新，以及提升其在全球化中的地位，并转化为在全球治理中的话语权。

事实上，在全球创新的格局中，梯队的级差不仅体现了各国科技意识形态的完善程度与成熟度，以及各国的持续科技创新能力，还体现了当前各国总体经济发展的现状，甚至体现了其未来相当一段时间里发展的天花板。

第二节　迎接全球科技意识形态竞争新时代的中国战略

工业化发展的成果来之不易，必须加倍努力地用更前沿的科学和技术来巩固这个成果，努力跟上并引领时代发展的需求和节奏。当前，我国正处于两个大局之中,一个是世界百年未有之大变局,另一个是中华民族伟大复兴的战略全局。两个大局紧密地联系在一起,中国与世界的关系休戚与共。世界大变局从根本上决定中国外部环境的最重要因素,对中国的发展同时带来机遇和挑战;而中国的发展本身也是推动世界秩序发展变化的最重要力量之一。

一 以高度的自信迎接新的竞争

当今世界,科学技术交流成为主流,我们已经不能关起门来搞研究。而且中国改革开放的大门不会关上。此时,我们应当以高度的自信以世界性的眼光展开既开放又独立自主的科技创新。

栉风沐雨、砥砺前行,建党百年来,中国历经革命、建设和改革开放,尤其是党的十八大以来的积极努力,党和国家、人民、军队及至整个中华民族的面貌都发生了前所未有的巨大变化。"中国综合国力发展之快、世界影响之大百年未有,中国的世界贡献、大国责任的快速增长百年未有,中国的道路、理论、制度和文化的全面自信百年未有。"[1] 如今,中国来到了重要的国家和民族命运的转折点。

虽然近代科学产生于欧洲,但是,正如李约瑟所说的:"人人都应该明确懂得,欧洲没有产生'欧洲的科学',而是产生了普遍有效的世界科学,这是唯一可以最自由地与世界上所有民族分享的东西,实际上不只是欧洲一个民族为它的形成奠定了科学基础。"[2] 也就是说,近代的科学技术本身就有其他地区特别是亚洲人民在内的全世界文明交流的贡献。当今世界,中国无论是基础研究、科技产业发展和科技创新引领经济结构持续升级,都已经走在了世界的前列,走到了与美国同一梯队的位置。中国的科技创新的作用还直接表现在国际贸易和世界经济影响上。数据显示,2001年,全世界80%的国家与美国的贸易额超过中国,而到了2021年,全世界198个国家中的128个国家和中国的贸易额超过了美国。

纵观国际社会,"世界性的科技和产业革命深入发展的基本态势不会根本改变;各国各地区相互联系日益紧密的基本态势不会根本改变……但同时,在世界大发展大变化大调整的背景下,保护主义、民粹主义思潮明

---

[1] 罗建波:《从全局高度理解和把握世界百年未有之大变局》,《学习时报》2019年6月7日第2版。
[2] 王孝俊:《李约瑟眼中的欧美危机与中国智慧——再读李约瑟〈欧亚之间的对话〉》,《光明日报》2022年9月24日第8版。

显抬头，逆全球化态势明显上升，大国竞争明显回归。"① 面对世界百年未有之大变局，未来的意识形态竞争仍将面临很多新情况和新挑战。而现阶段的中国社会正在经历一种独特的双重转型，影响这个转型成功与否的关键在于科技能力升级。中国将继续对外开放，继续深化改革，将科技创新放到工作的核心位置。中国将站到积极参与国际现代化治理的高度，洞察社会思潮动态，坚持道路自信、理论自信、制度自信、文化自信，推动自主创新，实现更高水平的科技自立自强，建设完成社会主义现代化强国，这就是未来我国科技意识形态所指引的发展方向，也是我们在科技竞争中站稳脚跟的前提基础。

二 主动塑造国家发展战略机遇期

百年未有之大变局的背景下，中国发展的战略机遇期既有历史延续性，同时又有外部环境和内在条件的新变化。这些变化主要表现为：中国面临的战略竞争有所加剧、战略风险有所增多、战略压力也有所增大，这些多重因素的内外叠加和相互影响，极大增加了中国维护和延长战略机遇期的成本。但中国发展仍处于重要战略机遇期的事实仍未改变，我们完全可以主动作为以延续国家发展的战略机遇期。中国自身国力的增长以及中国与世界关系的显著变化本身就是决定中国战略机遇期的最重要的因素，战略机遇期将实现由客观形成向主动塑造的重大转变。

所谓主动塑造战略机遇期，就是从国际科技意识形态竞争的总体框架出发，通过联合与协作，鼓励有不同价值导向的不同科技意识形态类型国家，通过创新竞争而获得应有的发展空间与目标利益，从而维持一个更均衡的世界总体和平。具体来讲，可以总结为："鼓励俄印、协同欧陆、加速不同区域特色的科技意识形态类型国家的科技创新与科技产业发展，推进多极世界的建构。"

譬如，面对国际石油价格重新回到高位的情况下，探索开辟当代生物合成农业技术和绿色技术竞争的新战场，在粮食与能源两大领域开展国际性科技创新竞争，抵消数字技术优势国家的科技领导权，开辟新领域、新赛道；全面研判世界科技创新和产业变革的趋势，主动跟进，精心选择策略，坚持"有所为，有所不为"的方针，明确国家科技创新主攻方向和突破口，在落实"教育优先发展"中塑造新优势，强化人才战略在"人才引

---

① 罗建波：《从全局高度理解和把握世界百年未有之大变局》，《学习时报》2019年6月7日第2版。

领驱动"中汇聚新动能，避开发达国家知识产权壁垒和优势领域，打造更多的非对称性"撒手锏"，在自己的优势领域把握科技创新方向的主动权。

再如，与法德探索重建超声速客机的可能①，把那个被美国通过修改规则和市场霸权而消灭的"世界上唯一成功的超声速客机——协和飞机"，利用中欧的市场需求和技术，升级为2.0版本，为推动三国的高端制造业发展开辟出新的机会。②还比如，在半导体领域，我们一方面可以持续在硅基半导体行业加码追赶的力度，另一方面可以与日、韩、意、荷等国合作推进碳基半导体的全新领域产业化；强化与俄罗斯在航空航天领域的合作，特别是推进在该领域的科技成果产业化发展，为两国的高端产业发展拓展空间，也为两国关系提供更可靠的经济联系纽带。

此外，考虑面向全球普遍关注的重大问题，如热带地区的高效农业问题开展全球科技创新合作。组织各国政府特别是第三世界国家和"一带一路"沿线国家协商设立全球科技创新项目库，制定统一的科技合作协定，并在这些协议框架下执行科技合作项目，组成一个由相关国家的企业、大学、科研机构均参与其全球创新体系。最后，充分利用国际专利法的一些保护条款，对那些限制甚至制裁产品销售或服务中国的国家的专利承认或标准进行反制，采取有限承认或其他针对性措施，等等。

以上战略构想的核心是：充分发挥中国全面的科研能力、巨量的R&D人力资源和超大规模的市场，在国际科技产业升级竞争中，开辟发展新领域新赛道，不断塑造发展新动能新优势。以我为主、独立自主，坚持走以中国特色高水平自立自强的科技创新引领经济社会发展的道路。积极推动"一带一路"、科技"走出去"，与沿路各国展开科技合作。在科技"走出去"的同时，将先进的科技意识形态传播出去，为世界的发展和人类的进步，特别是为第三世界国家寻求符合其自身国情的发展道路，走向科技创新促进发展之路。随着中国综合国力和世界影响力的不断增长，中国主动塑造战略机遇期的能力也会越来越强，将为人类发展不断贡献中国智慧和中国方案。

---

① 2022年7月，即使是在C919即将取得适航证的时刻，中国仍然购买了252架空客飞机，合计购置金额达372.57亿美元（约为人民币2491亿元）。同年11月，德国总理朔尔茨在中共二十大后，作为西方七国领导人之一第一个访中时，中国再次与空客签订170亿美元的大单。
② 由于产业升级，中国的高端制造业特别是新能源汽车领域将不可避免与法国、德国产生竞争。超声速客机对于中国是空白领域，对于法德是失去的领域。但如果能够在这样的高端制造业领域合作，以中国的巨大市场为基础，开拓新的合作空间，将有利于减缓这种竞争的激烈程度。

三 持续强化中国特色科技意识形态竞争优势

自新中国成立以来，中国历经七十多年的艰苦奋斗，科技水平和科技创新能力均得到了大幅提升，正在成为具有全球影响力的科技大国。面对新一轮科技革命和产业变革，中国须把握自身的核心资源——最先进的科技意识形态与最大规模的科技创新人力资源，发挥后发优势——制度创新与技术路线创新，深化金融创新支持科技创新——像"铁公机"那样规模的长达20余年的资金持续投入，加速创新，突出优势，补齐短板①，为实现跨越式发展提供新的动能，为国际的多极化发展提供科技意识形态新动力。

理念是行动的先导，战略是行动的指南。中国要想取得建成社会主义现代化强国的伟大胜利，必须拥有一个正确的科技发展理念，构建具有中国特色的科技意识形态话语体系。以正确的科技发展理念，指导中国特色的科技意识形态建设，增强中国科技意识形态的话语权力。党的二十大报告明确提出，"强化科技战略咨询，提升国家创新体系整体效能"②，就是高度重视科技意识形态中的"科技战略"的优化与强化，发挥自身先进科技意识形态的引导能力。

自新中国成立后，国家始终重视科技发展，从"向科学进军"到建设"四个现代化"，从"科学技术是第一生产力"到改革中期的"科教兴国"战略，以及如今的"中国制造2025"和建设高水平科技自立自强的强国战略，中国顺应时代发展的趋势，形成并完善了一个有利于推动科技发展的科技意识形态。如今，中国特色社会主义进入了新时代，提出要把创新继续放到核心位置，以应对国际科技竞争的观点。"核心技术是国之重器"③、创新依然是引领发展的第一动力，"中国要强盛、要复兴，就一定要大力发展科学技术，努力成为世界主要科学中心和创新高地"④。这已经成为未来国家发展的共识和依据。

---

① 当前中国科技的短板主要体现在两个方面，一个就是"创新性被专家们给评没了"，另一个就是不能马上带来回报的高科技没有获得市场投资的可能。这两个短板，在笔者看来，是解决中国科技意识形态推动科技创新发展问题的关键着力点，是需要放到战略层级加以讨论的具体问题。

② 习近平：《高举中国特色社会主义伟大旗帜　为全面建设社会主义现代化国家而团结奋斗——在中国共产党第二十次全国代表大会上的报告》，《人民日报》2022年10月26日第1版。

③ 习近平：《敏锐抓住信息化发展历史机遇　自主创新推进网络强国建设》，《人民日报》2018年4月22日第1版。

④ 习近平：《努力成为世界主要科学中心和创新高地》，《求是》2021年第6期。

2021年8月，习近平总书记在主持召开中央财经委员会第十次会议时提出："共同富裕是社会主义的本质要求，是中国式现代化的重要特征，要坚持以人民为中心的发展思想，在高质量发展中促进共同富裕。"① 他在2021年10月16日出版的第20期《求是》杂志上发表的《扎实推动共同富裕》的重要文章中明确指出：勤劳创新是实现共同富裕的根本途径。中国的科技创新是以人民的利益为核心，满足人民高质量的生活水平要求，以促进共同富裕为目标的科技创新。这与以资本收益为核心，为满足资本获取更大垄断利润而开展的资本主义科技创新有着本质的区别。

"自主创新、以人民为本"与"勤劳创新、共同富裕"作为今后数十年指导中国特色社会主义建设的核心科技意识形态，必将为中国的经济与社会持续发展提供新的更强大的动力。

第三节　中国推进现代科技意识形态发展及其竞争的基本方式、原则与新任务

科技和科技意识形态的竞争是人类社会发展的常态性竞争，唯有先发才能制胜。为此，我们需要不断推进自身科技意识形态的发展，倡议建立国际科技意识形态竞争的有益原则。

一　推进现代科技意识形态发展的基本方式

作为现代社会意识形态发展的新内容与新形式的科技意识形态，从属于特定的社会政治意识形态，遵循着社会意识形态的一般发展规律，并随着整体社会意识形态的发展而不断发展完善。马克思从"不同的财产形式"和"社会生存条件"阐明上层建筑生成的基础，指明上层建筑及其意识形态范畴有着它们赖以维系的物质条件和所有制形式。我们发展科技意识形态也应遵循技术创新和制度创新的双重路径，促进其走向知识性发展和价值性发展的基本方向。

（一）以技术创新促进科技意识形态的知识性发展

科技是人的本质力量的一种具体体现。"人的全面发展根源于生产方

---

① 习近平：《在高质量发展中促进共同富裕　统筹做好重大金融风险防范化解工作》，《人民日报》2021年8月18日第1版。

式,根源于人们的物质资料生产活动。"① 马克思主义认为人的自由"是在现有的生产力所决定和所容许的范围之内取得自由的"②,因此,为了获取更大的自由空间,就必须提高生产力,提高科学技术水平,发展和控制科技的力量为我们的价值理想服务,而不是被技术的力量所控制,异化我们的劳动和思想。

社会越发达,技术融入社会运行与发展的程度也越高,科学技术也愈加具有意识形态建构作用和价值。当今社会所应用的深度数字化、智能化技术,高度融合了科技意识形态,已全面渗入社会治理的方方面面。例如,按照自由平等开放的互联网精神,搭建"去中心化"的社会平台,让创新不再被某些知识和技术精英所垄断;按照云计算的法则和区块链的智能合约,更新了互联网络的运行规则和信用机制,让每一个网络节点上的个体都共享资源;按照人工智能的人机分工的模式,创新现代社会治理体系,人民大众不再是科技意识形态异化影响下的一个个符号,而是一个个自由与全面发展的鲜活的生命个体,积极、广泛地参与公共事务。这些信息化、数字化与智能化的技术及其内含的科技意识形态推动了社会进行深层次的变革,正在创造着一个在大众智慧、万物互联、虚拟现实与敏捷开发共同协作基础之上的共赢共生的人类文明新形态的未来场景。此场景与哈贝马斯所推崇的拥有"交往理性"的理想社会极为相容。只是,它如今不只是理想,而是有着第四次工业革命坚实科技力量支撑的正在建构中的现实。未来社会必将大力发展这些深层次影响人类社会发展模式的新技术,增强并完善科技意识形态的知识性、科学性与价值性,更好地为人的自由与全面发展提供服务。

科技是意识形态的物质基础。有什么样的科技,就会产生什么样的意识形态。只有不断地强化技术创新,才会开拓科技意识形态发展的空间。农耕文明只能产生"男耕女织"的小农意识;只有到了工业社会,才能拥有现代的科技意识;如今人类进入数字化生存时代,相应的意识形态也将向数字化升级。科技的持续创新,将为国家科技意识形态升级提供坚实的物质基础,为国家科技意识形态竞争提升源源不竭的动力。未来,数字化生存也更需要有相应的科技创新体系与社会意识形态作保证。

通过科技持续创新支撑经济社会的可持续发展,是国家科技意识形态竞争的主要方向。20世纪90年代国际格局从两极向单极的转变,主要原

---

① 汤荣光:《走向马克思主义意识形态理论深处》,人民出版社2018年版,第103页。
② 《马克思恩格斯全集》第3卷,人民出版社1960年版,第507页。

因还是美国不仅靠自己的科技创新体系发展提升了航天科技、军事科技的水平，促进了经济的发展，而苏联因没有将科技研发成果及时转化为产业化发展而耗尽资源，自我解体。

科技创新是科技意识形态引领科技竞争的最本质表现。《墨经》中写道："力，形之所以奋也"①，就是说动力是使物体运动的原因。也就是说要在国家与社会面临不同的时代要求的时候，要形成并发挥科技意识形态的引导力量，以科技创新为主要形式，以提高发展质量和效益为中心，推动经济发展实现质量变革、效率变革和动力变革，显著增强经济质量优势，进而增加整体国家竞争力。

科技意识形态的竞争从根本上与以前的政治意识形态斗争的不同之处在于，科技的创新作为一种真实的可验证行为，促进科技意识形态的知识性发展。美苏的政治意识形态斗争曾使人们有可能沉迷于这样的一个虚幻的希望里，即一旦"自由民主"或者苏式体制在全世界传播开来，战略竞争就会结束，美国或者苏联就可以在一个安全的世界里与志同道合的国家和平合作。而当代的全球科技意识形态竞争将是一场以支撑科技持续创新为主题的长期的国际竞争。它很难在某一个时间点或阶段出现一个标志性的结果，如同当时的克里姆林宫降下苏联红旗那样的时刻，它将伴随人类社会的整体发展而不间断地向知识性升级。

（二）以制度创新促进科技意识形态的价值性发展

马克思"把科学首先看成是历史的有力的杠杆，看成是最高意义上的革命力量"②，是解放人类实现人的自由与全面发展的工具。然而，自由离不开生产力发展状况和水平，在阶级社会中自由受到虚假共同体的制约并缺少实现的条件，因而只有"在真正的共同体的条件下，各个人在自己的联合中并通过这种联合获得自己的自由"③。人们发展科学技术，就是要用科技的力量来"解放"自己获得自由，而不是被科技的力量"异化"。而决定科技的力量到底会成为一种"解放的力量"，还是成为"解放的桎梏"；是为资本家谋取利益，还是带领人民走向共同富裕，则是一个涉及社会基本所有制以及社会财富分配机制等相关的制度问题。

人类社会的内在发展运动的规律提示：资本的私人占有与社会化大生产之间的矛盾会随着生产力的发展而日趋激烈，这是资本主义生产关系的

---

① 詹剑峰：《墨子的哲学与科学》，人民出版社1981年版，第29页。
② 《马克思恩格斯全集》第19卷，人民出版社1963年版，第372页。
③ 《马克思恩格斯文集》第1卷，人民出版社2009年版，第571页。

基本矛盾，只有以公有制为基础的共产主义才能最终解决这个矛盾。社会主义以实现共产主义为最终目标，以公有制为基础，以有利于人类生存和发展为目的，体现了对人类生存状态的价值观照。资产阶级特别是西方一些发达国家，虽然通过社会分配制度的一些改革，国内的经济发展在一定程度上弱化了基本制度所带来的矛盾，但是历史并不像他们所期望的那样走向意识形态的"终结"。社会主义社会能否超越资本主义社会，能否创建人类文明新形态，关键在于能否解决科技意识形态的根本导向问题。为了使科技成为人类解放自身的本质力量，我们必须不断进行各项机制与体制改革，通过制度创新在实践中把握科技意识形态的性质和方向。在中国社会主义现代市场经济体制下和现代工业体系内，虽然在以公有制为主体、多种所有制共同发展的条件下，仍然存在科技意识形态异化的风险和现代性危机的可能，但是，这个问题是可以通过与时俱进的制度创新得到解决的。在科技意识形态中体现共产主义的理想，以全民参与、共建共治共享、平等交往的社会意识，让现代的生产与交往技术服务于市民和劳动者，服务于建立在公有制基础之上的社会治理和经济增长。最终实现"人以一种全面的方式，就是说，作为一个完整的人，占有自己的全面的本质"①，从而彻底摆脱异化的影响与可能。

综上，现代科技意识形态在知识性和价值性双重维度的共同发展与完善，代表了人类文明的前进方向。新时代社会主义中国正在加快构建中国特色科技意识形态来推动中国式现代化强国建设。党的二十大报告中，将教育、科技、人才提升至全面建设社会主义现代化国家的基础性和战略性支撑地位，明确提出要"坚持创新在我国现代化建设全局中的核心地位"②，大力推进科技创新，完善科技创新体系，加快实施创新驱动战略，并提出"开辟发展新领域新赛道，不断塑造发展新动能新优势"的发展新路。党的二十大报告中所体现出来的科技意识形态与中国国情相适应，与时代相匹配，与中国式社会主义现代化强国的理想相一致，与共同富裕的目标相向而行，符合未来科技意识形态发展的知识性和价值性的双重发展要求，是马克思主义中国化时代化的最新成果，是中国社会意识形态发展的新境界和新成果。相信它必将在完善党中央对科技工作统一领导的体制和健全新型举国体制的过程中释放出更强的国

---

① 《马克思恩格斯文集》第 1 卷，人民出版社 2009 年版，第 189 页。
② 习近平：《高举中国特色社会主义伟大旗帜　为全面建设社会主义现代化国家而团结奋斗——在中国共产党第二十次全国代表大会上的报告》，《人民日报》2022 年 10 月 26 日第 1 版。

家战略科技力量：一方面，牵住科技创新这个"牛鼻子"，提升解放自身的力量；另一方面，对社会各因素进行正向整合作用，对社会成员进行积极价值引导，提升经济发展质量，改善人们的生活水平，促进社会发展全面进步，以中国式现代化构建人类文明的新形态，更好地实现中华民族的伟大复兴。

二 倡导国际科技意识形态有益竞争原则

人类社会期待良好的国际竞争，也因此诞生了一些理论模型。其中美国的政治学者亨廷顿在其《文明的冲突和世界秩序的重建》中，为避免因文明差异而导致文明间的冲突提出了"避免原则""共同调解原则"和"共同性原则（又称"求同原则"）"①。其中的"避免原则"，即所谓"核心国家"应避免干涉其他文明的冲突，并将之列为多极世界中维持和平的首要条件。而"共同调解原则"，即提出核心国家之间，应相互谈判遏制或制止这些文明的国家间或集团间可能发生的"断层线战争"②。"求同原则"则是要求各不同文明体之间应寻求更多的价值观、制度和实践共识。这些原则在客观上起到了发起和号召人们有序竞争的意义，但更多的则是一种强者优势持续的确立手段。

纵观世界发展历史，当今世界无论是科技领域的竞争，还是科技意识形态的竞争，都有一个不同于以往各个时代的特征，那就是它不再是"零和博弈"，不再是"我有你失，你死我活"的那种"成王败寇"的单项结果选择。科技领域的竞争，虽然会因为科技转化经济利益时产生收益差别，但与此同时，却也有助于竞争参与者共同开拓生存空间的局面，这正是"科学无国界"的立论基础。因此，在国际科技意识形态竞争的认识框架内，要创造有序良性竞争局面，就需要遵守更复杂的规则。其中一个前提就是："竞争应该是公平公正的，而不应'下绊子'、用强权来剥夺其他国家正常正当发展的权利。"③在这个前提下，基于人类拥有一个共同的地球家园这样的愿望与客观事实，本书对未来的科技暨科技意识形态竞争提出一些共同美好的愿望与合理的竞争要求，也算是对"中美需要对一些根

---

① 〔美〕塞缪尔·亨廷顿：《文明的冲突和世界秩序的重建》，周琪等译，新华出版社 2010 年版，第 295 页。
② 亨廷顿认为断层线战争是属于不同文明的国家或集团彼此间的群体冲突，也有可能发生在国家内部；断层线战争有时是为了控制人民，但主要还是为了领土。
③ 《外交部谈中美"竞争"：中国不以超越美国为目标，而是超越自己》，新华网（http：//www.xinhuanet.com/2021-05/11/c_1127433881.htm），2021 年 5 月 11 日。

本性问题进行'哲学探讨'"的一个响应①，具体归结成以下"国际科技竞争暨科技意识形态竞争的五项基本原则"。

第一原则：全球意识。

各国都应树立全球意识。人类社会共同面临一系列的全球性问题，任何一国想通过单打独斗都无法解决，必须开展全球行动、全球应对、全球合作。各国需要抛开文化的差异和意识形态的成见，本着人类共同利益，以合作共赢的精神推动科技进步与创新发展，是人类社会面对共同问题的最好的应对策略。人类共同利益面前，谁也不能只顾自己的私利，阻止别的国家的发展进程。全球化已经让世界成为一个创新共同体，阻止别国的创新，实际上也是在拖自己创新的后腿。共建全球创新链、产业链、价值链，不仅是国际交往的准则，也是强大自身的正确方式。

第二原则：多样性原则。

各国都应充分认识到科技意识形态的多样性，认识到多样性对科技创新的特殊意义。一切文明、文化和意识形态都是全人类文明、文化和意识形态的组成部分，并无高低优劣之分。不同文明、国家和社会的思维模式，有可能为人类的科学发展提供新的发展空间。每个民族、国家都有权保存和发展自己固有的文明、文化和意识形态，由一种文化、文明和意识形态主宰世界的时代已经不复存在。每个民族、国家都有权根据自己的实际国情和历史文化传统来选择自己的发展道路。多样性原则不同于亨廷顿的"避免原则"。避免原则是强者之间博弈之后的折中结果，而多样性原则则是无论主体大小同等对待，应得到同样的尊重。

第三原则：对话与交流原则。

不同科技意识形态主体间的对话和文化交流，是构筑更强有力的科技创新引领经济社会发展的重要途径。需要各方在对话与交流中相互理解和尊重。如果双方不是平等的伙伴和朋友，而是互相看作敌对对手或潜在敌人，这样的对话和交流是难以取得成效的。人们在自豪于自己的文化、文明和创新体系的同时，也要冷静地看到别人的优势和长处，理性地看待自己的缺点和不足，以避免文化与科技发展上的固步自封。

第四原则：求同存异原则。

各国的科技发展是在国际竞争的大环境影响之下获得创新动力的，而且，在科技发展方面，各国关注的领域和具体的发展方法和路径选择皆存

---

① 《驻美国大使秦刚在亚洲协会得州分会的讲话》，外交部网站（https：//www.fmprc.gov.cn/zwbd_673032/wjzs/202206/t20220603_10698472.shtml），2022年6月3日。

在差异，所以在国际科技合作与交流中，不能以一个统一的所谓"规则"来要求所有国家，而是求同存异。中国的文化传统主张的求同存异，就是要在努力寻求共同点的同时，容许差异和不同的存在。求同存异不是和稀泥式的掩盖问题。正如科学要求宽容一样，各国都要提倡宽容精神，承认和容许不同的文明、文化和意识形态之间的差异。求同存异可以尽最大可能避免矛盾激化而造成各类冲突。面对问题，既要想办法解决，同时也要承认问题存在的背景和现实。有分歧、有差异可以通过对话与和平协商来解决，一时不能达成共识也可以搁置争议，一面等待和容忍，一面也可以共同开发，这是国与国在面对争议时采取的正确选择。

第五原则：持续迭代发展原则。

科技发展存在着明确的持续迭代发展规律，因而社会的进步也有必要在借鉴前人或他人的基础上，逐渐地迭代式提升。人们鼓励科学研究成果以论文形式发表，知识产权（专利）授予的前提是知识公开，形成全人类的文明积淀，进而推动人类社会的进步与发展。持续迭代发展的科技，能够为人类社会面临的各种问题提供解决方案，只要经济发展真正转到依靠科技创新的轨道上来，人们才能最终利用科技来实现真正的解放。

在以上"国际科技暨科技意识形态竞争五原则"中，我们可以将全球意识原则与多样性原则作为核心的思想原则，而将对话与交流原则、求同存异原则和持续迭代发展原则作为行为规则。求同存异原则，是不同类型的科技意识形态国家在多地区、多类型、多层次的世界中维持和平的首要条件；对话和交流原则，即科技创新能力占优势的国家之间应该以交流与协作来代替以往的对抗与战争；持续迭代发展原则，则可避免各个不同科技创新体系推动和扩大与其他不同体系的国家或地区之间的科技资源竞争。总之，良性竞争是世界各国都希望达到的一种状态，不能挑战他国核心利益，必须以管控分歧、避免冲突为底线，同时不寻求"你输我赢"的零和结局。一个开放的、基于共识规则的国际秩序，既有利于美国，也有利于中国，更是世界其他国家发展所需要的。各方都应该尽力维护现存的以联合国宪章为基础的国际秩序，积极承担国际责任，积极有效地管理竞争，明确竞争规则，管控竞争的后果，探索人类竞合发展的新路径。

三 新阶段中国科技意识形态促进经济与社会发展的新任务

2022年全国科技工作会议和党的二十大陆续召开，分别总结了我国科技发展历程，分析了百年变局科技创新内外部环境变化，为未来的科技发展和国家科技创新体系建设明纲定策。相关的政策和战略既体现了国家的科技意识形态，也标志着以习近平新时代中国特色社会主义思想为指导的中国科技意识形态发展新进程。把创新驱动发展作为国家的核心战略，以制度创新激发技术创新的活力，以科技创新带动经济和社会的全面创新，以高效率的国家创新体系支撑高水平的科技自立自强，坚持中国特色的自主创新道路，解放思想、开放包容，建设更强大的创新型国家，加速实现中华民族伟大复兴的中国梦。新时代，中国科技意识形态取得了一系列创新性的发展。从"自主""自立""自强"走向"世界主要科学中心"和"创新高地"，其中有科技意识形态自身力量的促进作用，更有党领导人民实事求是不断开拓创新的战略伟力的推进作用。

（一）坚持创新在我国现代化建设全局中的核心地位

创新驱动发展，科技引领未来，每一次重大的科技创新都会给人类社会带来一场翻天覆地的变化。当人类文明步入现代资本主义之后，"创新"被认识到是经济发展的主要战略手段。它在经济上最直接的表现是对原有的产品、技术、生产方式等实现"新组合"。这种创新力量不容小觑，具有冲破旧的要素和机制的"破坏性"力量，同时也拥有建构新的生产方式和生产关系的能力。马克思在谈创新的本质以及对社会发展的历史性作用时指出："对实践的唯物主义者即共产主义者来说，全部问题都在于使现存世界革命化，实际地反对并改变现存的事物。"① 这里的"革命化"即实践的创新。没有创新，就没有进步，就没有未来。创新的步伐不能停。

之所以要坚持创新在我国现代化建设全局中的核心地位，从社会发展战略看，是因为当前国际竞争的本质是知识创新能力的竞争。在现代科技革命以前，制约经济社会发展的主要因素是制度性的、能源性的和生存空间性的不足。所以，当时占主流的社会发展战略往往是进行制度变革、争取能源、扩大生存空间等。而在当代，由于现代科技革命的作用，虽然上述问题依然存在，但是这些因素已退居次席上，国家的科技实力和劳动者的科技素质上升为制约经济社会发展的主要因素。知识进步和知识创新成为一个国家调整产业结构、追求经济发展和推进社会进步的动力，成为国家间实力竞争的重要力量，国家间的竞争实际上已演变为知识创新能力的竞争。因此，一个国家或民族在选择发展战略时，无不把提高知识创新能力作为首选目标。

之所以要坚持创新在我国现代化建设全局中的核心地位，是因为只有创新驱动发展，我们才能摆脱传统的过多依靠要素投入的粗放增长方式，

---

① 《马克思恩格斯选集》第1卷，人民出版社2012年版，第155页。

破除资源、环境和市场需求对经济增长的制约,从而实现经济持续健康发展。纵观世界历史,一个国家能否真正成为经济强国,最关键的并不是看其经济总量的大小,而是要看其科技水平的高低和经济结构的优劣。经过30多年的发展,我国经济的GDP按美元汇率计,已成为世界第二大经济体。但与经济强国相比,还需要将人均值提高到相适应的位置,需要转变过去过于依赖资源(包括土地、资本、劳动力等)消耗的发展,这就必须在科技水平和创新驱动发展方面取得更大的进步。

之所以要坚持创新在我国现代化建设全局中的核心地位,从发展需求来看,要保持经济平稳运行、实现碳达峰、碳中和,都需要科技提供有力支撑。"科技对经济增长的贡献率远低于发达国家水平,这是我国这个经济大个头的'阿喀琉斯之踵'。"[1] 这一短板造成了我们总体上仍然在国际产业链条的中低端打拼,老是在"微笑曲线"的低端摸爬,块头大、体量大但力量弱。[2] 我们如果想在世界舞台上腰杆硬起来,跨越"中等收入陷阱",从旧的发展方式到新的发展路径,就需要继续大力实施创新驱动发展战略,争取让科技进步对经济增长的贡献率达到发达国家水平,使我国科技水平占领科技前沿地位,向创新型国家和科技实力强国迈进。

坚持创新在我国现代化建设全局中的核心地位,关键是发挥"两个关键体制"的作用,强化国家战略科技力量。人类社会已开始进入大科技时代,各门学科之间相互交叉渗透,学科之间、技术之间、自然科学和人文社会科学之间、科学和技术之间、科技与产业之间,研发与工业制造之间,日益呈现交叉融合发展的趋势。大科技时代的科技攻关非个别领域和个别机构所能够独立完成的,因此这第一个"关键体制"就是继续完善党中央对科技工作统一领导的体制。在党中央对科技工作统一领导下,我国充分发挥集中力量办大事的社会主义制度优势,发挥中国特色的科技意识形态的协调与引导作用,强化中国国家发展的竞争优势,顺利进入创新型国家前列,是坚持创新在我国现代化建设全局中的核心地位的根本保证。

科技创新引领经济社会发展的关键是要通过市场竞争,突出和应用科技的力量。因此,这第二个关键体制就是健全新型举国体制,即构建社会主义市场经济条件下的新型的举国体制,是更好发挥政府作用,与市场配置创新资源的优势,提升国家创新体系整体效能的重大制度创新。我们要

---

[1] 《习近平关于科技创新论述摘编》,中央文献出版社2016年版,第8页。
[2] 辛向阳:《浅析"四个全面"战略布局思想的问题导向及其辩证法》,《高校马克思主义理论研究》2016年第6期。

在创新经济增长政策和方式的过程中,继续顺着这一成功之路,开创一条全新之路。"我们要创新政策手段,推进结构性改革,为增长创造空间、增加后劲。我们要创新增长方式,把握好新一轮产业革命、数字经济等带来的机遇,既应对好气候变化、人口老龄化等带来的挑战,也化解掉信息化、自动化等给就业带来的冲击,在培育新产业新业态新模式过程中注意创造新的就业机会,让各国人民重拾信心和希望。"①

(二)坚持四个面向,加快实现高水平科技自立自强

百年变局加速演进,我国经济发展与科技创新内外部环境正在发生深刻变化。党的二十大报告在"加快实施创新驱动发展战略"中,提出要坚持面向世界科技前沿、面向经济主战场、面向国家重大需求、面向人民生命健康,加快实现高水平科技自立自强。

第一,坚持四个面向,打赢核心技术攻坚战。中国的科技创新所坚持的四个面向,体现了国家的战略需求与定位。其中,"面向科技前沿",主要是体现了国家努力跟上并引领时代科技发展的需求;"面向经济主战场"体现了国家科技促进成果产业化、科技促进经济高质量发展的需求;"面向国家重大需求"体现了国家对战略科技支撑的需求,着力于解决和弥补我国经济社会发展、民生改善、国防建设等关系国家急迫需要和长远需求的领域所面临的一些需要解决的短板和弱项;"面向人民生命健康"则体现了国家创新性发展中的人文关怀。

第二,坚持四个面向,推动两个深度融合。科技只有在应用中才能得到创新性发展。我们要充分发挥中国特色社会主义制度优势,深化产学研用深度融合,以项目带动科技发展,在促进科技成果产业化中增强自主创新能力。坚持四个面向,实施一批具有战略性、全局性和前瞻性的国家重大科技项目,在加强基础研究之时,突出原创,鼓励自由探索,提升科技投入效能,深化财政科技经费分配使用机制改革,激发创新活力。

坚持四个面向推进科技成果转移转化,是促进科技和经济结合改革创新的着力点,也是我们与发达国家差距较大的地方。要围绕产业链部署创新链,围绕创新链部署服务链。推动创新链产业链资金链人才链深度融合,加快科技成果的转化和产业化,发挥科技型骨干企业引领支撑作用,营造有利于科技型中小微企业成长的良好环境。

第三,坚持四个面向,深化科技体制改革和科技评价改革,形成具有全球竞争力的开放创新生态。科技领域是最需要不断深化改革的领域。

---

① 习近平:《共担时代责任 共促全球发展》,《人民日报》2017年1月18日第3版。

党的二十大报告要求我们要深化科技体制改革，深化科技评价改革。其中，深化科技体制改革的主要方向是："坚决扫除阻碍科技创新能力提高的体制障碍，有力打通科技和经济转移转化的通道，优化科技政策供给。"① 完善科技评价体系的主要方向是："完善战略科学家和创新型科技人才发现、培养、激励机制，吸引更多优秀人才进入科研队伍，为他们脱颖而出创造条件。"② 这两项深化改革的措施正是针对我国前些年国家科技创新体系建设与运行过程中出现的两个重点的问题，即科技系统的管理机制还没有跟上国家整体改革开放的步伐，科技人才的培养和创新性科技成果的出现还受到论资排辈等的影响。解决这两个突出的问题，将极大地提升国家科技创新体系的能力与效率，推动科技意识形态引领经济社会发展。

（三）坚持目标：努力成为世界主要科学中心和创新高地

人类从原始社会到农耕社会经历了上百万年，从农耕社会到工业社会经历了几千年，而从工业社会到知识社会则还不到三百年。进入 21 世纪以来，全球科技创新进入空前密集活跃的时期。如今，科技正在以一种集群式爆发式增长的方式，推动人类社会的文明进程，人类掌握的科技、知识正在以一种前所未有的加速度在增长。科学技术从来没有像今天这样深刻影响着国家的前途命运，从来没有像今天这样深刻影响着人民的生活福祉。未来十年，将是世界经济新旧动能转换的关键十年。这既是千载难逢的机遇，又是可能拉大差距的严峻挑战。自党的十八大以来，中国科技日益进入世界领先梯队，提出了建设"世界科技强国"目标。在 2016 年的《国家创新驱动发展战略纲要》中明确提出要"建成世界科技创新强国，成为世界主要科学中心和创新高地"。2018 年，习近平总书记分别在中国科学院第十九次院士大会和世界人工智能大会上多次提出"中国要强盛、要复兴，就一定要大力发展科学技术，努力成为世界主要科学中心和创新高地"③。在党的二十大报告中，还明确提出："加快建设世界重要人才中心和创新高地，促进人才区域合理布局和协调发展，着力形成人才国际竞争的比较优势。"④ 至此，"努力成为世界主要科学中心和创新高地"成为

---

① 《习近平关于科技创新论述摘编》，中央文献出版社 2016 年版，第 56 页。
② 《习近平谈治国理政》第 4 卷，外文出版社 2022 年版，第 337 页。
③ 习近平：《努力成为世界主要科学中心和创新高地》，《求是》2021 年第 6 期。
④ 习近平：《高举中国特色社会主义伟大旗帜　为全面建设社会主义现代化国家而团结奋斗——在中国共产党第二十次全国代表大会上的报告》，《人民日报》2022 年 10 月 26 日第 1 版。

中国国家科技创新体系与中国科技意识形态发展的目标话语。对此，我们可以从以下几方面进行理解。

第一，"努力成为世界主要科学中心和创新高地"是适时提出的激励国家和社会科技发展的新目标。当今，中国基于数十年的国家科技创新体系所构建的坚实基础，发挥后发优势，实现弯道超车和换道超车，在许多技术创新领域取得了重大突破，成功地走上了一条通过自主创新成功实现自主发展的中国式现代化之路。我们要抓住这个重大机遇，持续推动科技创新性发展，为中国未来经济与社会发展提供源源不断的动力，努力使我国成为世界主要科学中心和创新高地。

第二，"努力成为世界主要科学中心和创新高地"首要的是建设高水平的科技自立自强。中国将重点加速推进制造业向智能化、服务化、绿色化转型，即所谓加速"工业4.0"或第四次工业革命，从而使中国的制造业能脱胎换骨。但是，也还要看到，当前我国科技领域仍然存在一些亟待解决的突出问题，即所谓"卡脖子"的问题，也就是关键核心技术受制于人的局面没有得到根本性改变。关键核心技术不掌握在手，只能在全球处于低端制造业和受制于人的地位。解决"卡脖子"的问题，就需要我们在新时代中国特色科技意识形态的指导下，不断完善和创新中国的国家创新体系，要建设高水平的科技自立自强。

第三，"努力成为世界主要科学中心和创新高地"既是科学发展的目标又是科技促进发展的方式与方法。当今已进入一个大科学的时代，那些具有原创性的前沿技术、具有颠覆性的高端技术以及交叉性的大科学技术深刻影响着人民生活福祉，改变着国家前途命运，决定着人类未来的格局与变局。在以全球化为国际竞争环境的现代社会，抢占科技发展战略制高点非常重要。现实中，各国之间围绕着科技实力的较量从未像当前这样迅猛而又激烈。虽然目前中国已经在世界高科技领域占有一席之地，实现从跟跑到并跑的超越，但仍然需要我们下大力气瞄准基础创新，以关键共性技术、前沿引领技术、现代工程技术、颠覆性技术创新为突破口，努力实现关键核心技术自主可控。并在提高我国在全球科技治理中的影响力和规则制定能力的同时，在实现自身发展和惠及更多国家和人民的基础之上，推动全球范围平衡发展。面对新型战争的威胁、世界科技进步日新月异的挑战，以及现代化建设的巨大科技缺口，中国必须借助这个难得的历史机遇，努力成为世界主要科学中心和创新高地，才能把创新主动权、发展主动权牢牢掌握在自己的手中，始终立于不败之地，依靠创新和科技走向世界舞台的中心。

（四）融智强治：新时代科技意识形态建设促进国家治理体系和治理能力现代化

当今时代，数字科技的进步与经济社会发展日趋一体化，数字科技要素日益参与到国家治理体系中，数字科技正在成为不断推进社会治理现代化的重要支撑。以云计算、5G 移动通信、物联网、区块链、人工智能以及数字孪生为代表的深度数字化技术加速突破，与新材料和先进制造技术深度融合所形成的新一代智能制造技术，被认为有可能成为第四次工业革命的核心技术。① 这些智能制造技术在加速推进制造业向智能化、服务化、绿色化的转型，并推动基于智能制造的数字服务创新成为新型数字经济的主导发展模式，在破解了经济发展服务化劳动生产率的提升局限后，为整个社会的持续数字化提供了强大支撑。因此，党的十九届四中全会提出，"必须加强和创新社会治理，完善党委领导、政府负责、民主协商、社会协同、公众参与、法治保障、科技支撑的社会治理体系"。有效应用数字科技成果，推进新时代科技意识形态的持续发展，实现社会治理体系和治理能力现代化。

第一，加强"新基建"中的数字基础设施建设，提升对社会治理运行的数字化感知能力，需要不断拓展人们对数字科技合理性的认识，形成广泛的数字化社会共识，推动数字社会治理的优化、协同、高效。为此，必须运用数字技术提供数字化感知能力，精准把握社会复杂系统运行的实际。譬如建设数字孪生城市，就需要大幅进行智慧化市政基础设施建设和改造，而数字化平台的算法治理需要构建算法治理体系。

第二，强化制度创新，鼓励社会群众更广泛地参与社会治理，避免出现过度数字化风险的社会意识，提升对社会治理风险防控进行数据化决策的能力。社会治理决策必须"用数据说话""用科学论证"，实现优化的社会治理。面对适应数字治理新形势的需要，推动数字政府建设与政务公开互促共进，鼓励社会群众更广泛地参与社会治理，更自觉地维护社会治理，更有效地落实社会治理，为助力提升政府治理体系和治理能力现代化作出积极贡献。

第三，提高数字社会治理强化硬性法律制度的能力，引导人民群众参与监督，将是中国特色科技意识形态引导下的数字化社会治理的价值取向的完整体现。

---

① 周济：《智能制造是第四次工业革命的核心技术》，人民网（https://baijiahao.baidu.com/s?id=1700783182835061238&wfr=spider&for=pc），2021 年 5 月 26 日。

中国在社会治理过程中已在许多方面成功引入深度数字技术。例如2019年10月24日，在中共中央政治局第十八次集体学习时，区块链技术在未来经济与社会发展中的重要作用被习近平总书记加以强调。① 这次技术发展方向确立后，在许多地方都成为推动"最多跑一次"改革的契机。充分利用了区块链数据共享模式，实现政务数据的跨部门、跨区域共同维护和利用，进而实现业务协同办理，为人民群众提供更好的政务服务，对内也实现了更有效的信息与业务监管，乃至适度的算法监督。相信，随着人们对区块链技术等深度数字技术的进一步了解和深化应用，它必将解放出更强的生产力，并带动整个社会向着更高效、透明和互信的方向发展。

当前，数字技术在中国社会各领域的应用加快拓展，数字中国建设从量的增长向质的提升的趋势更加明显，智能社会形态逐渐显现。而最重要的是，这种中国社会治理能力的"智能化"，是发挥社会主义核心价值观引导作用的"有灵魂的智能化"，是在社会主义核心价值观的指导下综合运用现代数字技术，为"中国之治"引入新范式、创造新工具、构建新模式，是新时代强化社会主义核心价值观引导科技创新提升治理体系效能的战略优势，对于加快推进我国社会治理现代化具有重要意义。

（五）共同富裕：新时代中国科技意识形态和科技强国建设的价值目标

意识形态的力度和可信性很大程度上取决于我们的经济对民生的反哺。科技强国建设必须坚持人民立场，以增进民生福祉、实现共同富裕作为价值目标。在共同富裕目标下，一方面，要继续加大科技投入，解放生产力；另一方面，还要发挥科技的力量采取有力措施保障和改善民生。

共同富裕到底是什么呢？习近平总书记指出："共同富裕是全体人民共同富裕，是人民群众物质生活和精神生活都富裕。"② 真正的共同富裕不是平均富裕，不是同时富裕、同步富裕，不是掩盖贫富差距的"平均计算富裕"。共同富裕的本质是"让社会更加公平"，保证广大人民都可以通过勤劳创新获得富裕，是社会主义公平性和先进性的直接体现，是科技强国建设的灵魂。

事实已经证明，在资本主义制度下，少数个人财富积累对国家的经济

---

① 习近平：《把区块链作为核心技术自主创新重要突破口　加快推动区块链技术和产业创新发展》，《人民日报》2019年10月26日第1版。
② 习近平：《扎实推动共同富裕》，《求是》2021年第20期。

与社会发展不具有可持续性。在资本主义国家，无论是政治力量，还是科技力量，都是为资本服务的。财富日益集中在少数人手中，贫富分化日益严重是周期性资本主义经济危机的根源。科技创新虽然能够让一部分社会底层获得上升的机会，但是从整个社会阶层和阶级的获得上来看，"一切为了资本"的资本主义科技创新只会让贫富分化更趋激烈。而这个时候，没有一个为了整体社会利益的政府，这种趋势就会更明显地显露出来。近年来的新冠疫情，则让这种脆弱经济体系的问题集中暴露出来。疫情发生以来，一些西方国家特别是盎—撒类型的资本主义国家国内政党斗争、族群撕裂、底层民众与政治"精英"价值观分化、社会不公平现象等问题日渐突出，根源即在于科技的力量是为资本服务的。由他们所主导的旧有的全球化的世界经济体系也因此缺少了生机与活力。目前，世界上绝大多数国家在新冠疫情冲击下出现了负增长，唯有中国即使是经历了防疫政策的重大调整，其经济仍然表现出强大的韧性与活力。

创新是社会发展的灵魂。实现共同富裕，仍然要依靠创新来开辟新的发展空间。中国社会主义制度下的科技创新是以人民利益为核心、以满足人民高质量的生活水平为要求、为促进共同富裕而展开的研发投入，与以资本收益为核心、为满足资本获取更大垄断利润而进行投入的资本主义科技创新，有着本质的区别。

实现共同富裕，需要以先进的社会主义科技意识形态为指导，通过科技创新来丰富我们的财富来源，创造更丰富的物质和精神条件。实现共同富裕目标，需要我们不断健全创新激励和保障机制，在优化资源配置、促进科技进步、便利人民生活、参与国际合作与竞争等方面积极作为的同时，促进各类资本规范健康发展，切实鼓励资本像参与扶贫一样，参与更多投资，支持科技成果转化和科技创新创业，从而通过创新创业实现致富。构建能够充分体现知识、技术等创新要素价值的收益分配机制，从而发挥数十年来我们所积累的科技人才教育优势，通过全面深化改革推进制度创新，破除制约和约束主体自主创新的体制机制障碍，有效激发市场主体自主创新的活力和积极性。构成科技创新体系的各组成部分都应该能够通过创新获得丰厚的回报，但不能提倡个人利益绝对最大化，应当强调的是整个体系利益的最大化。要在社会科技合理性的认识中明确给资本设置"红绿灯"，限制资本的无序发展，从而为更多的致富带头人创造更公平的条件。唯其如此，才能让更多的人获得富裕，让更多科技成果实现共享，形成更多更有益的科技意识共识，从而切实提升国家科技实力，拓展经济社会发展空间，最终实现共同富裕。

第四节　建构新时代中国特色科技意识形态话语体系及提升话语权

意识形态不仅是立国先导，而且是立国之本。习近平总书记多次强调"意识形态工作是党的一项极端重要的工作"，"能否做好意识形态工作，事关党的前途命运，事关国家长治久安，事关民族凝聚力和向心力"。[①] 而今，科技的发展尤其是文化技术的发展，使当今社会进入文化技术时代和全媒体时代，意识形态建设的环境与条件均已发生改变，科技意识形态已上升为意识形态工作的关键支撑，此时仅仅依靠传统的方式方法已经不能很好地开展意识形态工作。要维护马克思主义意识形态的主导地位，传播新时代中国特色社会主义核心价值观，必须顺应时代发展的需要，加大多种文化技术的研发和应用力度，创新马克思主义意识形态话语的表达形式，推进新媒体同传统媒体深度融合并建立自媒体的有效管理模式，增强马克思主义科技意识形态话语权及其传播的有效性，重构与现代科技意识形态新实践理性相适应的马克思主义科技意识形态话语体系。积极参与国际科技治理，贡献中国智慧，推动人类命运共同体建设，不断提升中国科技意识形态在世界范围内的话语权。

一　解构西方"现代化"理论，创建科技意识形态竞争话语环境

在当今世界知识理论话语体系中，"现代化"是最热门的话语内容，也是国际意识形态竞争的最重要的话题。现代化被认为是人类社会发展和进步的必由之路，而实现现代化是世界发展不可抗拒的历史潮流，是人类文明的恢宏篇章。世界各国走向现代化应根据自身的国情和历史文化传统而在不同的时机进行选择，且具体实现的道路方式和制度安排也不尽相同。但是，由于"现代化"的内涵认定是由西方大国利用其先发优势构建出来的一个话语评价体系，其"现代化即西方化"的论断遮蔽了现代化的多样性和实现路径的天然特性，严重误导了一些发展中国家的现代化进程。如果广大发展中国家想要取得自身真正的现代化发展，那么必然要先解构西方现代化理论，然后才能在重构符合自身发展实际的"现代化"

[①] 中共中央宣传部：《习近平总书记系列重要讲话读本（2016年版）》，学习出版社、人民出版社2016年版，第192—193页。

意识形态的同时，寻求适合自身国情与特色的现代化道路。也就是说，"现代化"理论话语权的竞争背后，实际是有关现代化的意识形态的竞争，是国际社会主体国家主导或参与竞争的最主要意识形态话术工具。

（一）西方"现代化"理论的意识形态话语强权实质

现代化理论是二战后兴起于美国的一套学说，是冷战之初关于世界发展的一系列带有根本性的认识框架。"现代化"作为近代以来世界最为重要的宏大概念，其流行具有多重背景。此前的现代化的思想和模式都源自西方，如西方原创版本的现代化有荷兰模式、英美模式、德国模式、瑞典模式。就连看起来非西方的苏联模式和日本模式，其实在西方学界看来都是学了德国模式（李斯特理论指导）。德国模式的关键就是政府干预市场，使政府和市场同时起作用。在西方的话语体系中，苏联模式是德国模式的斯拉夫版，而日本模式则是德国模式的东亚版。

在第二次世界大战之后，美国通过科技革命成为科技强国，也趁机把握了现代化的话语权，并按照现代化的理论构建国际政治、经济秩序。其中，以罗斯托的《经济增长的阶段：非共产党宣言》为代表，其将美国定义为其他后发国家社会发展的蓝本，用所谓的现代（西方）文化代替后发国家本土的文化以克服自身"传统"思想文化与体制机制的障碍，对后发国家进行全面的升级。那时，现代化（modernization）就等于西方化（Westernization），更确切地说，是以美国为典范的西方发达资本主义的现代化模式在世界范围的普及性发展。

事实上，"西方化即现代化"就是一种意识形态，是一个融汇了以美国人为首的西方统治阶级对美国（西方）社会的性质的定义，以及对以美国为主导的西方社会改变世界的概念框架。美国学者雷迅马就曾在其所著的书中，直接指出了以罗斯托为代表的一些美国社会科学家们给美国征服"落后"民族的行为披上履行自己推广现代化"文明开化使命"的华丽外衣的事实，他说，"仅提供物质援助是不够的，它还要求彻底改变当地人的文化"[1]；"这在本质上是用一整套美式逻辑来诠释其他文明形态的历史、规定其发展方向的文化殖民"[2]。因此，西方学者构造的美国现代化标杆模式在本质上就是美国巩固自己利益的话语手段。

起初，美国打着"现代化"主题，形成了一整套的话语体系与"改革

---

[1] 〔美〕雷迅马：《作为意识形态的现代化：社会科学与美国对第三世界政策》，牛可译，中央编译出版社2003年版，第267页。

[2] 魏南枝：《"海盗美国"的生死思维》，《瞭望》2022年第21期。

良方",其主要目的是削弱苏联的影响,并形成对第三世界发展中国家的精神品质与现实实践上的控制与诱导。此后,这一话语被深深地嵌入了各国的社会科学话语、政策制定以及各种形式的文化表达中,使得美国掌握了话语霸权,进而可以在加速世界的进步的同时,达成美国的有效控制进而影响世界格局与发展的目的。

(二)科技意识形态对"现代化"话语体系的解构与重建

当前,科技意识形态开始超越传统政治意识形态和西方的现代化理论,正在成为国际社会认识社会发展与国家竞争的主要方式。在这一过程中,最直接的一个表现就是:当代科技意识形态重构了"现代化"的内涵,使得传统政治意识形态斗争的最佳利器——西方现代化理论成为过去时。

西方话语体系中的"现代化",将西方的科技发展、经济上的市场化和工业化,与西方话语中的民主和人权进行了捆绑。以美国为首的西方国家希望全世界都一刀切地以其为中心按照自己的现代化标准实行改革发展,源源不断地为其输送经济利益。英国学者马丁·雅克总结说:"对西方人来说,评价一个国家政局的好坏、管理水平的高低,就是看这个国家是否有民主制度,而民主的标准就是看民众是否有普选权,以及该国是否存在多党制。"① 西方统一的现代化标准完全忽略了民主和人权在实践中的特殊性和具体性,更何况西方的"现代化"标准是戴着有色眼镜的评判标准,他们只推广有利于巩固西方中心国家地位和利益的现代化。然而,民主的真义是为解决人民真正面临的问题,因此必须是广泛、真实且管用的。

事实上,近代社会的本质就是工业化社会,而现代化的实质就是真正地掌握工业化核心能力,就是掌握现代制造业及保证制造业能够持续发展的科技创新能力。现代制造业是工业化的基础,谁能够掌握制造业,谁就可以立于现代民族之林。只有掌握了科技,才能掌握制造业持续发展的创新能力,才能实现社会的工业化,才会让一个国家的经济效率、军事效率和社会治理效率获得提高,最终实现现代文明。没有现代制造业作为基础的现代化,没有强大的科技意识形态支撑的现代化,没有持续科技创新能力支撑的现代化,即便人再多、钱再多,哪怕能兴旺一时也还是摆脱不了在全球市场中被压榨和欺负的命运。但是,在西方主导的现代化理论中,

---

① 〔英〕马丁·雅克:《当中国统治世界:中国的崛起和西方世界的衰落》,张莉、刘曲译,中信出版社 2010 年版,第 172 页。

世界各国应遵循比较优势原则，只发展自己比较擅长的领域，无论是科技还是工业，所缺或不足可以通过全球市场获取。这种安排或者说现代化建议似乎是"皆大欢喜"，但是"理想很丰满、现实很骨感"。正如习近平总书记所指出的那样："关键核心技术是要不来、买不来、讨不来的。"① 如果后发国家真的按照西方的这个建议，不再去发展自己的非优势的学科技术和产业，那就等于放弃了自身向上进取的机会，无异于将自己的发展"命门"交给了随时想从你这里获取长期利益的"师长"，从而沦为全球化的附庸。当后发国家充分认识到这一实质并觉醒之时，也就是西方现代化的神话破灭之时。

也就是说，科技意识形态为后发国家指明了工业化发展的核心，即除了要拥有保证这些现代制造业可持续发展的国家科技创新体系之外，还需要拥有保证这些现代制造业可持续发展的国家科技意识形态。只有同时拥有了保证制造业可持续发展的科技创新体系和与科技创新体系相匹配的现代科技意识形态，才可能相对其他类型的经济社会形成自己独特的竞争优势。

综观世界发展中国家现代化成功的经验，无论是中国式现代化，还是韩国等国家现代化，都没有生搬硬套美国等西方发达国家所谓的现代化构想，都是在走相对独立自主的工业化道路。也就是说，这些国家都在准确把握制造业的发展需求的基础之上实现初步工业化，并在把握科技创新与科技发展规律的基础上，通过制定和实施系统性的、协调的科技创新战略，建立自己的国家科技创新体系，获得产业和经济发展新空间，从而能够妥善处理各种社会矛盾和利益关系，促进自身制度的优势与现代化现实需要相契合，摆脱传统宗法社会、宗教机构的控制以及一般政治意识形态斗争的局限，走向了以科技创新为引领的创新型社会发展路径。在经过持续的社会与经济变革后，最终能够掌握科技这个时代最先进的生产力的国家，成为这个世界竞争中的佼佼者。

（三）"中国式现代化"是中国特色科技意识形态话语的重大创新

现代社会从来不应是由某个单纯的产出指标来衡量的。马克思、恩格斯敏锐地觉察并批判了这种现象，提出"现代社会"应该是人的本质的、全面的和自由的发展的社会。并在批判资本主义的生产方式时说："资本家对工人的统治，就是物对人的统治，死劳动对活劳动的统治，产品对生产者的统治，……这是物质生产中，现实社会生活过程（因为它就是生产

---

① 习近平：《努力成为世界主要科学中心和创新高地》，《求是》2021年第6期。

过程）中，与意识形态领域内表现于宗教中的那种关系完全同样的关系，即主体颠倒为客体以及反过来的情形。"① 中国将追求中华民族的伟大复兴以及"中国梦"作为国家现代化的目标，关注人民的生活点滴、教育培养、真实的权利实现和自由的全面的发展，强调以人的现代化为核心价值，来实现国家和社会的现代化。把增进人民福祉和促进人的全面发展作为国家建设的出发点和落脚点，为人民谋幸福。现代化，就是人民追求美好生活的过程，中国的现代化最大的成果就是人民生活的不断改善。由此，"从合目的性与合规律性相统一的角度来说，中国的'现代化'之梦'归根到底是人民的中国梦'"②。围绕人的现代化而推进国家和社会的现代化，就是中国式现代化的内在逻辑。

中国式现代化并非西方的"现代化"，它作为全方位变革的目标，体现在"国家现代化"的整体诉求中，体现在新型的国家科技意识形态构建之中，融入实现中华民族伟大复兴的中国梦中。中国式现代化，走的是中国特色的社会主义现代化道路，引领的是有序有益共享的共同体内合作与竞争原则。其最大的创新就是独立自主地把自身的文化传统、社会主义基本制度与现代市场经济结合在一起，将传统文化思想与现代科技意识深度融合重炼，构建起具有中国特色的国家科技创新体系和国家科技意识形态，以及实现了社会主义意识形态与现代性价值的内在和谐。中国式现代化不再是对某些现代现象的学习和再现，而是推动发展先进的工业以及构建保证国家工业化持续发展的科技进步能力的科技意识形态。如今，国际社会基本承认了中国式现代化的成功。即使是西方舆论也不得不承认，通往现代化还有其他的道路走得通。此时人们观念里的西方模式的唯一性、统一性就打破了，出现了认知上的变化，即所谓"现代化国家"美誉让位给了现代科技意识形态关注的"创新型国家"。这是人类社会发展中认知框架的一次重大转变，也是人类对有关发展理论的重要创新。

二 构建中国特色科技意识形态话语体系及提升话语权

当今世界，一个大国要真正在世界范围内拥有影响力，就需要拥有国际话语权。而要拥有国际话语权，不仅需要强大的意识形态传播力，更要取得世界人民的认可。而完成这个使命首先必然要建设自身的意识形态话

---

① 《马克思恩格斯文集》第 8 卷，人民出版社 2009 年版，第 469 页。
② 巩瑞波、韩喜平：《"现代化中国方案"是对西方现代化模式的超越》，《世界社会主义研究》2019 年第 5 期。

语体系。如本书前述章节所言，所谓话语体系，不仅带有特定的问题、观点、假设、表达和理解，而且还有特定的话语主体、传播渠道、文明历史和文化关系等。而中国要想把自己的理解、观点表达清楚，获得话语权，就必须如习近平总书记所指出的，我们要加快构建中国话语和中国叙事体系，用中国理论阐释中国实践，讲好中国故事。还要用中国实践升华中国理论，打造融通中外的新概念、新范畴和新表述，更加充分、更加鲜明地展现中国故事及其背后的思想力量和精神力量。总体而言，中国特色科技意识形态话语体系的构建，将注重话语的时代性、科学性、民族性和大众性特征，突出以"开放"与"共享"主题作为获得新时代世界科技意识形态话语权的关键策略。

（一）突出四大特性构建中国特色科技意识形态话语体系

新时代中国特色科技意识形态话语体系是长期反复的传播与实践检验后形成的真实社会共识，相关话语体系需具有科学性、时代性、民族性和大众性特征。

一是科学性。中国特色的科技意识形态话语体系的科学性既表现为话语体系中的概念准确、逻辑自洽，还表现为话语体系所反映的内容即中国特色社会主义的科技创新发展理论本身所具有的科学性；同时，话语体系的构建方式也要具有科学性。

二是时代性。中国特色科技意识形态话语体系具有鲜明的时代特色，并能够深刻反映时代精神，能够回答时代课题。中国特色科技意识形态话语体系体现习近平新时代中国特色社会主义思想的指导，对中国式现代化道路以及中国自主创新的伟大实践进行科学的概括和总结，对我们党提出的在新发展阶段以新发展理念构建新发展格局、构建和谐社会、推进人类命运共同体建设等重要理念进行深入阐释，是中国特色的社会主义创新发展实践和理论成果。

三是民族性。中国特色科技意识形态话语体系既体现科技时代的现实，又具有民族的特色。民族性即中国特色、中国风格和中国气派，汲取中国传统文化的智慧和元素，结合了中华民族的文化特质、思维模式、价值取向和行为方式，融入新时代的中国精神塑造之中。

四是大众性。要深刻体会和研究人民群众的话语体验，用人民的话，说为人民的话，体现人民的创造性。中国特色科技意识形态话语体系不只是研究的学问，更是人民群众实践的科学总结，是人们认识世界并改造世界的强大思想武器。中国的科技创新是服务于人民的科技创新，中国特色的科技意识形态是服务于人民的科技意识形态。

（二）突出"开放"与"共享"主题，竞争世界科技意识形态话语权

在竞争世界科技意识形态话语权的过程中，我们在世界科技创新的主题上紧紧抓住两大时代主题——开放与共享，为世界科技的有序竞争、合作与发展创造良好氛围，引领国际科技新方向。

开放是时代的主题，开放式创新是 21 世纪人类社会的创造与发展的最新成果。当代社会的产业技术创新的主要模式是开放式创新。譬如，进入 21 世纪以来，中国的 CPU 发展主要有两种模式，即所谓"高铁模式"——引进消化吸收再创新和"北斗模式"——独立自主另起炉灶。而近年来，出现了第三种模式——"开放指令模式"，即采用开放指令集 RISC-V，参与 RISC-V 的全球产业生态建设，通过融入国际生态、兼容国际标准、打造国际优势。① 这三种模式，彼此之间不是替代关系，而是基于"饱和供应"与"融合共建"战略形成的多项选择。但在面向世界各国的产业化应用中，第三种模式即开放指令集 RISC-V 生态的方式将是主要选择。之所以作出这样的选择，就在于开放创新有助于形成生态化的国际产业创新系统，成功规避了"卡脖子"的问题。

新时代的中国科技创新体系是面向世界的、开放的创新体系，中国特色科技意识形态话语体系是开放包容的话语体系，习近平新时代中国特色社会主义思想理论体系更是与时俱进的开放的科学理论。中国特色的科技意识形态话语体系秉承这一开放的科学理论之指导，以服务于人类命运共同体作为自身的宏大理念，因而更具有海纳百川、兼收并蓄的胸襟和气度。

与开放创新同义的就是"共创共享"。要想获得话语权，就要分享权力。在这方面，有两个典型的例子。一个反面的例子：松下的等离子电视与日本的氢能源汽车，都是在占据优势地位时，将所有的利益抓在自己的手中，不与业界或其他国家产业界进行分享，最终失去技术优势和产业优势。一个正面的例子：2014 年 6 月，美国的新能源汽车特斯拉开放其绝大多数专利技术共计 353 项专利，其中包括一些关键专利，作为产业共享知识产权，从而引爆了新能源汽车特别是纯电动力汽车的发展，在获得了巨大利益的同时，还收获了行业发展的话语权。而其创始人马斯克更成为国际科创界的达人，拥有了超越美国总统的世界影响力。在发展自身科技的同时共创共享需要勇气，更需要有共创共享精神的科技意识形态作为指导和依据。

---

① 倪光南：《推动 RISC-V 生态建设，与世界协同创新》，《时代商家·数字世界专刊》2022 年第 2 期。

"开放"与"共享",不仅能获得更多的外部支持,更是内部创新精神的反映。放弃开放与共享,就是一种失去进取和创新能力与精神的表现。在新时代的全球科技创新竞争过程,我们在保持自身科技意识形态的特色的同时,紧紧抓住世界和时代这两大主题开放与共享,必将获得我们应有的话语权,为中国科技进步与创新营造更有利的发展环境。

(三) 以核心价值观指导话语转换,实现有效传播

为适应现代国际科技意识形态新发展,中国科技意识形态话语体系要面向全球化、网络化的要求以及文化技术时代科技意识形态的新特征与新趋势,充分运用各种创新资源、不同技术路径和多样方式,特别是研究与探索文化和现代科技的融合与协作,着重从语言、思维、视角、内容等方面实现意识形态从传统政治意识形态向现代科技意识形态的有效切换,强化秉承社会主义核心价值观的科技意识形态的扩散、传播与构建。

首先是语言转换:要适应当代大众文化的特点,将"书面语言"转换成"网络用语"、学术语言转换成大众话语、政治话语转换成日常话语。社会主义核心价值观与人们的利益、生活经验、情感体验等直接联系,我们必须使用日常语言讲述意识形态故事,对摆在每个人面前的不同价值选择和人生道路以鲜活的形式进行阐述,引导人们理性思考,形成与远大的社会主义理想相一致的个人之人生哲学与生活模式。

其次是思维转换:要适应网络时代文化的传播方式,从"由上至下"到"由下到上"的"层次思维"向"由点带面"的"网络思维"转换。要让社会主义核心价值观的影响深度融入新型媒体与业态发展中,将中国特色的科技意识形态"像空气一样无处不在、无时不有,成为全体人民的共同价值追求,成为我们生而为中国人的独特精神支柱,成为百姓日用而不觉的行为准则"[①]。

最后是视角转换:就是要从作为"思想体系"的意识形态到作为被体验的、惯常的社会实践的意识形态的关键性转变。[②] 要以科学的目标理性引导工具理性,譬如,顺应时代出现的新业态,鼓励并引导自媒体等新型意识形态传播主体的发展与链接,特别是一些以知识传播和科技传播为特色的新型意见传播者,让社会主义意识形态的思想理论以人们最贴近的方式进入日常生活的重要渠道,在繁荣文化增加供给输出的同时,努力培育

---

① 习近平:《在文艺工作座谈会上的讲话》,人民出版社2015年版,第23页。
② 〔斯洛文尼亚〕斯拉沃热·齐泽克等:《图绘意识形态》,方杰译,南京大学出版社2002年版,第258页。

提高人们的文化品位，丰富中国特色社会主义文化生态，并在实际生活中引入更多的中国特色科技意识形态思想，为新的文化形成发挥引领作用。

三 坚持科技创新的人民属性，强化中国特色科技意识形态话语的竞争力

曾几何时，有人以持续不断的改革创新，来证明上一次改革没有成功。这种认知源于对变革的误解，源于对当前这个科技不断迭代更新的时代的误解。任何改革都是针对具体问题提出新的解决方案，然后在原有问题解决的同时必然产生新的问题，因此就需要进行新的改革来解决新问题，此即所谓螺旋式上升发展。它决定了改革没有完成时，只有进行时。现代科技的高速发展，加速了人类文明的进化速度，使得这样的一个螺旋式上升的周期变短了，迭代式的改革成了发展的主要形式。

正如本书前述，一种意识形态话语体系是否具有说服力和影响力，与话语的表达方式、表达渠道和表达环境都有关系。但是，决定性的因素还是话语体系所反映的意识形态内容是否具有吸引力和说服力。思想体系的科学性和以之为指导的实践的成功才是话语体系最能为人们所接受的根本。

"科技创新对我国来说，不仅是发展问题，更是生存问题。"① 当前外部环境发生深刻变化，国内经济社会发展进入新阶段，建设绿色低碳社会的目标将引发深刻变革，要从长历史周期的视角来认识和把握我国所处的发展位置。要努力成为世界主要科学中心和创新高地，需要从促进人类社会进步和提高世界发展的位置来看待科技创新的作用、价值与定位。从科技创新的角度来讲，"卡脖子"的核心技术问题并不是简单的某个科学难题、某个技术瓶颈、某项创新产品，而是中国科技创新体系和产业发展的整体运行机制和能力中的系统性薄弱环节，重点是中国在经济和科技硬实力崛起的过程中，如何增强其在国际社会中的科技创新形象与软实力，赢得信任与尊重，重塑未来发展的国际格局，对这一系列问题的回答都将形成一个独具中国特色的科技意识形态话语体系。

多年以来，美国负责对外意识形态攻防战的部门，包括美国国防部、国家情报局、中央情报局、美国国务院等，都高度重视在全球推广美国正面形象的工作。美国好莱坞是其正面形象的推广渠道。但是，在旧故事框

---

① 刘鹤：《以习近平新时代中国特色社会主义思想为指导　实现科技自立自强》，《人民日报》2021年5月30日第2版。

架下，缺乏真诚与灵魂的话语体系已经没有多少吸引力了。维持其强权的除了军事力量就是媒体的操控能力了，但这并不能延缓旧制度的衰败。如今，我们正处于全球性对旧制度的失望和缺乏人类新愿景即新故事的阶段。特朗普政治之所以被部分美国人和美国的盟友深恶痛绝，就在于其执政期的政策打碎了曾经风靡全球包括迷惑了众多中国人的"美国梦"和美国故事的美好形象，让美国根深蒂固的唯利是图、使用暴力、压迫和剥削民众以及帝国主义的本质，彻底暴露在世人面前。

随着中国在新媒体等文化技术方面的不断发展，中国科技创新成果被世界媒体所报道，类似《流浪地球》这样的中国科幻故事正在一次又一次地冲击美国和西方在全球曾经最强大的科技幻想和商业娱乐故事产品市场。如今，美国好莱坞的风光不再，中国正在创造全新的中国梦和中国故事，首先对抗的就是西方的神话和故事，用现代的科技力量，这种人类社会发展公认的"正道"来拓展全球话语权。中国相关产业因为这些优秀故事和先进技术，而正在形成更强大的全球影响能力。中国故事与美国故事、中国科技意识形态和美国科技意识形态不兼容。中美之间的冲突和矛盾，首先是哪一个更有吸引力和更令人信服，获得本国人民和全世界人民的信任的问题。

而长期以来，一些保守、从众甚至是官僚化的落后科技意识受中国传统文化中重农轻技、重官轻产的思想影响，还在思维的底层影响着我们的科技意识形态建设。科技发展的文化内驱力尚显不足（譬如：主动竞争，以科技意识形态竞争引领新的国际意识形态竞争主题、渠道和形式等等），这可能是我们未来科技意识形态建设所需长期纠正的问题。未来我们要扬弃传统落后的科技意识，积极培养具有家国情怀、创新品质、科技素养和人文精神的战略性科技意识形态创新人才，要大力加强社会主义、爱国主义和科学理性教育，大力强化创造力、工程实践能力的开发和创业精神的培育。① 发挥科技意识形态对经济社会全面发展中的关键性作用和驱动力量，以创新的理念来推进科技体制创新，促进科技与经济社会的协同发展，让社会主义基本制度的优越性更充分地发挥出来，为实现共同富裕的社会创造物质和精神的双重条件。

改革的成果来之不易，我们必须加倍努力来拓展更前沿的科学和技术来巩固前期发展的成果，跟上并引领时代发展的新需求和新节奏。在此过程中，我们需要在自身科技创新的过程中与时俱进地更新我们的科技观

---

① 陈劲：《关于构建新型国家创新体系的思考》，《中国科学院院刊》2018年第5期。

念，坚持以马克思主义为指导来认识科学技术对意识形态的作用本质、特征及发展趋势，顺应社会发展的客观历史规律，树立先进的科技价值观念，以正确的科技理性引导人的健康生存和全面发展，实现科学与人文的统一。

我们秉持着"要使科学造福于人类，而不成为祸害"① 的科技意识，"把满足人民对美好生活的向往作为科技创新的落脚点"，坚持科技意识形态的社会主义属性，坚持以人为本的科技意识形态方向，努力扩大社会主义科技意识形态的开放性和包容性，使社会主义科技意识形态更深入地融入现代社会生活，融入当代国际科技产业发展与竞争中。

四 深度参与全球科技治理，在推进人类命运共同体建设的过程中提升话语权

科学技术是世界性的、时代性的，科技的应用不应受国界的限制。发展科学技术必须具有全球视野。在很多全球性问题上，科学技术具有区域互补性。我们强调的自主创新也是开放环境下的创新，绝不是关起门来造车，而是要聚八方之力、集四海之气共建共享。事实上，发展科学技术不是人类社会发展的目的，创造更美好的世界才是科技创新共同的使命。促进科技创新、引导科技为人、服务人类福祉是全球科技治理至关重要的焦点。构筑科技治理的互信框架，打造全球科技价值共同体，引导科技始终朝着服务人类共同价值和共同利益的方向发展，是中国特色科技意识形态的内在要求。

当今世界处处充满不稳定性和不确定性因素，值此百年未有之大变局时刻，习近平总书记所提出的推动构建人类命运共同体的重大愿景，就是在回答"建设一个什么样的世界，如何建设这个世界"这一关乎人类前途命运的重大课题。人类命运共同体的所有当前的和未来问题的最终解决都需要依靠科技创新与人文精神的共同作用。当今世界，多种制度多元体系并存，它们彼此之间的意识形态斗争因为科技的发展还将会进一步升级。面对日益激烈的国际科技竞争和科技意识形态竞争，我们没有必要专门去刻意制造新的"斯普特尼克时刻"，但我们相信只要坚持以人为本的科技意识形态来发展科技和解决经济社会发展问题，这一时刻必定自然到来！

"构建人类命运共同体的倡议，为科技创新提供了史无前例的平台和机遇，科技创新反过来必将在构建人类命运共同体过程中发挥不可替代的

---

① 《爱因斯坦文集》第 3 卷，许良英等编译，商务印书馆 1979 年版，第 72 页。

重要作用。"① 现实的情况表明，世界科学研究呈现更深复杂性、更大开放性、更多交叉性的复杂巨系统特征。学科之间、科学和技术之间、技术之间、自然科学和人文社会科学之间日益呈现交叉融合趋势。不同的国家和区域，会在不同的学科和应用领域拥有不同的优势，从而构建自己的产业与社会发展优势，在全球化的时代占有一席之地，成为世界发展的新的亮点和标杆（第二原则——多样性原则）。世界性的科学技术交流成为主流，我们应当保持世界性的眼光进行既开放又独立自主的科技创新，增加与不同国家和地区的交流与合作（第三原则——对话与交流原则），并在对话与交流的过程中，相互理解和尊重，积极探寻公约数，规避或宽容差异，在共同发展中寻求新空间（第四原则——求同存异原则）。从根本上讲，全球化就不是拿着一个统一的所谓"规则"来要求所有国家。中国能够在世界大变局中表现不凡，与社会主义制度的优势有着密切关系，与中国一直以来坚持的独立自主、开放共赢的科技意识形态有着密切关系。当今世界百年未有之大变局将是社会主义运动复兴的新机遇。推动构建人类命运共同体，就是在"世界历史"的"无产阶级时代"尚未到来的前提下，从容而不失主动地推进"世界历史"演进的阶段性目标。是顺应时代潮流，从快速运动质变思想走向持续迭代发展规律的科学战略变革（第五原则——持续迭代发展原则），并在新的科技意识形态竞争的态势之中发挥这种持续迭代的改革思路，推动"世界历史"不断持续演进。

2010年，在接受澳大利亚媒体采访时，时任美国总统的奥巴马说过这样一句话："如果10多亿中国人都过上了和美国与澳大利亚同样的生活，那将是人类的悲剧和灾难，地球根本承受不了。"② 说出这样的话，有其视野和思维的局限，更重要的是没有看到人类解决发展竞争的根本途径。中国的发展向来不是那种损人利己的发展，中国的富裕向来不具有掠夺性和侵占性。现在中国的发展，是通过自身几十年如一日的、锲而不舍的辛勤劳动和科技创新获得的。当今中国提出了共同富裕的目标，不只是限于减少国内的贫富差距，也不仅是要让十多亿中国人都过上富裕的日子，而且还要与世界共享中国高成长所带来的巨大发展机遇，引领着世界人民通过勤劳创新共同走向富裕。中国的共同富裕，不仅是对中国人民的承诺，也

---

① 《构建人类命运共同体为科技创新提供平台——访新加坡工程院院士洪明辉》，中国经济网（http://www.ce.cn/xwzx/gnsz/gdxw/202012/18/t20201218_36128453.shtml），2020年12月18日。

② 奥巴马：《若超10亿中国人都过上美国人的生活，人们将陷入悲惨境地》，网易（https://www.163.com/dy/article/HMFPB2MD0552CF9R.html），2022年11月18日。

是对世界人民的号召，是对构建人类命运共同体的践行与探索。

当前，新一轮科技革命和产业变革正在持续不断地推进，特别是以人工智能为代表的深度数字科技的深入融合应用，正对人类文明演进和全球治理体系发展带来深刻的影响。面对以新时代科技意识形态引领科技创新发展的国际竞争新格局，我们不输出政治革命，但可以引领科技革命，与世界特别是发展中国家共享科技革命带来的时代新机遇。要主动布局和积极利用国际创新资源，深化国际科技交流合作，深度参与国际科技治理，以在更高起点上推进自主创新；要注意构建中文科技知识体系，将世界的科技成果引入中国，让世界的文明成就发展中国；建设更有效率的中文科技论文发布体系、中文科技知识传播与创新扩散机制，引导中国乃至全世界的科学家们将"论文写在中国的大地上"；在科学研究过程中，注意将获得的有效成果以中文知识形式面向全体人民进行更快速的发布、传播和扩散，尽可能地转化为现实的生产力。要按照自己的科技价值观和发展导向努力构建合作共赢的人类命运共同体，引导科技创新以共同应对人类社会所面临的粮食安全、能源安全、人类健康和气候变化等未来挑战。

不拒众流，方为江海。在推进构建人类命运共同体的过程中，中国将坚持以全球视野和人类视角来谋划和推动科技创新，积极主动发挥全门类产业链的优势参与全球科技创新网络的建设与发展，全方位开展国际科技创新合作。新时代，我们比历史上任何时期都更接近中华民族伟大复兴的目标，我们比历史上任何时期都更需要建设世界科技强国。面对严峻的竞争与挑战，我们需要不断以新的视角来认识和发现世界大势，不断解放思想，以先进的科技意识发展努力建设成为世界主要科学中心和创新高地，实现中华民族的伟大复兴，为人类的发展提供新的路径参考与借鉴典范。

参考文献

一 经典文献

《马克思恩格斯选集》第 1 卷，人民出版社 2012 年版。
《马克思恩格斯选集》第 2 卷，人民出版社 2012 年版。
《马克思恩格斯选集》第 3 卷，人民出版社 2012 年版。
《马克思恩格斯文集》第 1 卷，人民出版社 2009 年版。
《马克思恩格斯文集》第 8 卷，人民出版社 2009 年版。
《马克思恩格斯全集》第 3 卷，人民出版社 1960 年版。
《马克思恩格斯全集》第 12 卷，人民出版社 1962 年版。
《马克思恩格斯全集》第 19 卷，人民出版社 1963 年版。
〔德〕恩格斯：《自然辩证法》，人民出版社 1971 年版。
《列宁选集》第 2 卷，人民出版社 2012 年版。
《毛泽东文集》第 6 卷，人民出版社 1999 年版。
《毛泽东文集》第 7 卷，人民出版社 1999 年版。
《邓小平文选》第 2 卷，人民出版社 1994 年版。
《邓小平文选》第 3 卷，人民出版社 1993 年版。
《习近平关于科技创新论述摘编》，中央文献出版社 2016 年版。
习近平：《在文艺工作座谈会上的讲话》，人民出版社 2015 年版。
习近平：《把区块链作为核心技术自主创新重要突破口 加快推动区块链技术和产业创新发展》，《人民日报》2019 年 10 月 26 日第 1 版。
习近平：《高举中国特色社会主义伟大旗帜 为全面建设社会主义现代化国家而团结奋斗——在中国共产党第二十次全国代表大会上的报告》，《人民日报》2022 年 10 月 26 日第 1 版。
习近平：《共担时代责任 共促全球发展》，《人民日报》2017 年 1 月 18 日第 3 版。

习近平:《共同构建人类命运共同体》,《求是》2021年第1期。

习近平:《加快建设科技强国　实现高水平科技自立自强》,《求是》2022年第9期。

习近平:《坚定文化自信建设社会主义文化强国》,《求是》2019年第12期。

习近平:《决胜全面建成小康社会　夺取新时代中国特色社会主义伟大胜利——在中国共产党第十九次全国代表大会上的报告》,《人民日报》2017年10月27日第1版。

习近平:《敏锐抓住信息化发展历史机遇　自主创新推进网络强国建设》,《人民日报》2018年4月22日第1版。

习近平:《努力成为世界主要科学中心和创新高地》,《人民日报》2021年3月16日。

习近平:《在"不忘初心、牢记使命"主题教育总结大会上的讲话》,《人民日报》2020年1月9日第2版。

习近平:《在高质量发展中促进共同富裕　统筹做好重大金融风险防范化解工作》,《人民日报》2021年8月18日第1版。

习近平:《扎实推动共同富裕》,《求是》2021年第20期。

《中共中央关于坚持和完善中国特色社会主义制度、推进国家治理体系和治理能力现代化若干重大问题的决定》,《人民日报》2019年11月6日第4版。

《坚定文化自信,建设社会主义文化强国——学习〈习近平关于社会主义文化建设论述摘编〉》,《人民日报》2017年10月16日第7版。

《建国以来毛泽东文稿》第1册,中央文献出版社1996年版。

《建国以来毛泽东文稿》第10册,中央文献出版社1996年版。

二　中文著作

(汉)董仲舒、(清)苏舆撰:《春秋繁露义证》,中华书局1992年版。

(北宋)张载:《张载集》,中华书局1983年版。

(宋)朱熹:《四书章句集注》之《大学章句》,中华书局2010年版。

(宋)朱熹:《四书章句集注》,中华书局1983年版。

(明)王夫之:《船山全书》(第二册),岳麓书社1988年版。

(清)戴震:《孟子字义疏证》,中华书局1961年版。

(清)黄宗羲:《明儒学案》(修订本),中华书局1985年版。

(清)严复:《严复集》,中华书局1986年版。

(清)颜元:《颜元集》,中华书局1987年版。

查英青：《科技创新与中国现代化》，中共中央党校出版社 2005 年版。
陈峰君：《东亚与印度：亚洲两种现代化模式》，经济科学出版社 2000 年版。
陈立等编著：《中国国家战略问题报告》，中国社会科学出版社 2002 年版。
陈遵妫：《中国天文学史》第三册，上海人民出版社 1984 年版。
董德刚：《当代中国根本理论问题——科学的马克思主义观研究》，河北人民出版社 2009 年版。
樊春良：《全球化时代的科技政策》，北京理工大学出版社 2005 年版。
范树成：《国外意识形态新变化对中国的影响及其对策研究》，社会科学文献出版社 2017 年版。
韩立平：《周易译注》，上海三联书店 2014 年版。
侯惠勤：《马克思的意识形态批判与当代中国》，中国社会科学出版社 2010 年版。
黄斌：《数字服务创新》，企业管理出版社 2021 年版。
黄继伟：《华为工作法——华为公司 35 年来核心工作方法，重磅披露》，中国华侨出版社 2016 年版。
冷天吉：《知识与道德——对儒家格物致知思想的考察》，中国社会科学出版社 2009 年版。
刘建新：《马克思现代性批判视阈中的人的全面发展》，人民出版社 2009 年版。
刘英杰：《作为意识形态的科学技术》，商务印书馆 2011 年版。
罗文东：《中国特色社会主义文化理念论》，中国法制出版社 2003 年版。
罗肇鸿、王怀宁：《资本主义大辞典》，人民出版社 1995 年版。
任丽梅、黄斌：《云创新》，中共中央党校出版社 2010 年版。
汤荣光：《走向马克思主义意识形态理论深处》，人民出版社 2018 年版。
唐晓燕：《马克思意识形态理论逻辑进程》，社会科学文献出版社 2018 年版。
陶德麟：《马克思主义哲学研究》，湖北人民出版社 2005 年版。
涂成林：《自主创新的制度安排》，中央编译出版社 2010 年版。
王兵、戴正农：《自然辩证法教程》，东南大学出版社 1997 年版。
王治河：《福柯》，湖南教育出版社 1999 年版。
夏银平等：《当代意识形态论》，人民出版社 2017 年版。
辛向阳：《中国式现代化》，江西教育出版社 2022 年版。
许宝强、袁伟选编：《语言与翻译的政治》，中央编译出版社 2001 年版。
阎学通、阎梁：《国际关系分析》，北京大学出版社 2008 年版。
杨建春：《马克思恩格斯文化权益思想及其当代发展》，苏州大学出版社

2020 年版。
衣俊卿:《20 世纪的文化批判》,中央编译出版社 2003 年版。
袁庆明:《技术创新的制度结构分析》,经济管理出版社 2003 年版。
张凤、何传启:《国家创新系统——第二次现代化的发动机》,高等教育出版社 1999 年版。
张岂之主编:《中国历史十五讲》,北京大学出版社 2003 年版。
张强、黄斌主编:《沃客从创意到财富》,机械工业出版社 2007 年版。
中国社会科学院马克思主义研究院编:《马克思 恩格斯 列宁论意识形态》,人民出版社 2009 年版。
周善和:《技术意识形态化的局限和扬弃路径选择》,硕士学位论文,中共广东省委党校,2012 年。
综合开发研究院(中国·深圳):《创新与学习工业集群与经济增长》,中国经济出版社 2003 年版。

三 中文译著

《爱因斯坦文集》第 3 卷,许良英等编译,商务印书馆 1979 年版。
〔德〕埃德蒙德·胡塞尔:《欧洲科学的危机和超验现象学》,张庆熊译,上海译文出版社 1988 年版。
〔德〕马克斯·霍克海默:《批判理论》,李小兵等译,重庆出版社 1990 年版。
〔德〕马克斯·霍克海默、西奥多·阿道尔诺:《启蒙辩证法:哲学断片》,渠敬东、曹卫东译,上海人民出版社 2003 年版。
〔德〕尤尔根·哈贝马斯:《作为"意识形态"的技术与科学》,李黎、郭官义译,学林出版社 1999 年版。
〔法〕路易·阿尔都塞:《哲学与政治:阿尔都塞读本》,陈越编,吉林人民出版社 2003 年版。
〔法〕莫里斯·迪韦尔热:《政治社会学——政治学要素》,杨祖功、王大东译,华夏出版社 1987 年版。
〔美〕R. 科斯、A. 阿尔钦、D. 诺斯等:《财产权利与制度变迁:产权学派与新制度学派译文集》,刘守英等译,上海人民出版社 1994 年版。
〔美〕阿尔温·托夫勒:《第三次浪潮》,朱志焱、潘琪、张焱译,生活·读书·新知三联书店 1983 年版。
〔美〕阿尔温·托夫勒:《权利的转移》,刘江等译,中共中央党校出版社 1991 年版。
〔美〕安德鲁·芬伯格:《技术批判理论》,韩连庆、曹观法译,北京大学出版社 2005 年版。

〔美〕保罗·法伊尔阿本德：《自由社会中的科学》，兰征译，上海译文出版社 1990 年版。

〔美〕彼得·韦纳：《共创未来——打造自由软件神话》，王克迪、黄斌译，上海科技教育出版社 2002 年版。

〔美〕戴维·米勒、〔英〕韦农·波格丹诺：《布莱克维尔政治学百科全书》，邓正来译，中国政法大学出版社 2002 年版。

〔美〕弗朗西斯·福山：《历史的终结及最后之人》，黄胜强、许铭原译，中国社会科学出版社 2003 年版。

〔美〕赫伯特·马尔库塞：《单向度的人——发达工业社会意识形态研究》，刘继译，上海译文出版社 1989 年版。

〔美〕赫伯特·马尔库塞：《现代文明与人的困境——马尔库塞文集》，李小兵等译，上海三联书店 1996 年版。

〔美〕雷迅马：《作为意识形态的现代化：社会科学与美国对第三世界政策》，牛可译，中央编译出版社 2003 年版。

〔美〕乔·萨托利：《民主新论》，冯克利、阎克文译，东方出版社 1998 年版。

〔美〕塞缪尔·亨廷顿：《文明的冲突与世界秩序的重建》，周琪等译，新华出版社 2010 年版。

〔美〕塞缪尔·亨廷顿：《我们是谁？——美国国家特性面临的挑战》，程克雄译，新华出版社 2005 年版。

〔美〕斯蒂芬·哈尔珀：《北京共识》，王鑫、李俊等译，香港：中港传媒出版社有限公司 2011 年版。

〔美〕W. W. 罗斯托：《经济增长的阶段：非共产党宣言》，郭熙保、王松茂译，中国社会科学出版社 2001 年版。

〔美〕伊迪丝·汉密尔顿：《希腊方式：通向西方文明的源流》，徐齐平译，浙江人民出版社 1988 年版。

〔美〕约瑟夫·熊彼特：《资本主义、社会主义与民主》，吴良健译，商务印书馆 2017 年版。

〔挪威〕约翰·加尔通：《美帝国的崩溃：过去、现在与未来》，阮岳湘译，刘成审校，人民出版社 2013 年版。

〔斯洛文尼亚〕斯拉沃热·齐泽克等：《图绘意识形态》，方杰译，南京大学出版社 2002 年版。

〔意大利〕利玛窦：《几何原本》，（明）徐光启译，同治四年金陵刻本。

〔英〕马丁·雅克：《当中国统治世界：中国的崛起和西方世界的衰落》，

张莉、刘曲译，中信出版社 2010 年版。

〔英〕伊·李约瑟：《中国科学技术史》第 1 卷，科学出版社、上海古籍出版社 1990 年版。

〔英〕伊·李约瑟：《中国科学技术史》第 2 卷，科学出版社、上海古籍出版社 1990 年版。

四　期刊论文

陈定家：《论科技意识形态及其对艺术生产的意义》，《广西师范大学学报》（哲学社会科学版）2000 年第 2 期。

陈劲：《关于构建新型国家创新体系的思考》，《中国科学院院刊》2018 年第 5 期。

陈强：《德国科技创新体系的治理特征及实践启示》，《社会科学》2015 年第 8 期。

崔永杰：《"科学技术即意识形态"——从霍克海默到马尔库塞再到哈贝马斯》，《山东师范大学学报》（人文社会科学版）2007 年第 6 期。

邓婉君、高懿、张换兆：《土耳其创新规划要点与启示》，《中国科学技术发展研究院调研报告》2012 年第 19 期。

董书礼、宋振华：《日本 VLSI 项目的经验和启示》，《高科技与产业化》2013 年第 7 期。

杜鹏、王孜丹、曹芹：《世界科学发展的若干趋势及启示》，《中国科学院院刊》2020 年第 5 期。

樊春良：《建立全球领先的科学技术创新体系——美国成为世界科技强国之路》，《中国科学院院刊》2018 年第 5 期。

樊春良：《科技举国体制的历史演变与未来发展趋势》，《国家治理》2020 年第 42 期。

范士明：《权力知识化和信息时代的国际关系》，《战略与管理》1999 年第 6 期。

冯鹏志：《在建设现代化国家中努力提高坚持系统观念的能力》，《机关党建研究》2021 年第 1 期。

冯鹏志：《重温〈自然辩证法〉与马克思主义科技观的当代建构》，《哲学研究》2020 年第 12 期。

付向核、孙星：《解读德国工匠精神创新中国工业文化》，《中国工业评论》2016 年第 6 期。

富景筠：《俄罗斯科技创新能力与创新绩效评估》，《俄罗斯学刊》2017 年第 5 期。

葛春雷、裴瑞敏：《德国科技计划管理机制与组织模式研究》，《科研管理》2015 年第 6 期。

葛荣晋：《程朱的"格物说"与明清的实测之学》，《孔子研究》1998 年第 3 期。

龚惠平：《俄罗斯国家创新体系的新发展》，《全球科技经济瞭望》2006 年第 12 期。

巩瑞波、韩喜平：《"现代化中国方案"是对西方现代化模式的超越》，《世界社会主义研究》2019 年第 5 期。

郭振雪：《印度种姓制度的变化对其未来政局的影响》，《辽宁行政学院学报》2009 年第 5 期。

《国家科技创新体系解析》，《中国科技信息》2011 年第 16 期。

郝建平：《从中华民族价值观念看中华文明》，《天府新论》2004 年第 6 期。

何成：《全面认识和理解百年未有之大变局》，《理论导报》2020 年第 1 期。

侯惠勤：《〈德意志意识形态〉的理论贡献及其当代价值》，《高校理论战线》2006 年第 3 期。

侯惠勤：《论马克思主义学术话语的方法论基础》，《安徽大学学报》（哲学社会科学版）2014 年第 6 期。

侯惠勤：《我国意识形态建设的第二次战略性飞跃》，《马克思主义研究》2008 年第 7 期。

侯惠勤：《新中国主流意识形态建设的基本经验（下）》，《思想理论教育导刊》2009 年第 9 期。

侯惠勤：《意识形态的历史转型及其当代挑战》，《马克思主义研究》2013 年第 12 期。

侯惠勤：《意识形态话语权初探》，《马克思主义研究》2014 年第 12 期。

侯惠勤：《意识形态话语权建设方法论研究》，《中共贵州省委党校学报》2016 年第 2 期。

胡一刀：《隐秘的经济战争——阿尔斯通是如何被美国肢解的》，《大观周刊》2019 年第 49 期。

黄海霞、陈劲：《主要发达国家创新战略最新动态研究》，《科技进步与对策》2015 年第 7 期。

黄海霞：《发达国家创新体系比较》，《科学与管理》2014 年第 4 期。

金芳：《国家创新体系的模式比较及其借鉴》，《毛泽东邓小平理论研究》2006年第9期。

金家新：《美国对外意识形态输出的战略与策略》，《毛泽东邓小平理论研究》2018年第12期。

可非：《美国：最有宗教情怀的世俗国家》，《世界知识》2006年第9期。

李斌：《中国特色网络意识形态话语体系的基本内涵、特征和价值》，《中共天津市委党校学报》2020年第3期。

李滨滨：《俄罗斯国家创新体系的一体化建设》，《全球科技经济瞭望》2003年第12期。

李东明：《重评福斯特对"美国例外论"的批判》，《求索》2017年第11期。

李坚：《论科技意识及其当代形态》，《党政干部论坛》2001年第4期。

李三虎、李燕：《试论自主科技创新的文化自觉》，《探求》2012年第1期。

李三虎：《论马克思主义中国化的科技创新话语变迁》，《岭南学刊》2011年第5期。

刘大椿：《论科学精神》，《工会信息》2019年第10期。

刘须宽：《世界百年未有之大变局的意识形态分析》，《马克思主义研究》2020年第12期。

刘义：《伊斯兰教、民族国家及世俗主义——土耳其的意识形态与政治文化》，《世界宗教文化》2015年第1期。

刘英杰：《技术霸权时代意识形态出场方式的变化》，《社会科学研究》2007年第6期。

刘英杰：《意识形态转型：从政治意识形态到科技意识形态》，《理论探讨》2007年第5期。

鲁传颖：《中美科技竞争的历史逻辑与未来展望》，《中国信息安全》2020年第8期。

马缨：《土耳其科技创新体系》，《全球科技经济瞭望》2006年第5期。

倪光南：《推动RISC-V生态建设，与世界协同创新》，《时代商家·数字世界专刊》2022年第2期。

逄先知：《毛泽东关于建设社会主义的一些思路和构想》，《党的文献》2009年第6期。

秦宣：《习近平新时代中国特色社会主义思想产生的国际背景》，《教学与研究》2019年第6期。

邱举良、方晓东：《建设独立自主的国家科技创新体系——法国成为世界科技强国的路径》，《中国科学院院刊》2018年第5期。

任丽梅：《文化技术视阈下加强意识形态建设的新思考》，《学术论坛》2018年第6期。

任丽梅：《现代文化技术的本质与特征》，《自然辩证法研究》2009年第5期。

汝绪华、汪怀君：《数字资本主义的话语逻辑、意识形态及反思纠偏》，《深圳大学学报》（人文社会科学版）2021年第2期。

石光：《中美科技脱钩的可能与应对》，《财经》2020年第19期。

舒宁：《冷战后各国科技政策调整及其启示》，《国际技术经济研究学报》1996年第2期。

孙德超、曹志立：《从文化和意识形态看中国软实力》，《内蒙古社会科学》2014年第4期。

汤世国：《建设和完善国家创新体系》，《中国科技月报》1999年第2期。

唐晓玲：《"金砖国家"高等教育竞争力研究——基于巴西、俄罗斯、印度、中国的数据比较》，《现代教育管理》2018年第9期。

唐新华：《技术政治时代的权力与战略》，《国际政治科学》2021年第6期。

田浩：《俄罗斯国家创新体系研究》，《欧亚经济》2015年第2期。

田杰棠：《如何应对美国创新体系的新变化？》，《财经界》2017年第16期。

田心铭：《历史唯物主义基本原理的经典表述——马克思〈《政治经济学批判》序言〉研读》，《思想理论教育导刊》2011年第2期。

汪微微、刘志勇：《主流意识形态话语权的构成要素及其原则分析》，《科技视界》2016年第18期。

王昌林、姜江、盛朝讯、韩祺：《大国崛起与科技创新——英国、德国、美国和日本的经验与启示》，《全球化》2015年第9期。

王大鹏：《美国国家创新体系发展进程概览》，《科技中国》2017年第3期。

王海山、盛世豪：《技术论研究的文化视角》，《自然辩证法研究》1990年第5期。

王健美、封颖：《从"一五"到"十二五"印度科技创新规划体系研究》，《科技管理研究》2018年第20期。

王立：《试析印度12个五年计划中的科技计划》，《中国科技资源导刊》2018年第3期。

王绪琴：《格物致知论的源流及其近代转型》，《自然辩证法通讯》2012年第1期。

王玉柱：《发展阶段、技术民族主义与全球化格局调整》，《世界经济与政治》2020年第11期。

王元、梅永红、胥和平：《强化战略技术及产业发展中的国家意志》，《航天工业管理》2003年第2期。

王兆铮：《改革+现代化科学技术+讲政治=社会主义优越性的威力》，《长江论坛》1998年第5期。

王智民：《意识形态与文化的关系》，《安顺学院学报》2008年第6期。

魏南枝：《"海盗美国"的生死思维》，《瞭望》2022年第21期。

魏欣羽：《哈贝马斯科技意识形态理论及其当代启示》，《武夷学院学报》2019年第1期。

习近平：《努力成为世界主要科学中心和创新高地》，《求是》2021年第6期。

许善达：《改革开放四十年，我国科技开放创新与自主创新的经验》，《经济导刊》2019年第5期。

阳晓伟、闭明雄：《德国制造业科技创新体系及其对中国的启示》，《技术经济与管理研究》2019年第5期。

杨金洲：《高新科技与价值观念的变革》，《社科与经济信息》2001年第10期。

杨名刚：《马克思主义引领中国科技发展的历史经验探讨》，《经济与社会发展》2012年第4期。

杨荣：《创新生态系统的界定、特征及其构建》，《科学与管理》2014年第3期。

杨昕：《中国共产党意识形态话语权的构成要素及其实现》，《湖北行政学院学报》2013年第3期。

姚爱娟、冷天吉：《格物致知在明清的意义转换》，《合肥学院学报》（社会科学版）2006年第2期。

叶成城：《数字时代的大国竞争：国家与市场的逻辑——以中美数字竞争为例》，《外交评论》2022年第2期。

殷忠勇：《科技创新当坚持文化自信》，《群众》2016年第11期。

于维栋：《从大国兴衰看国家创新体系的作用》，《科学新闻》2002年第13期。

俞吾金：《从科学技术的双重功能看历史唯物主义叙述方式的改变》，《中国社会科学》2004年第1期。

喻国明、郭婧一：《从"舆论战"到"认知战"：认知争夺的理论定义与实践范式》，《传媒观察》2022年第8期。

岳杰勇：《意识形态概念的流变与考察》，《河南师范大学学报》（哲学社会科学版）2012年第5期。

张成岗：《以科技创新推动社会治理现代化》，《国家治理》2020年第4期。

张明国:《"技术—文化"论——一种对技术与文化关系的新阐释》,《自然辩证法研究》1999 年第 6 期。

张通:《法律的名义——通用电气收购阿尔斯通案始末》,《中国工业和信息化》2019 年第 7 期。

赵常伟:《论苏联科技兴国的经验教训》,《中国农业大学学报》2002 年第 2 期。

赵学军:《"156 项"建设项目对中国工业化的历史贡献》,《中国经济史研究》2021 年第 4 期。

郑元景:《当代我国网络意识形态话语权的变迁与重构》,《社会科学辑刊》2015 年第 6 期。

周善和:《科技意识形态的历史局限与积极扬弃》,《湖北行政学院学报》2010 年第 6 期。

邹新:《论新媒体条件下主流意识形态话语权的嬗变与重构》,《重庆理工大学学报》(社会科学版) 2016 年第 12 期。

〔印度〕拉古纳特·马舍尔卡:《印度将成为全球研究与发展基地——机遇与挑战》,《科技政策与发展战略》1996 年第 5 期。

五　报纸文章

杜飞进:《积极构建中国特色话语体系》,《光明日报》2012 年 10 月 30 日第 1 版。

何成:《全面认识和理解"百年未有之大变局"》,《光明日报》2020 年 1 月 3 日第 7 版。

季冬晓:《"实行'揭榜挂帅'等制度"》,《光明日报》2020 年 11 月 17 日第 2 版。

李庆英:《网络对思维方式及思想发展的正负面影响——基于哲学、社会学、传播学、文化学的分析》,《北京日报》2012 年 4 月 23 日。

林晓言:《高铁技术创新的中国经验》,《中国社会科学报》2018 年 1 月 11 日第 4 版。

罗建波:《从全局高度理解和把握世界百年未有之大变局》,《学习时报》2019 年 6 月 7 日第 2 版。

《美欧"数字税"之争影响全球经贸复苏》,《经济日报》2020 年 6 月 23 日第 8 版。

钱晓丽:《深刻领会习近平新时代文化思想》,《大众日报》2017 年 11 月 18 日第 4 版。

《全球创新指数排名 10 年上升 22 位——专家谈新时代中国创新之变》,《聊城日报》2022 年 9 月 2 日第 8 版。

任丽梅:《努力成为世界主要科学中心和创新高地》,《内蒙古日报》2020 年 8 月 24 日第 4 版。

王昌林:《大众创业万众创新的理论和现实意义》,《经济日报》2015 年 12 月 31 日第 15 版。

王孝俊:《李约瑟眼中的欧美危机与中国智慧——再读李约瑟〈欧亚之间的对话〉》,《光明日报》2022 年 9 月 24 日第 8 版。

韦玉潇:《科技创新为社会治理体系提质增效》,《学习时报》2020 年 1 月 15 日第 7 版。

谢志强:《科技创新是推动城市治理体系现代化的重要力量》,《学习时报》2020 年 1 月 10 日第 8 版。

胥和平:《强化战略技术及产业发展中的国家意志》,《中国社会科学院院报》2003 年 3 月 6 日第 2 版。

许勤华、李坤泽:《"文明之问"的反思与重构》,《中国民族报》2019 年 6 月 7 日。

郑金武:《刘忠范院士:建议加快完善国家科技创新体系》,《中国科学报》2021 年 3 月 8 日。

六　外文文献

Dosi, G., et al., *Technical Change and Economic Theory*, Pinter Publishers, 1988.

Editorials, "Selective Prosecution of Scientists Must Stop", *Nature. Phys*, Vol. 17, No. 419, 2021, https://doi.org/10.1038/s41567-021-01231-1.

Joseph Needham, *Within the Four Seas: The Dialogue of East and West*, Routledge, 2005.

S. Malesevic and I. Mac Kenzie, *Ideology After Post-structuralism*, London: Pluto Press, 2002.

后　　记

　　本书自 2021 年 6 月成稿以来，已经经过了近两年半的修改与完善。其中有作者不够勤奋的因素，但更多的是因为本书所阐述的理念是试图为人们认识未来相当长时间里的世界而提供一个有用的框架，因而不得不为之而保持应有的谨慎。在这两年里，人们持续地与新冠疫情作斗争。在人类与病毒斗争之同时，国际社会的形势更趋复杂，不同科技意识形态的国家或国家团体之间的竞争日趋激烈。毋庸讳言，在这些年里，中美科技竞争已近白热化。中美激烈的科技竞争，动力在于利益，根本在于科技意识形态的差异。中美之间存在着人类历史上最新出现的竞争形态——全面的科技意识形态竞争。不承认这种差别与竞争，与高估这种差别与竞争的严重性，都不是实事求是的态度。

　　承认国际科技意识形态竞争，并不意味着搞意识形态扩大化，更不意味着要搞意识形态封闭与对抗。事实上，承认竞争的存在，并有赢得这场竞争的信心和准备，是中国继续对外改革开放，引领百年未有之大变局，重塑一个公平公正国际新秩序的前提。未来世界仍将面临很多新情况和新挑战。我们不能犯幼稚病，也不可因噎废食、停步不前，而应充满自信、迎接挑战。笔者曾经长期参与国内 R&D 人力资源的统计分析工作，自从 2014 年中国的 R&D 人员总数进入世界第一的位置时，就深深地认识到：世界的力量已经发生改变。把握科技意识形态问题，既需要站到中美竞争和国家治理现代化的高度，也要细致入微地了解社会思潮动态，了解当年的高等教育毕业生人数以及他们的就业情况，了解我们的人民的核心素质与能力的提升。区别对待之，分析思考之。当前的国际国内形势，的确是对中国崛起的一次大考。但从总体来看，"轻舟已过万重山"！

　　承认并赢得国际科技意识形态竞争，需要与时俱进地提升我们的科技意识，强化我们的科技意识形态建设。以马克思主义为指导，深刻认识科学技术对意识形态的作用本质、特征及发展趋势，顺应社会发展的客观历史规律，树立先进的科技价值观念，以正确的科技理性结合价值理性，引导人们的健康生活和全面发展，实现科技与人文的最终统一。

　　承认并赢得国际科技意识形态竞争，就是要利用好科技意识形态理论框架，大力发展中国更高水平的自立自强，并在科技本身的发展中寻找人类社会未来的空间与出路。我们要在相关实践中，既要坚持全球主义的意识，又要预留足够的自我全面发展空间；既要促进世界和平，推进人类命运共同体建设，又保持适当的意识形态独立与竞争力；要充分发挥科技在意识形态中的功能，满足人们个性化发展的需要，沿着人类文明的正确方向建设社会主义核心价值观，消减科技快速发展对人类社会发展的负面作用，使科技进步成果更多更公平地惠及全人类，建设人类命运共同体，为这个美好未来的理想付诸实践提供可能性和具体生成方式。

任丽梅
2023 年 8 月 20 日